TRANSFORMADORES

Blucher

RUBENS GUEDES JORDÃO

Professor Emérito da Escola Politécnica da Universidade de São Paulo
Consultor do Instituto de Eletrotécnica e Energia da Universidade de São Paulo

TRANSFORMADORES

Transformadores: teoria e ensaios

Editora Edgard Blücher Ltda.

7ª reimpressão - 2022

Blucher

Rua Pedroso Alvarenga, 1245, 4° andar
04531-934 - São Paulo - SP - Brasil
Tel.: 55 11 3078-5366
contato@blucher.com.br
www.blucher.com.br

FICHA CATALOGRÁFICA

Jordão, Rubens Guedes
Transformadores / Rubens Guedes Jordão -
São Paulo: Blucher, 2008.

Bibliografia.
ISBN 978-85-212-0316-2

1. Transformadores elétricos I. Título.

08-05423 CDD-621.314

Índices para catálogo sistemático:
1. Transformadores: Engenharia elétrica 621.314

PREFÁCIO

A importância do estudo dos transformadores não se resume somente na multiplicidade de suas aplicações e na extensão de sua presença que, em incontável número, estende-se desde os grandes sistemas elétricos de potência até diminutos circuitos elétricos e eletrônicos. O seu interesse nos cursos de engenharia elétrica decorre, também, do fato de, em sendo um dos mais simples dos dispositivos elétricos, ele operar com base em princípios fundamentais aplicáveis a, praticamente, todos os geradores e motores elétricos. Por esses motivos, normalmente sua apresentação nesses cursos é iniciada em disciplinas de cunho fundamental, como a de Circuitos Elétricos e, principalmente, Circuitos Magnéticos, seguidas pela Conversão Eletromecânica de Energia para, finalmente, ser complementada em matérias de cunho tecnológico como a de Máquinas Elétricas. Nesta disciplina, além de serem ministrados conhecimentos mais pormenorizados sobre os princípios que regem seus funcionamentos, são expostas, com maior objetividade, suas características construtivas, suas propriedades e suas aplicações.

Neste livro, dedicado exclusivamente ao Transformador, procurei resumir parte da experiência adquirida como professor da Escola Politécnica da Universidade de São Paulo, onde, entre as disciplinas que tive a meu cargo, encontram-se a de Conversão Eletromecânica de Energia e a de Máquinas Elétricas. Não obstante ele possa ser de interesse para professores, pelo fato de encerrar sugestões para o preparo de suas aulas, assim como para engenheiros que, vez por outra, sintam necessidade de recapitular ou complementar ensinamentos adquiridos, seu alvo prioritário é o aluno dos cursos de Engenharia Elétrica, em nível de graduação. Entretanto, o critério adotado para definir seu conteúdo, e a forma como está exposto, merecem algumas ponderações.

Com a acelerada ampliação e diversificação dos conhecimentos científicos e tecnológicos que vêm ocorrendo no dias de hoje, as instituições de ensino que ministram esses conhecimentos viram-se obrigadas a reformular os conjuntos das matérias que compõem seus cursos, eliminando algumas e reduzindo o conteúdo de outras consideradas indispensáveis, a fim de dar lugar a novas disciplinas. Conseqüentemente, o tempo outrora disponível para uma dada disciplina e, muito em particular, para Máquinas Elétricas e sua parte referente a Transformadores, foi significativamente alterado para menos, impondo aos professores um criterioso juízo a respeito do que manter como estava, do que reduzir e do que suprimir.

Não pretendendo ir muito além do que hoje normalmente se ensina sobre Transformadores de Potência, como parte de uma disciplina de Máquinas Elétricas, é que resolvi dosar o conteúdo deste trabalho. Descartei, portanto, tudo aquilo que já deveria ser do conhecimento dos alunos, inclusive teorias de circuitos, elétricos e magnéticos, bem como prematuras considerações a respeito de assuntos mais voltados a atividades industriais e profissionais, tais como normalizações ditadas por Associações de Normas Técnicas, manutenção de transformadores e outros assuntos mais adequados para um texto destinado a cursos de grau médio. Como contrapartida, procurei concentrar-me em bem definir conceitos e justificar, em seus pontos essenciais, métodos e critérios adotados no projeto, na construção, em ensaios e na previsão e análise de características de funcionamento dos transformadores.

Para a teoria propriamente dita, foram dedicados os dois primeiros capítulos deste livro. No de número 1, são apresentadas as equações fundamentais que regem seu funcionamento em função de indutâncias próprias e mútuas, base analítica para estudos de seu comportamento, quer em regime transitório, quer em regime permanente. O capítulo 2 é dedicado a um enfoque mais realista e objetivo da matéria, com a devida consideração de aspectos físicos que, ignorados no capítulo anterior, não podem ser omitidos no estudo de transformadores com núcleos de ferro e, muito em particular, nos transformadores "de Potência". Um dos tópicos prioritários deste segundo capítulo refere-se aos efeitos da saturação e da histerese magnéticas sobre parâmetros e variáveis do transformador e às justificativas adotadas para permitir a aplicação do cálculo complexo e de diagramas fasoriais em sua operação em regime senoidal permanente.

Perdas, rendimentos e regulação constituem objeto do capítulo 3 que, em sua parte final, inclui noções fundamentais sobre projetos, pondo em evidência a possibilidade de várias soluções e a escolha daquela que mais convém, face a requisitos de economia e eficiência.

O capítulo 4 é dedicado à descrição dos diferentes tipos de transformadores, decorrentes de diferentes critérios de classificação, tais como de suas situações e funções nos sistemas de potência, de modalidades construtivas e de arrefecimento.

Em seus pormenores, a descrição dos principais ensaios usualmente realizados em transformadores é encontrada no capítulo 5, abrangendo os destinados às determinações de polaridade, relação de transformação, parâmetros de circuitos equivalentes, elevações de temperatura e seu valor de regime, e rendimentos. Recursos empregados para a verificação das condições da isolação dos enrolamentos também são descritos neste capítulo, desde os mais comuns, realizados em altas tensões, até o pouco divulgado ensaio de descargas parciais.

Autotransformadores, suas propriedades e aplicações, vantagens e desvantagens em relação aos transformadores comuns vêm descritas no sexto capítulo.

O capítulo 7 trata do assunto referente à operação de transformadores em paralelo, indicando as razões do paralelismo, bem como as condições para que duas (ou mais) unidades possam ser assim interligadas. A influência dos valores de suas impedâncias equivalentes sobre a distribuição de uma carga entre duas unidades é analisada, definindo-se a condição considerada ótima para a operação em paralelo dessas unidades.

Em uma análise preliminar, no capítulo 8 são descritas as principais propriedades individuais das ligações em estrela, triângulo e ziguezague, tais como encontradas em unidades de transformadores trifásicos e em bancos de três monofásicos operando em linhas trifásicas. Em seguida, essa análise é estendida às diferentes combinações entre esses três tipos de ligações, tratando, inclusive, de seus comportamentos diante de algumas situações incomuns, como, por exemplo, as de cargas desbalanceadas.

O capítulo 9 é reservado à ocorrência de harmônicas em circuitos trifásicos, provocadas pela histerese magnética nos núcleos de seus transformadores, pondo em destaque a influência que sobre elas exercem, não só os tipos de ligações adotadas nesses transformadores, como também de se tratar de bancos de três monofásicos ou de unidades trifásicas do tipo de "fluxos ligados". Embora as componentes harmônicas de seqüências positiva, negativa e zero apresentem alguns pontos em comum com as componentes (simétricas) de mesmo nome, objeto do capítulo 10, o leitor é alertado sobre suas diferentes causas e naturezas.

Como uma introdução a disciplinas dedicadas a Sistemas Elétricos de Potência, este livro oferece o capítulo 10, onde, além de determinar as causas da presença de componentes de seqüências negativa e zero nas correntes em linhas e em fases de transformadores, define os tipos de ligações que, neles adotadas, permitem ou impedem a presença das componentes de seqüência zero em suas fases e nas linhas que as alimentam.

O último capítulo é dedicado a transformadores destinados a finalidades especiais, incluindo os utilizados em medidas elétricas, nas regulações de corrente e tensão, proteção de circuitos e em soldagem elétrica.

O livro apresenta, ainda, dois Apêndices: o primeiro para demonstrar que o emprego de valores por unidade permite simplificar equações e, conseqüentemente, circuitos equivalentes; o segundo para justificar a notação adotada no capítulo 8, notação que, diferindo da usualmente encontrada em outros textos, me pareceu mais adequada para o estudante melhor entender a correlação existente entre correntes nas linhas e nas fases dos transformadores.

Exercícios, propostos e resolvidos, fazem parte dos capítulos 2, 3, 5, 6, 7, 8 e 9.

Como qualquer obra do gênero, esta não deve ser considerada como um todo completo e definitivo. Eventualmente, em outra edição, ela poderá ser reapresentada, melhorada e mais abrangente.

Rubens Guedes Jordão

ÍNDICE DAS MATÉRIAS

CAPÍTULO I- FUNDAMENTOS DE TRANSFORMADORES.

Página

CAPÍTULO II- TRANSFORMADORES DE POTÊNCIA

CAPÍTULO III- PERDAS E RENDIMENTOS. REGULAÇÃO. FUNDAMENTOS DO PROJETO DE TRANSFORMADORES.

CAPÍTULO IV- ELEMENTOS DA CONSTRUÇÃO DE TRANSFORMADORES. PRINCIPAIS TIPOS DE TRANSFORMADORES.

CAPÍTULO V- ENSAIOS DE TRANSFORMADORES.

CAPÍTULO VI – AUTOTRANSFORMADORES.

CAPÍTULO VII – TRANSFORMADORES EM PARALELO.

CAPÍTULO VIII – TRANSFORMADORES EM SISTEMAS TRIFÁSICOS.

CAPÍTULO IX – HARMÔNICAS EM CIRCUITOS TRIFÁSICOS.

CAPÍTULO X – CORRENTES DE SEQÜÊNCIA ZERO EM TRANSFORMADORES OPERANDO EM SISTEMAS TRIFÁSICOS.

CAPÍTULO XI – TRANSFORMADORES PARA APLICAÇÕES ESPECIAIS.

APÊNDICE I

APÊNDICE II

LISTA DE ALGUNS DOS PRINCIPAIS SÍMBOLOS ADOTADOS

a) ℓ, A, $\mathscr{V}$: comprimento, área e volume.
b) v, i, ϕ: tensão, corrente e fluxo, em valores instantâneos.
c) ρ: resistividade.
d) δ: densidade de corrente.
e) ϕ, ϕ_m, ϕ_1 e ϕ_2: fluxo, fluxo magnetizante e fluxos de dispersão primária e secundária.
f) V, I, R, X: tensão e corrente eficazes, resistência e reatância.
g) P, S: potência e potência aparente.
h) $\mathscr{V}$, $\mathscr{I}$, $\mathscr{S}$ (letras tipo "Rondo"): tensão, corrente e potência, em valores Nominais e "Base".
i) V, I, R, X (letras tipo "Itálico"): tensão, corrente, resistência e reatância, expressas em valores por unidade.
j) **V**, **I**, **Z** (letras em "Negrito"): tensão, corrente e impedância complexas.
k) ***V***, ***I***, ***Z*** (letra em "Negrito Itálico"): tensão, corrente e impedância complexas, expressas em valores por unidade.
l) R′, X′, **Z**′: resistência, reatância e impedância equivalentes, referidas a um dos enrolamentos do transformador.
m) R_2', X_2', $\mathbf{Z}_2'$: resistência, reatância e impedância secundárias, referidas ao primário.
n) R_1', X_1', $\mathbf{Z}_1'$: resistência, reatância e impedância primárias, referidas ao secundário.

CAPÍTULO I
FUNDAMENTOS DA TEORIA DO TRANSFORMADOR

1.1-Preliminares.

O objetivo deste capítulo resume-se na apresentação dos fundamentos que regem o funcionamento dos transformadores em seus diversos regimes de trabalho e em suas múltiplas aplicações, seja na transferência de energia entre grandes sistemas de potência, seja entre simples circuitos elétricos que operam sob diferentes tensões de serviço. As equações aqui apresentadas, e os circuitos delas derivados, constituem fundamento para a análise e determinação de suas características de funcionamento.

No caso de a natureza e os valores de seus parâmetros estarem devidamente definidos, essas equações e esses circuitos podem ser utilizados nas múltiplas aplicações do transformador, desde sua operação nos pontos iniciais, intermediários e finais dos grandes sistemas de potência, até seu emprego em circuitos elétricos e eletrônicos, tais como os de controle e de comunicações, de reduzidas potências e baixas correntes, onde executam funções tais, como as de casamento de impedâncias para maximizar as transferências de potência, manter diferentes circuitos isolados entre si e suprimir componentes contínuas de corrente em circuitos de corrente alternada.

Entretanto, estas últimas aplicações não farão parte deste texto, cujo principal objetivo é o estudo dos transformadores ditos "De Potência", incluindo algumas de suas modalidades destinadas a fins especiais.

1.2-Circuitos Magneticamente Acoplados. Fundamentos da Teoria do Transformador.

A Figura 1.1 representa um transformador em seus elementos essenciais: seus enrolamentos primário e secundário, com N_1 e N_2 espiras, respectivamente, e o núcleo ferromagnético utilizado para tornar mais íntimo o acoplamento magnético entre eles. O pequeno círculo negro, inscrito junto a terminais desses enrolamentos, destina-se a identificá-los como convencionalmente positivos, isto é, para onde convergem as correntes primárias, também convencionadas como positivas, e de onde divergem as correntes secundárias, igualmente

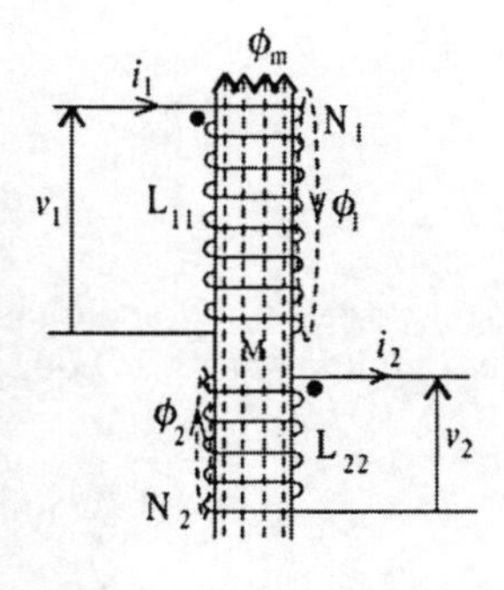

Fig.1.1

convencionadas como positivas. Nessa mesma Figura 1.1 estão indicados, de modo esquemático, os fluxos ϕ_1, ϕ_2 e ϕ_m correspondentes, respectivamente, aos fluxos de dispersão primária, secundária e mútuo. A Figura 1.2 mostra um circuito para representar o transformador, sendo $L_{11} = (L_1 + L_{1m})$ e $L_{22} = (L_2 + L_{2m})$ suas indutâncias "completas", estas associadas, respectivamente, aos fluxos $\phi_{11} = (\phi_1 + \phi_m)$ e $\phi_{22} = (\phi_2 + \phi_m)$ resultantes das composições dos fluxos de dispersão ϕ_1 e ϕ_2 com o fluxo mútuo ϕ_m.

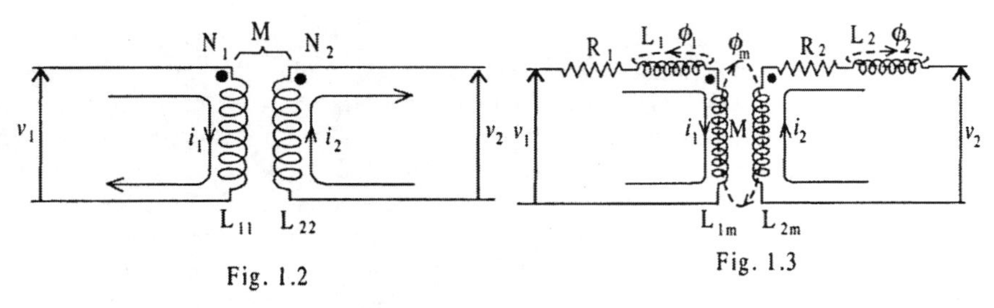

Fig. 1.2

Fig. 1.3

Finalmente, o modelo distribuído da Figura 1.3 que, para fins analíticos, e também de modo esquemático, põe em evidência as decomposições das indutâncias e dos fluxos resultantes em suas componentes de dispersão e de magnetização do "núcleo", incluindo, também, as resistências dos enrolamentos.

Cumpre salientar que L_{11} é a indutância do enrolamento com N_1 espiras, no caso de inexistência de corrente no outro, o mesmo sucedendo com L_{22} diante de $i_1 = 0$.

Para se determinar o comportamento do transformador em carga, pode-se recorrer à segunda lei de Kirchhoff, seja em termos de fluxos, seja em termos de indutâncias. No primeiro caso, valendo-se da lei de Faraday, obtêm-se

$$\left.\begin{aligned} v_1 &= R_1 i_1 + N_1 \frac{d\phi_1}{dt} + N_1 \frac{d\phi_m}{dt} \\ N_2 \frac{d\phi_m}{dt} &= R_2 i_2 + N_2 \frac{d\phi_2}{dt} + v_2 \end{aligned}\right\} \quad \text{.......... 1.1}$$

onde ϕ_m passa a ser o resultado da ação magnetizante da composição das correntes i_1 e i_2. No segundo caso, as equações serão[1]

$$\left.\begin{aligned} v_1 &= R_1 i_1 + L_1 \frac{di_1}{dt} + L_{1m} \frac{di_1}{dt} - M \frac{di_2}{dt} \\ M \frac{di_1}{dt} &= L_{2m} \frac{di_2}{dt} + R_2 i_2 + L_2 \frac{di_2}{dt} + v_2 \end{aligned}\right\} \quad \text{.......... 1.2}$$

[1] para indutâncias constantes

Valendo-se das relações fundamentais

$$L_{1m} = \frac{N_1^2}{\mathcal{R}}\,, \quad L_{2m} = \frac{N_2^2}{\mathcal{R}} \quad \text{e} \quad M = N_1 N_2 / \mathcal{R}$$

que exprimem indutâncias em função dos números N de espiras que envolvem meios de mesma relutância $\mathcal{R}$, as indutâncias L_{2m} e M, presentes nas equações 1.2, podem ser expressas em função de apenas L_{1m} e da relação $N_1/N_2 = a$. Para tanto, realizadas as devidas substituições, essas equações assumem as formas

$$v_1 = R_1 i_1 + L_1 \frac{di_1}{dt} + L_{1m}\frac{di_1}{dt} - \frac{L_{1m}}{a}\frac{di_2}{dt}$$

$$\frac{L_{1m}}{a}\frac{di_1}{dt} = \frac{L_{1m}}{a^2}\frac{di_2}{dt} + R_2 i_2 + L_2\frac{di_2}{dt} + v_2$$

Utilizando-se convenientemente do número a que define a Relação de Transformação do transformador, estas equações podem ser escritas sob a forma

$$\left.\begin{aligned} v_1 &= R_1 i_1 + L_1\frac{di_1}{dt} + L_{1m}\left[\frac{di_1}{dt} - \frac{1}{a}\frac{di_2}{dt}\right] \\ L_{1m}\left[\frac{di_1}{dt} - \frac{1}{a}\frac{di_2}{dt}\right] &= a^2 R_2 \frac{i_2}{a} + a^2 L_2 \frac{1}{a}\frac{di_2}{dt} + a v_2 \end{aligned}\right\} \qquad \text{1.3}$$

Finalmente, substituindo a terceira parcela do segundo membro da primeira destas equações pela expressão para ela definida na segunda equação, chega-se a

$$v_1 = R_1 i_1 + L_1\frac{di_1}{dt} + a^2 R_2\frac{i_2}{a} + a^2 L_2\frac{1}{a}\frac{di_2}{dt} + a v_2 \qquad \text{1.4}$$

Com base no sistema 1.3 e na equação 1.4, pode-se construir o circuito equivalente da Figura 1.4 para representar o transformador. Nesse circuito, dito "Referido ao Primário", as variáveis e os parâmetros do primário permanecem inalterados; o acoplamento magnético é substituído por um simples acoplamento elétrico e as variáveis e parâmetros secundários surgem com valores convenientemente alterados pela relação de transformação a (valores "referidos ao primário").

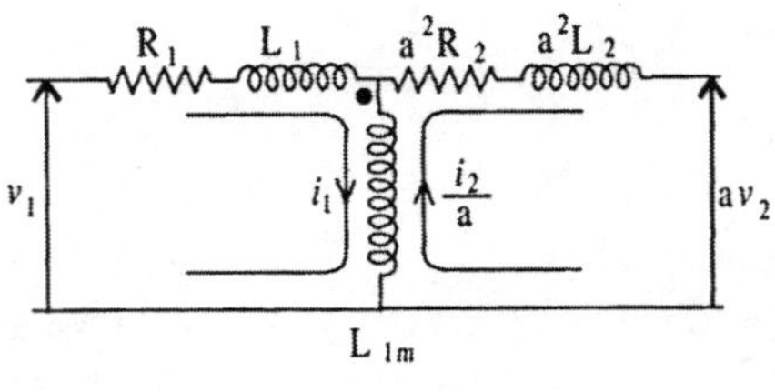

Fig. 1.4

Resumindo o problema ao caso particular de regime senoidal permanente e adotando-se símbolos em **negrito** para representar variáveis e parâmetros sob a forma complexa, as equações 1.3 e 1.4 transformam-se, respectivamente, em

$$\left.\begin{aligned} \mathbf{V}_1 &= R_1\,\mathbf{I}_1 + jX_1\,\mathbf{I}_1 + jX_m\left(\mathbf{I}_1 - \frac{\mathbf{I}_2}{a}\right) \\ jX_m\left(\mathbf{I}_1 - \frac{\mathbf{I}_2}{a}\right) &= a^2R_2\frac{\mathbf{I}_2}{a} + ja^2X_2\frac{\mathbf{I}_2}{a} + a\,\mathbf{V}_2 \end{aligned}\right\} \qquad 1.5$$

e

$$\mathbf{V}_1 = R_1\mathbf{I}_1 + jX_1\mathbf{I}_1 + a^2R_2\frac{\mathbf{I}_2}{a} + ja^2X_2\frac{\mathbf{I}_2}{a} + a\,\mathbf{V}_2 \qquad 1.6$$

equações estas que justificam a utilização do circuito equivalente (referido ao primário) da Figura 1.5 para a solução de problemas envolvendo transformadores ope-rando em regime senoidal permanente.

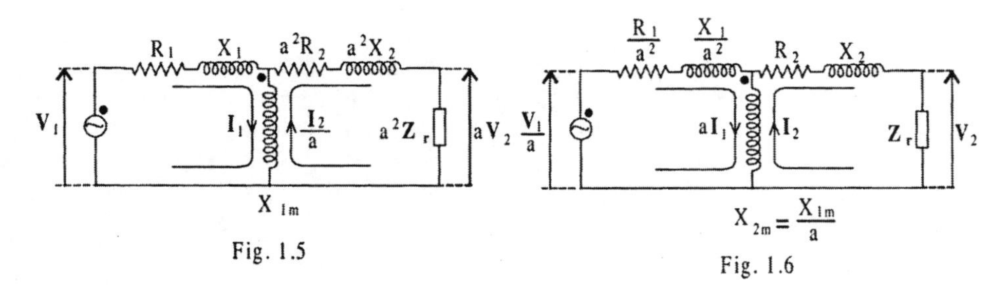

Fig. 1.5

Fig. 1.6

Note-se que também a impedância de carga $\mathbf{Z}_r$ deve se apresentar referida ao primário, em seu valor $a^2\mathbf{Z}_r$.

Neste circuito, não se encontra explícita a componente magnetizante $\mathbf{I}_m$ do transformador; ela é a resultante da diferença $\mathbf{I}_1 - \mathbf{I}_2/a$.

Em determinados casos, pode haver interesse em se ter um circuito equivalente referido ao secundário. Um procedimento semelhante ao utilizado para se chegar ao circuito referido ao primário dará a solução: ela está na Figura 1.6.

1.3- Um Diagrama Fasorial para o Transformador.

Adotado o circuito da Figura 1.5 para representar um transformador em carga, a análise do comportamento de suas tensões e correntes pode ser desenvolvida como segue. A tensão aplicada $\mathbf{V}_1$ impõe a corrente total $\mathbf{I}_1$ aos terminais primários desse circuito, corrente esta que pode ser decomposta em duas parcelas: a componente magnetizante $\mathbf{I}_m = (\mathbf{I}_1 - \mathbf{I}_2/a)$ que circula no ramo de reatância X_{1m}, e mantém o fluxo ϕ_m no núcleo do transformador, e a segunda, $\mathbf{I}_2/a$ que, em seu valor referido ao primário, representa a corrente induzida no secundário alimentando uma impedância de carga $a^2\mathbf{Z}_r$ tal que $a^2\mathbf{Z}_r\frac{\mathbf{I}_2}{a} = a\mathbf{V}_2$.

Observando a primeira malha do circuito da Figura 1.5, conclui-se que a tensão aplicada $\mathbf{V}_1$ é composta de duas parcelas: a queda $(R_1+jX_1)\mathbf{I}_1$ na impedância primária $\mathbf{Z}_1 = (R_1+jX_1)$, e a queda $jX_{1m}\mathbf{I}_m = jX_{1m}(\mathbf{I}_1 - \mathbf{I}_2/a)$ na reatância de manetização X_{1m}. Esta segunda queda de tensão nada mais é do que a força eletromotriz induzida no enrolamento primário, produzida pelas variações do fluxo mútuo ϕ_m, por ele mantido e com ele concatenado. Ela decorre da Lei de Faraday $e = -n\,d\phi_m/dt$, sendo freqüentemente chamada força contra-eletromotriz induzida e designada por $-\mathbf{E}_1$.

Na segunda malha, encontra-se $-\mathbf{E}_1 = a^2(R_2+jX_2)\frac{\mathbf{I}_2}{a} + a\mathbf{V}_2$, onde a primeira parcela de seu segundo membro representa a queda na impedância secundária $a^2\mathbf{Z}_2$, e a segunda, a tensão $a\mathbf{V}_2$ nos terminais da carga, ambas referidas ao primário.

Um diagrama fasorial mostrando as correntes e as tensões presentes no circuito da Figura 1.5 encontra-se na Figura 1.7. Note-se que este diagrama refere-se a um circuito que pode ser utilizado para representar um transformador de relação de transformação a = 1 e que, quando "observado" através de seus terminais primários, comporta-se à semelhança do transformador original, de relação de transformação $a = N_1/N_2 \neq 1$.

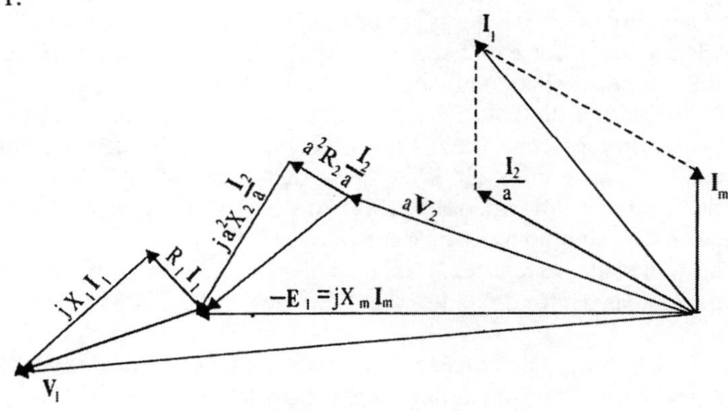

Fig.1.7

CAPÍTULO II
TRANSFORMADORES DE POTÊNCIA

2.1- Introdução.

Certamente, o atual desenvolvimento dos sistemas elétricos de potência não teria sido possível sem os transformadores. Por motivos de ordens técnica e econômica, entre a geração da energia elétrica nas grandes usinas e sua final utilização, essa energia é transferida em vários níveis de tensão, níveis esses ditados por um conjunto de fatores que, em última instância, resumem-se à obtenção de um mínimo custo aliado à segurança e à eficiência.

Diante do presente estado do desenvolvimento das técnicas de projeto e da tecnologia dos materiais utilizados nos diversos componentes dos sistemas de potência, pode-se afirmar que, dependendo das circunstâncias de cada caso, as tensões mais em voga encontram-se dentro dos seguintes limites:

a) na geração: de 6,6 a 13,8 kV (atualmente padronizada em 13,8 kV);
b) na transmissão: de 130 a 750 kV e, mesmo, até um milhão de volts em corrente contínua;
c) em subtransmissões: de 66 a 88 kV;
d) na distribuição: de 3,8 a 34 kV;
e) na utilização: de 110 a 440 V.

A título de exemplo, pode-se citar o caso da energia elétrica gerada em Ilha Solteira, situada no Rio Paraná, entre os Estados de Mato Grosso do Sul e São Paulo, e sua transmissão até a cidade de São Paulo, onde ela é distribuída e utilizada.

A tensão dos geradores de Ilha Solteira é de 13,8 kV. A transmissão é realizada em 460 kV, com interligações com outras linhas (de Jupiá com 460 kV; de Furnas com 345 kV; do Rio de Janeiro com 230 kV e de Cubatão com 88 kV). A distribuição é feita sob diversas tensões, incluindo 3,8, 13,2, 20 e 34 kV. Finalmente, vem a fase da utilização, cujas tensões nominais mais freqüentes são de 110, 127, 208, 220 e 380 V.

Diante de tal variedade de tensões, o leitor poderá indagar: qual o porquê de essas tensões serem adotadas dentro de limites tão diferentes? A resposta é:

a) para uma dada época, as tensões mais convenientes, particularmente para a geração e para a distribuição, variam com as características de cada sistema;
b) para épocas diferentes, um mesmo sistema seria projetado com diferentes níveis de tensão, em decorrência da evolução natural da tecnologia dos materiais e da técnica em geral.

Graças aos transformadores, é possível utilizar a energia elétrica dentro dos limites mais recomendáveis de tensão (110 a 380 V), não obstante a conveniência de ela ser gerada sob vários milhares de volts, transmitida em até um milhão de volts e, em muitos casos, distribuída sob tensões superiores a 30 kV. Ademais, graças aos transformadores é que se torna possível interligar sistemas de diferentes tensões, visando-se com isso maior flexibilidade, confiabilidade e o melhor aproveitamento da potência total instalada.

2.2- Transformadores de Potência.

Diferentemente do que ocorre com transformadores destinados a outras finalidades, particularmente às telecomunicações e comunicação em geral, os transformadores a serem utilizados em sistemas de potência devem ser projetados e construídos de modo a aliar um custo aceitável com:

a) boa Regulação de Tensão (seç. 3.4), o que implica em obtê-los com reduzidas quedas de tensão. Isto se consegue, principalmente, pela intensificação do acoplamento magnético entre seus enrolamentos primários e secundários, com vistas à redução de fluxos dispersos e correspondentes quedas reativas. Essa intensificação é obtida com o emprego de núcleos ferromagnéticos altamente permeáveis, em alguns casos com grãos orientados. A par dessas características dos núcleos, procura-se a maior proximidade possível entre os enrolamentos a serem acoplados;
b) altos Rendimentos (seç.3.2), o que implica em baixas perdas de energia, tanto no cobre como no ferro. Reduções nessas perdas são obtidas limitando-se as solicitações desses materiais (densidades de corrente no cobre e induções no ferro) a níveis compatíveis com seus custos, e procurando melhorar suas propriedades. No tocante ao ferro, recorre-se a tratamentos térmicos e a ligas especiais visando, principalmente, à redução da histerese magnética. O silício é utilizado para aumentar a resistividade dos materiais ferromagnéticos e, com isso, reduzir as correntes Foucault e as perdas delas resultantes. Quanto ao rendimento, é de se salientar que o transformador é um dos dispositivos que pode operar com os mais altos rendimentos, não raro acima de 99,5%;
c) baixas corrente e baixas perdas quando operando em vazio, propriedades estas que resultam de algumas das anteriores. Baixas correntes em vazio são obtidas com altas indutâncias (reatâncias) de magnetização, características dos núcleos altamente permeáveis; menores perdas em vazio significam, principalmente, menores perdas no ferro, visto que, sob essa condição de trabalho, geralmente as perdas no cobre são insignificantes.

À vista dessas características, infere-se que o tratamento a ser adotado para o estudo dos transformadores genericamente ditos "de Potência", em alguns aspectos deve ser diferente dos tratamentos encontrados em textos dedicados apenas à teoria básica dos transformadores, onde eles são apresentados como meros acoplamentos magnéticos entre dois (ou mais) circuitos elétricos, e cujo equacionamento é, em geral, estabelecido em termos de indutâncias ou reatâncias lineares.

2.3- Outro Enfoque para a Análise dos Transformadores. Circuitos Equivalentes.

Voltando ao transformador representado na Figura 1.1, de início suponhamos operando em regime permanente, com seu enrolamento secundário em aberto e seu primário alimentado por fonte de tensão senoidal de valor eficaz V_1. Sob essas condições, ele comporta-se como um simples reator de resistência R_1 e reatância $X_{11}=X_l+X_{1m}$, sendo X_l a reatância de dispersão do enrolamento primário, associável ao fluxo igualmente de dispersão ϕ_l desse enrolamento, e X_{1m} sua reatância de magnetização, resultante do fluxo mútuo ϕ_m que se concatena também com o enrolamento secundário. A corrente absorvida pelo transformador será a corrente em vazio $\mathbf{I}_0$ que, na hipótese de inexistência de perdas no ferro, identificar-se-ia com a corrente magnetiznte $\mathbf{I}_m$. Entretanto, considerando a inevitável presença das perdas no ferro, a corrente em vazio encerrará mais uma componente, a componente ativa $\mathbf{I}_p$ tal

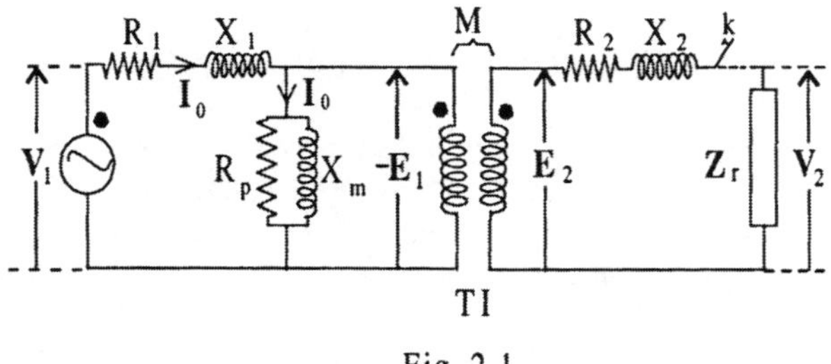

Fig. 2.1

que $\mathbf{I}_0 = \mathbf{I}_m + \mathbf{I}_p$.

A Figura 2.1 representa um circuito equivalente para o transformador da Figura 1.1, operando em vazio (chave k aberta). Seu ramo magnetizante encerra, agora, duas componentes: uma resistência R_p (resistência de perdas no ferro), por onde circula a parcela ativa $\mathbf{I}_p$ de $\mathbf{I}_0$, tal que $R_p I_p^2$ = (perdas no ferro), e uma reatância X_m (reatância de magnetização) que dá passagem à componente reativa $\mathbf{I}_m$ da corrente em vazio. Esse circuito inclui um Transformador Ideal TI caracterizado por um acoplamento perfeito e uma reatância de magnetização infinitamente grande, o que implicaria em uma corrente magnetizante teoricamente nula. Portanto, enquanto o transformador representado pelo circuito da Figura 2.1 permanecer em vazio, corrente alguma circulará nos dois enrolamentos do transformador Ideal, cuja relação de transformação é a própria $a = N_1/N_1$ do transformador real da Figura 1.1.

Para essa condição em vazio, pode-se escrever:

$$-\mathbf{E}_1 = \mathbf{V}_1 - (R_1 + jX_1)\,\mathbf{I}_0$$

$$\mathbf{E}_2 = \frac{\mathbf{E}_1}{a} = \mathbf{E}_1 \frac{N_2}{N_1}$$

A Figura 2.2 mostra um diagrama fasorial para representar o transformador operando em vazio. Em se tratando de transformadores de potência, as tensões eficazes E_1 e E_2 podem, a partir da lei de Faraday $e = -N\,d\phi/dt$, ser facilmente expressas em função do valor máximo do fluxo mútuo porque, a despeito da não linearidade de seus circuitos magnéticos, quando normalmente alimentados por tensões senoidais, também seus fluxos mútuos comportam-se como funções senoidais do tempo. Essa Figura 2.2 presta-se para justificar esse fato; ela mostra que a diferença entre a tensão aplicada $\mathbf{V}_1$ e a força eletromotriz induzida $-\mathbf{E}_1$ resume-se na queda de tensão $(R_1+jX_1)\mathbf{I}_0$[1] na impedância primária, queda essa que, nos transformadores de potência, é muito menor do que a tensão aplicada $\mathbf{V}_1$.

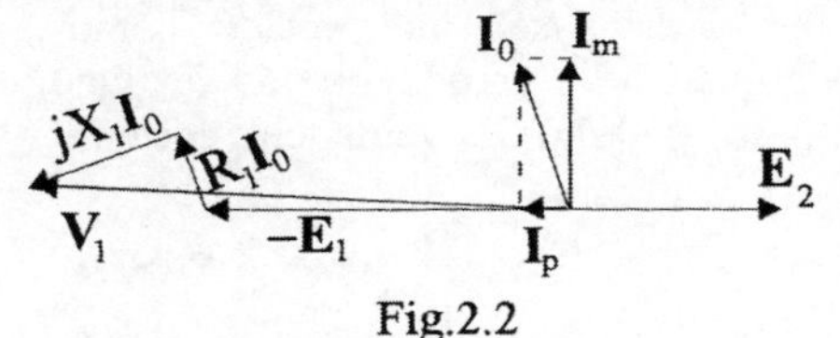

Fig.2.2

Quando à plena carga, em geral ela é inferior a 3% de $\mathbf{V}_1$; em vazio, $\mathbf{Z}_1\mathbf{I}_0$ pode cair abaixo de 0,1%. Portanto, é perfeitamente admissível assumir $-\mathbf{E}_1 = \mathbf{V}_1$ e, consequentemente, admitir fluxos senoidais quando senoidais forem as tensões aplicadas $\mathbf{V}_1$.

Isto posto, seja $\phi_m = \phi_{max}\text{sen}\,\omega t$ o fluxo mútuo senoidal. Então, a força eletromotriz induzida no primário será:

$$e_1 = -N_1\,d\phi_m/dt = -\omega N_1 \phi_{max}\cos\omega t = E_{1max}\,\text{sen}(\omega t - \pi/2) \quad \text{......................2.1}$$

Na operação em regime senoidal permanente, o que interessa é o valor eficaz da força eletromotriz induzida e_1, valor esse dado por $E_{1max}/\sqrt{2} = \omega N_1\phi_{max}/\sqrt{2} = (2\pi/\sqrt{2})\,f\,N_1\phi_{max}$. Analogamente, o valor eficaz da força eletromotriz induzida no secundário será $E_{2max}/\sqrt{2} = (2\pi/\sqrt{2})\,fN_2\phi_{max}$. Portanto, os valores eficazes das forças eletromotrizes induzidas no primário e no secundário, expressos em função do valor máximo do fluxo mútuo, serão, respectivamente:

$$\left.\begin{aligned} E_1 &= 4{,}44 f N_1 \phi_{max} \\ E_2 &= 4{,}44 f N_2 \phi_{max} \end{aligned}\right\} \text{..2.2}$$

[1] queda $\mathbf{Z}_1\mathbf{I}_0$ desproporcionadamente aumentada para maior clareza da Figura 2.2.

Entrando o transformador em carga (fechada a chave k na Figura 2.1), a força eletromotriz induzida $\mathbf{E}_2$ impõe uma corrente $\mathbf{I}_2$ no secundário do transformador Ideal, com efeito francamente desmagnetizante sobre o meio que o acopla ao seu enrolamento primário. Pelo princípio da conservação de fluxo, esse efeito manifesta--se pela circulação de uma componente de corrente $\mathbf{I}_c$ nesse enrolamento, tal que sua força magnetomotriz $N_1\mathbf{I}_c$ anule o efeito desmagnetizante $N_2\mathbf{I}_2$ da corrente de carga, podendo-se escrever $N_1\mathbf{I}_c + N_2\mathbf{I}_2 = 0$. Como conseqüência, a primitiva corrente primária em vazio passa a assumir o valor $\mathbf{I}_1 = \mathbf{I}_0 + \mathbf{I}_c$, como indicado no circuito da Figura 2.3.

Resta um esclarecimento a respeito da verdadeira natureza da corrente em vazio i_0, representada pelo fasor $\mathbf{I}_0$ no diagrama da Figura 2.2, o que pressupõe tratar-se de uma variável senoidal. Na realidade, diante de fluxo mútuo senoidal em núcleo sujeito à histerese (v. seç.2.5), a corrente i_0 não é senoidal; o complexo $\mathbf{I}_0$, e respectivo fasor, deve ser interpretado como a representação de uma corrente senoidal equivalente à verdadeira não-senoidal, com o mesmo valor eficaz e produzindo os mesmos efeitos da verdadeira corrente i_0.

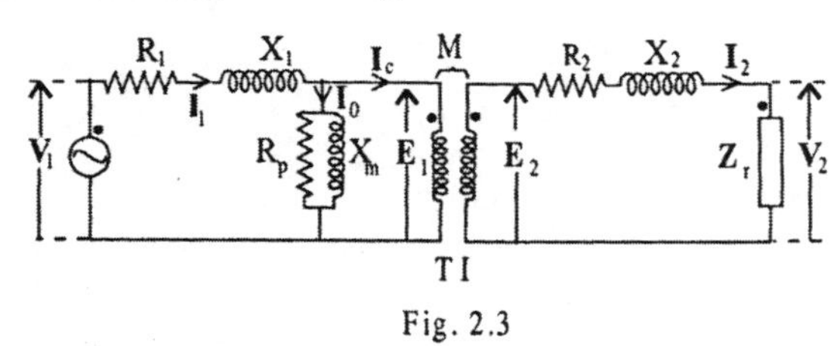

Fig. 2.3

Finalmente, para se obter um circuito equivalente "Referido ao Primário", há que se referir as variáveis e os parâmetros secundários do circuito da Figura 2.3 ao seu primário, o que pode ser feito:

a) substituindo o transformador Ideal dessa figura, com relação de transformação $a = N_1/N_2 \neq 1$, por outro, igualmente Ideal, porém de relação de transformação unitária $a = N_1/N_1 = 1$. Isto equivale a eliminar o acoplamento magnético estabelecido pelo transformador Ideal da Figura 2.3, substituindo-o por um simples acoplamento elétrico que mantém, à direita do ramo magnetizante do circuito, a própria tensão induzida primária $\mathbf{E}_1 = a\mathbf{E}_2 = \mathbf{E}'_2$, e a própria componente primária de carga, $\mathbf{I}_c = \mathbf{I}_2/a = \mathbf{I}'_2$;

b) alterando convenientemente seus parâmetros secundários (referindo-os ao primário) de modo que, diante dessas novas tensões e correntes secundárias, passe a responder pelas mesmas perdas e mesmas quedas percentuais de tensão, próprias do transformador por ele representado (oferecer, entre seus terminais primários, a mesma impedância que o transformador oferece à sua fonte de alimentação).

A fim de que as perdas na resistência secundária referida ao primário sejam mantidas, basta impor a igualdade $R_2 I_2^2 = R'_2 I'^2_2 = R'_2 (I_2/a)^2$, onde R'_2 passa a representar essa resistência secundária referida ao primário. Da imposição dessa igualdade, resulta $R'_2 = a^2 R_2$, conforme resultado já obtido na seção 1.1. Para se obter a mesma queda percentual de tensão na reatância secundária referida ao primário, a ser designada por X'_2, basta impor a igualdade $X_2 I_2/E_2 = X'_2 I'_2 / E'_2 = X'_2 (I_2/a)/E_1$, donde decorre $X'_2 = a^2 X_2$.

Procedimento análogo mostrará que a impedância de carga deverá ser alterada de $\mathbf{Z}_r$ para $\mathbf{Z}'_r = a^2 \mathbf{Z}_r$ e a tensão entre seus terminais, de $\mathbf{V}_2$ para $\mathbf{V}'_2 = a\mathbf{V}_2$.

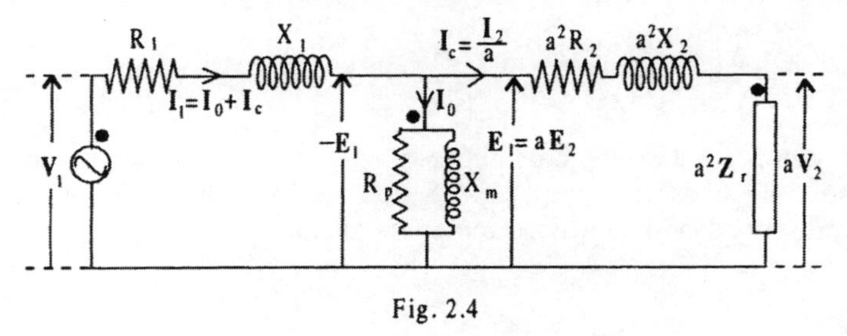

Fig. 2.4

A Figura 2.4 mostra o circuito equivalente referido ao primário de um transformador com perdas no ferro.

2.4-Diagramas Fasoriais para o Transformador em Carga.

Um desses diagramas pode ser construído com base no circuito da Figura 2.3. Recorrendo-se à segunda lei de Kirchhof e aplicando-a, respectivamente, ao seu primário e ao seu secundário, pode-se escrever:

$$\left.\begin{aligned} \mathbf{V}_1 &= -\mathbf{E}_1 + (R_1 + jX_1)\mathbf{I}_1 \\ \mathbf{V}_2 &= \mathbf{E}_2 - (R_2 + jX_2)\mathbf{I}_2 \end{aligned}\right\} \quad \text{.........} 2.3$$

Com base nessas equações e no princípio da conservação de fluxo, que justifica a adição da componente de carga $\mathbf{I}_c$ à corrente em vazio $\mathbf{I}_0$, pode-se construir o diagrama da Figura 2.5, aplicável a um transformador abaixador de tensão, fornecendo corrente $\mathbf{I}_2$ a um receptor de fator de potência indutivo.

O diagrama da Figura 2.6 corresponde ao circuito equivalente da Figura 2.4, circuito este agora referido ao primário. Nele pode-se observar:

$\mathbf{V}_1 = -\mathbf{E}_1 + (R_1 + jX_1)\,\mathbf{I}_1$ = tensão aplicada ao primário.

$\mathbf{V}'_2 = \mathbf{E}'_2 - (R'_2 + jX'_2)\,\mathbf{I}'_2$ =tensão aplicada à carga, referida ao primário.

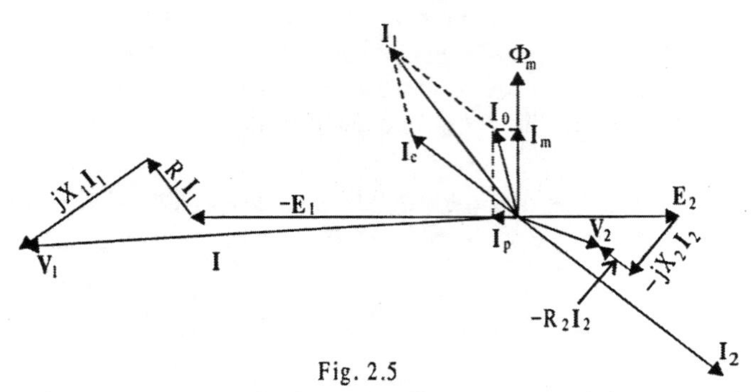

Fig. 2.5

Para maior clareza, e a exemplo de outros diagramas, também nestes dois últimos a representação das quedas nas impedâncias do transformador estão superdimensionadas, o mesmo sucedendo com as correntes em vazio.

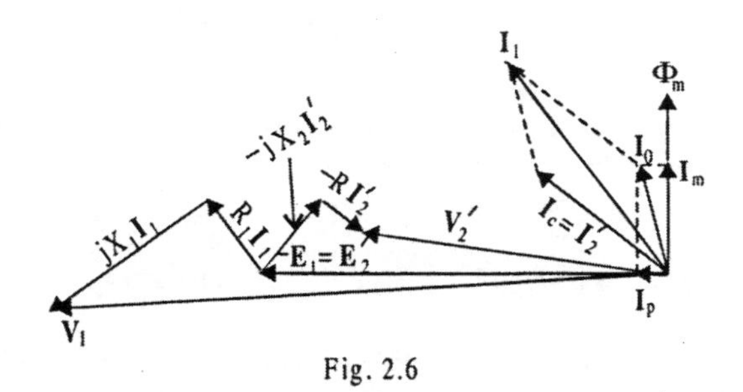

Fig. 2.6

2.5- Efeitos da Histerese Magnética.

Até esta parte, os efeitos da histerese magnética não foram devidamente considerados e, por conseguinte, o mesmo sucedendo com a não-linearidade de alguns dos parâmetros e de algumas variáveis presentes nos circuitos equivalente apresentados. Tais efeitos merecem ser analisados, muito em particular aqueles que afetam a componente em vazio i_0 da corrente primária i_1.

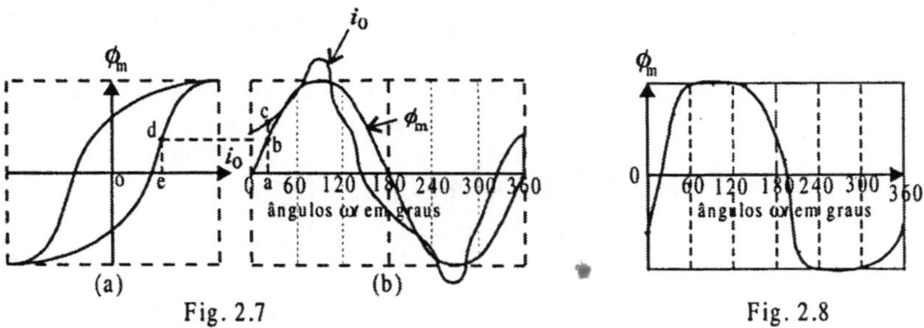

Fig. 2.7

Fig. 2.8

O leitor já deve estar familiarizado com o fenômeno da histerese magnética e com sua representação gráfica através da curva da variação do fluxo mútuo ϕ_m em núcleo ferromagnético, em função da corrente i_0 requerida para mantê-lo (Fig. 2.7a, representativa de ciclo com proporções maiores que as reais, segundo o eixo das correntes). A respeito desse ciclo , cumpre destacar dois casos diferentes: quando ele é obtido, ponto por ponto, em corrente contínua (ou em corrente alternada, sob muito baixas freqüências), e quando resulta de corrente alternada nas freqüências usuais, ou mais altas. No primeiro caso, obtém-se o ciclo de histerese, propriamente dito, ou ciclo "estático"; o segundo corresponde a um ciclo que, para os mesmos fluxos máximos, apresenta-se com área maior, agora proporcional à soma das perdas histeréticas e perdas Foucault (ciclo "dinâmico").

Esclarecido este ponto, pode-se passar ao que mais interessa: o efeito da histerese sobre a corrente i_0, seja ela a corrente em vazio, propriamente dita, seja a componente i_0 da corrente i_1 no transformador em carga. De imediato, um fato se afigura óbvio diante da relação entre i_0 e ϕ_m, tal como imposta pelo ciclo de histerese: se ϕ_m variar senoidalmente no tempo, i_0 não poderá ser senoidal. A Figura 2.7b mostra a forma de onda da corrente i_0 requerida por fluxo senoidalmente variável (que resulta de tensão aplicada senoidal), forma essa que pode ser comprovada da seguinte maneira: para cada valor ed = ab do fluxo ϕ_m senoidal corresponde uma corrente i_0 = oe imposta pelo ciclo de histerese (Fig. 2.7a), corrente essa que define a ordenada ac = oe da curva $i_0(\omega t)$ da Figura 2.7b.

Por sua vez, se diante de determinadas circunstâncias houver imposição de i_0 senoidal, então será a vez do fluxo ϕ_m não variar dessa maneira (Fig 2.8). Neste caso, a imposição de corrente senoidal (isenta das componentes harmônicas ímpares nas equações 2.4 e 2.5) implicará na transferência de harmônicas dessas ordens para o fluxo mútuo, porém com efeitos opostos aos introduzidos em i_0. O resultado será o achatamento da forma de onda do fluxo ϕ_m, redundando em reduções em seus valores máximos.

Diante do exposto, pode-se afirmar que:

a) quando alimentado por fonte de Tensão Senoidal, as características do circuito magnético de um transformador monofásico sujeito à histerese ditam a forma de onda de suas correntes magnetizantes, tornando-as não-senoidais pela introdução de toda uma série de componentes harmônicas ímpares, podendo suas correntes em vazio serem expressas por :

$$i_0 = I_{01}\text{sen}(\omega t+\theta_1) - I_{03}\text{sen}(3\omega t+\theta_3) + I_{05}\text{sen}(5\omega t+\theta_5) - I_{07}\text{sen}(7\omega t+\theta_7) + \ldots \qquad 2.4$$

com sensível predominância da de terceira ordem em relação às demais. A expressão seguinte mostra um exemplo real para a corrente requerida para manter fluxo senoidal em núcleo ferromagnético submetido às induções máximas normalmente adotadas nos projetos de transformadores de potência. Nessa expressão, a amplitude da componente fundamental está fixada no valor de referência 100.

$$i_0 = 100 sen(\omega t + 18^0) - 39 \, sen(3\omega t + 8^0) + 18 sen(5\omega t + 9^0) - 8 \, sen(7\omega t + 10^0) + ... \quad 2.5$$

b) no caso de um transformador monofásico ser alimentado por uma Fonte de Corrente Senoidal, a ausência das harmônicas na corrente i_0 deforma a onda do fluxo ϕ_m (Fig. 2.8). Conseqüentemente, também as tensões induzidas por esse fluxo deixam de ser senoidais, passando a apresentar toda uma série de harmônicas ímpares, com predominância da de terceira ordem. A exemplo das deformações de i_0 impostas por tensão senoidal (Fig. 2.7b), as tensões induzidas pela imposição de i_0 senoidal passam a encerrar harmônicas ímpares que aumentam seus valores máximos. Deduz-se, portanto, que a injeção de i_0 senoidal em transformador monofásico requer a aplicação de tensões v_1 não-senoidais aos seus terminais primários.

Entretanto, há casos em que, mesmo quando alimentado por fonte de Tensão Senoidal, a corrente i_0 absorvida por um transformador aproxima-se bastante da forma senoidal, em virtude da impossibilidade de ela encerrar a predominante harmônica de terceira ordem, e as múltiplas dessa ordem (Harmônicas Triplas). Nestes casos, não obstante o caráter senoidal das tensões aplicadas, os fluxos ϕ_m e as correspondentes tensões induzidas deformam-se, ambos passando a encerrar harmônicas triplas, caso em que a histerese pode ser considerada como fonte dessas harmônicas. Isto pode ocorrer em transformadores operando em linhas trifásicas (correntes de Seqüência Zero, seçs. 9.2 e 9.3).

Apesar das significativas intensidades das componentes harmônicas de uma corrente em vazio i_0, relativamente à sua componente fundamental i_{01}, particularmente daquela de terceira ordem, normalmente seus efeitos sobre a forma de onda das correntes resultantes nos transformadores em carga são insignificantes, pois o somatório dessas harmônicas não passa de uma fração da corrente em vazio, corrente esta que pouco influi sobre as intensidades das correntes normais no transformador em carga. Este é o principal motivo que permite a substituição de uma corrente em vazio, não senoidal, por uma senoidal equivalente dotada das seguintes características:

a) possuir o mesmo valor eficaz da verdadeira corrente não-senoidal;
b) ter como componente ativa, em fase com a força eletromotriz induzida $-\mathbf{E}_1$, a componente $\mathbf{I}_p$ tal que dissipe em R_p a potência $R_p I_p^2$ correspondente às perdas no ferro do transformador;
c) ter como componente reativa pura, relativamente à mesma força eletromotriz $-\mathbf{E}_1$, a corrente $\mathbf{I}_m$ tal que, circulando no enrolamento primário com uma reatância linear X_m, induza fluxo mútuo senoidal de valor máximo ϕ_{max}.

2.6- Circuitos Equivalentes Aproximados.

Face aos pequenos valores das quedas $\mathbf{Z}_1\mathbf{I}_1$ na impedância primária, relativamente a $\mathbf{V}_1$ e a $-\mathbf{E}_1$, na grande maioria dos casos é válida a utilização de um circuito eqüivalente como o da Figura 2.9, no qual o ramo constituído por R_p e X_m vem situado diretamente à sua entrada. Esta construção simplifica bastante os cálculos e, em geral, não introduz diferenças apreciáveis nos resultados.

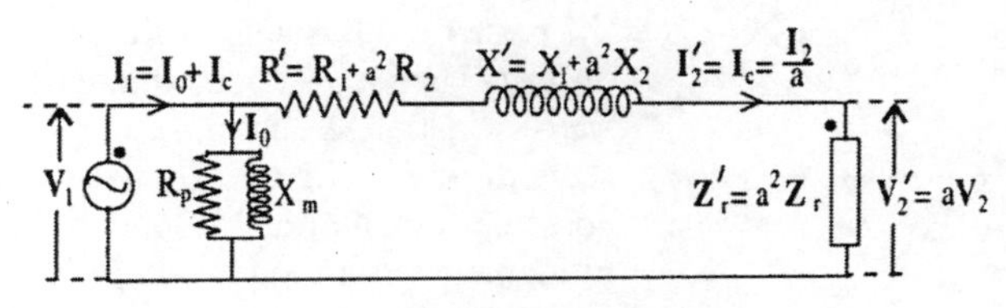

Fig. 2.9

Outro fator que contribui para a adoção deste tipo de circuito é a dificuldade que se apresenta para a determinação experimental, e em separado, das reatâncias X_1 e X_2. Em se utilizando deste circuito, há que se definir novos parâmetros para o transformador, a saber:

a) $\mathbf{Z}_0$ = (R_p em paralelo com X_m), denominado Impedância de Magnetização;

b) $R' = R_1 + a^2R_2$, $X' = X_1 + a^2X_2$, $\mathbf{Z}' = \mathbf{Z}_1 + a^2\mathbf{Z}_2 = (R_1 + jX_1) + a^2(R_2 + jX_2)$, denominados, respectivamente, Resistência, Reatância e Impedância Equivalentes referidas ao primário.

Esses parâmetros podem ser obtidos experimentalmente, e com relativa facilidade, nos ensaios denominados "Em Vazio" e "de Curto-Circuito", este também denominado "de Impedância" (v. seç 5.5).

Para determinados fins, particularmente cálculos referentes a sistemas de potência, é comum a adoção de simplificações mais drásticas, como as indicadas nas Figuras 2.10 e 2.11, onde o transformador é considerado como uma simples impedância $\mathbf{Z}' = R' + jX'$ inserida entre dois sistemas de tensões diferentes (V_1 e V_2) e, por vezes, como uma simples reatância X'.

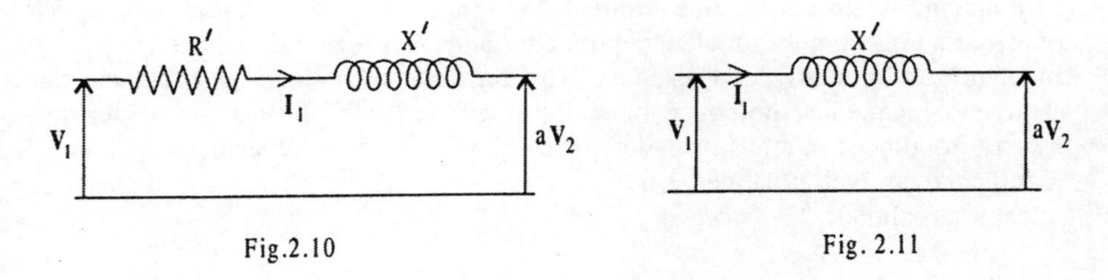

Fig.2.10 Fig. 2.11

2.7- Comportamento Transitório de Transformador Recém -Ligado à Rede Primária.

A Figura 2.12 representa os valores instantâneos da corrente i_0 e do fluxo ϕ_m em transformador em vazio, operando em regime permanente sob tensão aplicada senoidal v_1. Conforme já esclarecido, a deformação da onda de corrente resulta da saturação magnética ou, mais precisamente, da histerese magnética.

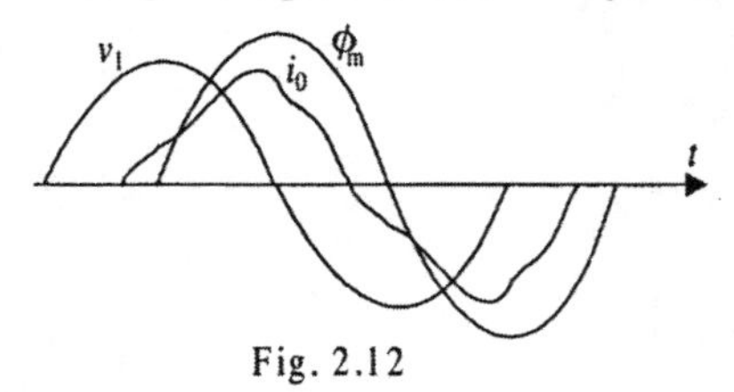

Fig. 2.12

Condições bastante diferentes podem ser observadas nos instantes imediatos à ligação do transformador à linha, quando mantido seu secundário em aberto. Em particular, a curva da corrente transitória i_0 pode assumir aspectos nitidamente diferentes daquele mostrado na Figura 2.12, com valores incomparavelmente maiores do que os próprios da condição em regime permanente, inclusive dos valores que são observados à plena carga. A razão dessa diversidade reside, fundamentalmente, na influência do valor da tensão v_1 no instante da ligação do transformador à sua rede de alimentação.

Não fosse a saturação (e a histerese), o comportamento do transformador com secundário aberto, e nos instantes subseqüentes à sua ligação à rede, ficaria definido pela solução de equação do tipo

$$v_1 = Ri_0 + N\frac{d\phi_m}{dt} = Ri_0 + L\frac{di_0}{dt} \qquad \text{.............................. 2.6}$$

com R e L constantes, mantendo-se ϕ_m proporcional a i_0. Todavia, a não-linearidade do circuito magnético ou, mais explicitamente, a relação entre fluxos e correntes, ditada pelo ciclo de histerese, introduz dificuldades de tal ordem que uma solução completa da equação 2.6 foge dos objetivos deste texto.

Para facilitar a compreensão dos fundamentos do comportamento transitório da corrente i_0, inclusive das dificuldades para realizar uma adequada análise quantitativa do problema, ele será tratado em três etapas:

a) ignorando saturação e histerese magnéticas, bem como a resistência R do enrolamento primário, o que equivale a admitir o transformador em vazio reduzido a uma simples indutância pura constante. Em seguida,
b) mantendo a hipótese de resistência primária nula, reconhecer a existência da saturação magnética, porém, para simplificar a exposição, ignorar a histerese. Nessas condições, o transformador pode ser substituído simplesmente por uma indutância variável. Finalmente,
c) encarar a realidade dos fatos.

A) <u>caso em que R = 0, com Indutância Constante.</u>

Neste caso pode-se, simplesmente, assumir a igualdade entre v_1 (tensão aplicada) e $-e_1$ (força eletromotriz induzida), escrevendo

$$v_1 = -e_1 = N\frac{d\phi_m}{dt} = L\frac{di_0}{dt} \quad \text{.................................... 2.7}$$

onde N e L representam, respectivamente, o número de espiras do enrolamento primário e sua indutância de magnetização suposta constante. Portanto,

a) os fluxos ϕ_m seriam ditados, única e exclusivamente, pela tensão v_1;
b) a manutenção de ϕ_m decorreria da corrente i_0 que lhe seria proporcional, corrente essa que, no caso presente, também seria senoidal;
c) o coeficiente de proporcionalidade entre ϕ_m e i_0 seria ditado pela relutância $\mathcal{R}$ do meio onde se estabelecem os fluxos ϕ_m. Quanto maior essa relutância, maiores as correntes necessárias para manter os fluxos ϕ_m e as correntes i_0, <u>ditados</u> por v_1.

Isto posto, seja

$$v_1 = V_{max}\,\text{sen}(\omega t + \alpha) \quad \text{.. 2.8}$$

com α qualquer, a fim de que se possa arbitrar o valor instantâneo da tensão v_1 no ato da ligação do transformador à rede. Então, o fluxo a ser ditado pela equação 2.7 será

$$\phi_m = \int_0^t v_1 dt = \frac{V_{max}}{N}\int_0^t \text{sen}(\omega t + \alpha)dt = \phi_{max}\left[\text{sen}\left(\omega t + \alpha - \frac{\pi}{2}\right) + \cos\alpha\right] \quad \text{.......... 2.9}$$

onde $\phi_{max} = V_{max}/\omega N$ representa o valor máximo do fluxo senoidal no transformador em vazio e em regime permanente.

A cada valor instantâneo de ϕ_m corresponderá um valor instantâneo para i_0, a ser definido por uma característica magnética linear O$\mathcal{R}$ (Fig. 2.13), cujo coeficiente angular β depende da relutância $\mathcal{R}$ do meio onde se estabelecem os fluxos. Quanto maior essa relutância (quanto menor β), maior deverá ser a corrente i_0 necessária para manter o fluxo ϕ_m a <u>ser ditado</u> pela tensão senoidal v_1.

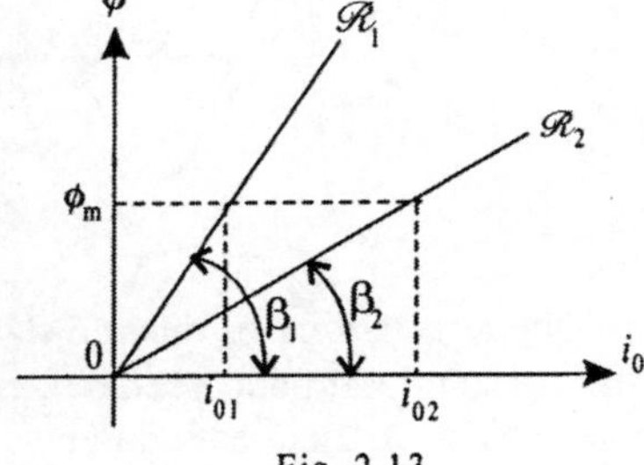

Fig. 2.13

Conforme já mencionado, o valor instantâneo de v_1, no ato da ligação do transformador, pode exercer grande influência sobre o comportamento do fluxo ϕ_m e, por conseguinte, sobre a corrente i_0 . Dois casos particulares e extremos merecem destaque:

a) ligação quando $v_1(t)$ assume seus máximos valores, positivos ou negativos, caso em que se deve adotar α múltiplo ímpar de $\pi/2$ ou, em particular, $\alpha = \pi/2$.
b) ligação quando $v_1(t) = 0$, caso em que α deve ser múltiplo par de $\pi/2$ ou, em particular, $\alpha=\pi$.

Adotando-se $\alpha = \pi/2$ para se ter v_1 máximo no instante da ligação, serão observados:

a) nesse instante $t = 0$: $v_1 = V_{max}$ e $\phi_m = 0$;
b) no decorrer do tempo t: $v_1 = V_{max} \operatorname{sen}\left(\omega t + \frac{\pi}{2}\right)$ e $\phi_m = \phi_{max}$ sen ωt. (Fig. 2.14).

Adotando-se $\alpha = 0$ para se ter $v_1 = 0$ no instante da ligação, serão observados:

a) no instante t = 0: $v_1 = 0$ e $\phi_m = 0$;
b) no decorrer do tempo t:
$v_1 = V_{max}$ sen ωt e $\phi_m = \phi_{max} \operatorname{sen}\left(\omega t - \frac{\pi}{2}\right) + \phi_{max}$. (Fig. 2.15)

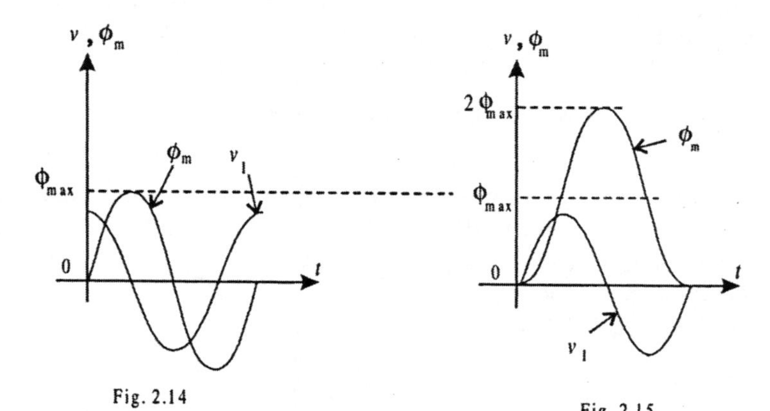

Fig. 2.14

Fig. 2.15

No primeiro caso, quando da ligação com $v_1 = V_{max}$, no decorrer do tempo o fluxo resulta alternado senoidal, com valor máximo ϕ_{max} (Fig. 2.14). Tendo em conta a suposta constância da indutância do enrolamento primário do transformador, então a corrente i_0 também seria alternada e senoidal, permanecendo proporcional e em fase com ϕ_m, conforme ditada pelas características lineares O$\mathscr{R}$ da Figura 2.13. Resumindo: desde o instante de sua ligação à rede, o transformador opera em condições semelhantes às correspondentes a uma situação de regime permanente em vazio.

Passando ao segundo caso, em que $v_1 = 0$ no momento da ligação, embora essa tensão permaneça alternada, o fluxo ϕ_m deixa de sê-lo, passando a ser pulsante, com valor máximo $2\phi_{max}$ (Fig. 2.15). Agora, esse fluxo passa a ser o resultante da soma da componente senoidal $\phi_s = \phi_{max}\ \text{sen}\left(\omega t - \frac{\pi}{2}\right)$ com uma componente contínua constante ϕ_{max}. A primeira destas componentes constitui o que se entende por "Resposta Forçada", que persiste enquanto permanecer aplicada a tensão alternada v_1; a segunda, ϕ_{max}, é a "Resposta Natural" do sistema, que depende apenas das características próprias desse sistema. No caso hipotético de resistência nula (constante de tempo infinitamente grande), essa segunda componente permaneceria indefinidamente, mantendo ϕ_m pulsante, com valor máximo $2\phi_{max}$. No caso hipotético presente, de L constante e R=0, as correntes i_0 assumiriam as mesmas leis de variação dos fluxos; elas também seriam pulsantes e com amplitudes duplicadas em relação ao caso anterior, assim permanecendo indefinidamente.

B) caso em que R = 0 e a Indutância é Variável (com a Saturação).

A equação 2.7 permite afirmar que, na ausência de resistência, o fluxo produzido por N espiras depende, exclusivamente, da tensão v_1 que lhe é aplicada. Portanto, todas as conclusões obtidas para fluxos em circuitos lineares (L constante, Figs. 2.14 e 2.15) aplicam-se, na íntegra, ao caso de indutância variável. Entretanto, a mesma equação 2.7 mostra que, em se tratando das correntes i_0, elas não serão ditadas somente por v_1; para os mesmos fluxos, elas podem variar, e muito, diante de variações no valor das indutâncias L ou, em outros termos, com a saturação magnética (e com a histerese) nos núcleos dos tansformadores.

Considerando-se os objetivos limitados da apresentação desta matéria, e tendo-se em conta a qualidade dos materiais ferromagnéticos empregados na construção dos núcleos dos transformadores de potência, não ocorrerão erros significativos sobre i_0 se os ciclos de histerese desses materiais forem substituídos pelas suas Curvas Normais de magnetização. Um exemplo dessas curvas é mostrado pela linha ($-\phi_m$, 0, $+\phi_m$) da Figura 2.16, onde também se encontram fluxos alternados e fluxos pulsantes impostos por tensão senoidal, bem como, na parte inferior dessa

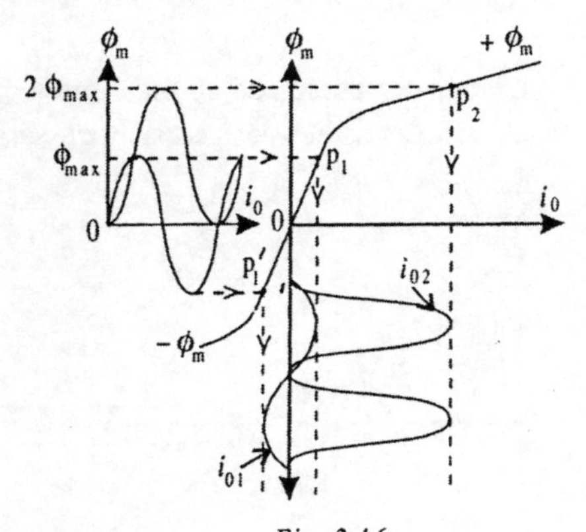

Fig. 2.16

figura, as correntes i_{01} e i_{02} necessárias para manter esses fluxos sob as duas diferentes condições de saturação ditadas pelos pontos p_1 e p_2 sobre a curva $(0, +\phi_m)$.

Essa figura mostra, de modo inequívoco, a grande influência da saturação sobre os valores requeridos pela corrente i_0 (i_{01} e i_{02}) para manter os fluxos ϕ_{max} e $2\phi_{max}$, correspondentes aos pontos p_1 e p_2 na curva normal de magnetização. Vê-se que, em se dobrando o valor do fluxo máximo, ao passar de uma condição não saturada (ponto p_1), o transformador passa a operar com núcleo saturado (ponto p_2) e, à simples duplicação de ϕ_{max} correspondem correntes i_{02} com valores máximos muitas vezes maiores do que os da original i_{01}. E, diga-se de passagem, em geral essa desproporção é bem maior do que a sugerida nessa figura, visto que normalmente os transformadores são projetados para operar com induções máximas em torno de 1,4 Tesla, ao que correspondem pontos p_1 algo acima do cotovelo das curvas normais de magnetização. Conseqüentemente, os pontos p_2 devem ser encontrados bem mais afastados, à direita de p_1.

C) Transformador Real.

Apresentadas as razões fundamentais da possibilidade de ocorrência de elevados fluxos e intensas correntes nos instantes subseqüentes à ligação de um transformador à sua rede de alimentação, mantido seu secundário em aberto, resta encarar o problema em sua realidade física, qual seja, a da inevitável presença da resistência do enrolamento primário. Sabe-se que seus efeitos são desprezíveis no transformador em vazio e em regime permanente, mas não o são nos instantes imediatos à sua ligação à rede de alimentação, caso essa ligação seja efetuada sob tensões v_1 nulas ou não muito diferentes de zero. Nestes casos, diante das elevadas saturações magnéticas, acompanhadas de intensas correntes absorvidas, as quedas resistivas Ri_0 passam a absorver parcela apreciável da tensão aplicada v_1, ficando os fluxos ϕ_m ditados pela diferença

$$v_1 - Ri_0 = N\frac{d\phi_m}{dt}$$

Dispõe-se, então, de apenas uma equação com duas variáveis desconhecidas: i_0 e ϕ_m. Para determiná-las, seria necessária mais uma equação definindo a relação que entre elas subsiste em decorrência das características próprias do material constituinte do núcleo ferromagnético (do ciclo de histerese). Com as atuais facilidades proporcionadas por programas de computador, essa não seria uma tarefa difícil, mas esse aspecto quantitativo do problema não será incluído neste texto.

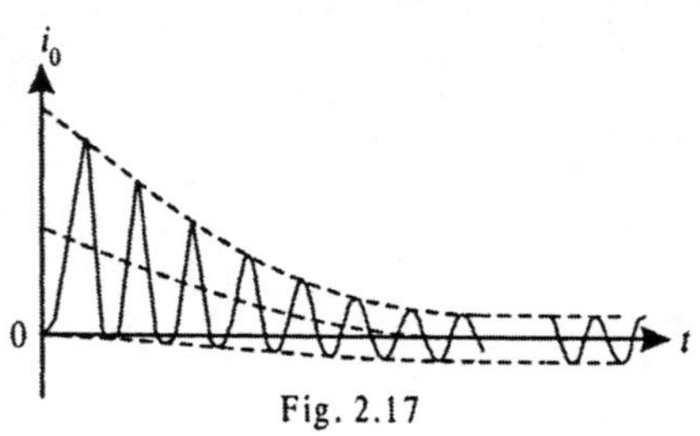

Fig. 2.17

A segunda conseqüência da presença da

resistência primária é o inevitável amortecimento das componentes contínuas dos fluxos e das correntes, ditado pela constante de tempo inerente aos circuitos RL, amortecimento esse que se manifesta como Resposta Natural desses circuitos. Após sua completa extinção, permanecerão apenas o fluxo e a corrente correspondentes à condição final de regime permanente (Resposta Forçada).

A Figura 2.17 mostra a forma aproximada do comportamento da corrente absorvida por um transformador com secundário aberto e ligado à sua fonte de tensão senoidal, num instante em que essa tensão é nula.

Considerações adicionais tornam-se necessárias para citar alguns fatos que, ora foram omitidos, ora foram expostos de forma pouco realista a fim de simplificar a presente análise.

a) na realidade, as quedas resistivas e reativas por dispersão, produzidas pelas altas correntes transitórias que podem ocorrer no ato da ligação de um transformador, inviabilizam a duplicação do fluxo máximo, tal como indicada na Figura 2.15. Outro fator que pode impedir essa duplicação é a regulação da fonte que alimenta o transformador;
b) contrariamente, induções (fluxos) remanentes podem provocar aumentos nos valores máximos dos fluxos;.
c) não obstante ficando aquém de $2\phi_{max}$, as intensidades dos fluxos máximos pulsantes podem alcançar valores suficientes para exigir intensas correntes transitórias. Em seus primeiros instantes, estas correntes podem chegar a valores da ordem de dez vezes os próprios das correntes nominais dos transformadores (algo em torno de duzentas vezes suas correntes normais em vazio), causando excessivos esforços entre seus enrolamentos, fato que deve ser devidamente considerado em um projeto de transformador;
d) tendo em conta as verdadeiras proporções entre as máximas intensidades iniciais dessas correntes transitórias e as finais do regime permanente em vazio, cumpre reconhecer que essas proporções não foram observadas nas Figuras 2.16 e 2.17.

2.8-Valores por Unidade.

Em vez de os parâmetros e as variáveis de um transformador (e das máquinas elétricas e sistemas de potência, em geral) serem expressos em termos de suas próprias unidades (volts, ampères, ohms, watts, volt-ampères), eles podem ser expressos sob a forma de frações de grandezas da mesma espécie, adotadas como referências, denominadas "Valores-Base", a serem representadas por letras maiúsculas do tipo *Rondo*. Quando assim expressos, seus valores são ditos "Por Unidade" (v.p.u.), passando os correspondentes parâmetros e variáveis a serem representados por letras do tipo *Itálico*.

Os valores-base, usualmente adotados, são:

a) para tensões: as Tensões Nominais do primário e do secundário, a serem representadas, respectivamente, por $\mathcal{V}_1$ e $\mathcal{V}_2$, tais que $\mathcal{V}_1/\mathcal{V}_2 = \underline{a}$ (relação de transformação);
b) para correntes: as Correntes Nominais $\mathcal{I}_1$ e $\mathcal{I}_2$, tais que $\mathcal{I}_2/\mathcal{I}_1 = \underline{a}$;
c) para resistências, reatâncias e impedâncias, em geral: as Impedâncias-Base definidas pelos quocientes $\mathcal{Z}_1 = \mathcal{V}_1/\mathcal{I}_1$ e $\mathcal{Z}_2 = \mathcal{V}_2/\mathcal{I}_2$;
d) para potências e, em particular, as potências aparentes expressas em volt-ampères: os produtos $\mathcal{S}_1 = \mathcal{V}_1\mathcal{I}_1$ e $\mathcal{S}_2 = \mathcal{V}_2\mathcal{I}_2$, cabendo observar que, normalmente, nos transformadores (com apenas dois enrolamentos) $\mathcal{S}_1 = \mathcal{S}_2 = \mathcal{S}$.

Uma vez definidos esses valores-base, o valor por unidade....

a) V_1 de uma tensão primária V_1 será: $V_1 = V_1/\mathcal{V}_1$; para tensão secundária será $V_2 = V_2/\mathcal{V}_2$. Relações semelhantes valem para quaisquer quedas de tensão, sejam em resistências, reatâncias ou impedâncias. Exemplificando: o v.p.u. de uma queda de tensão $\Delta V_2 = X_2 I_2$, provocada por uma corrente secundária I_2 em uma reatância de dispersão secundária X_2, será $\Delta V_2 = X_2 I_2/\mathcal{V}_2$;
b) I_1 de uma corrente primária I_1 será $I_1 = I_1/\mathcal{I}_1$; para corrente secundária será $I_2 = I_2/\mathcal{I}_2$;
c) $\underline{Z}_1$ de uma impedância primária $\underline{Z}_1$ será $Z_1 = Z_1/\mathcal{Z}_1$; para uma impedância secundária será $Z_2 = Z_2/\mathcal{Z}_2$;
d) P_1 de uma potência P_1 cedida ao primário será $P_1/\mathcal{S}$; para uma potência P_2 fornecida pelo secundário será $P_2 = P_2/\mathcal{S}$. Relações semelhantes valem para quaisquer perdas, sejam em resistências, sejam no ferro. Exemplificando: o v.p.u. da perda $p_{c2} = R_2 I_2^2$ provocada por uma corrente I_2 em uma resistência R_2 será $p_{c2} = R_2 I_2^2/\mathcal{S}$.

Propriedades dos Valores por Unidade.

A opção pela representação dos valores das variáveis e parâmetros de transformadores (e de sistemas elétricos em geral) em valores por unidade oferece uma série de vantagens decorrentes de propriedades que caracterizam esse tipo de representação. Entre essas propriedades, destacam-se as seguintes:

a) sendo Z o v.p.u. de uma impedância Z em um circuito de um transformador, seu valor numérico representará, também, o v.p.u. da queda de tensão provocada nessa impedância pela Corrente Nominal $\mathcal{I}$ desse circuito. No caso de essa impedância resumir-se a uma resistência R, então o v.p.u. dessa resistência representará, também, o v.p.u. da queda de tensão e da perda joule produzidas nessa resistência pela Corrente Nominal $\mathcal{I}$;
b) sendo N o v.p.u. de uma grandeza (parâmetro ou variável) de um transformador, referida a um de seus enrolamentos (primário, por exemplo), então o valor

numérico N representará, também, o v.p.u. dessa grandeza quando referida ao outro enrolamento (no caso, o secundário). Resumindo: os v.p.u. de variáveis e parâmetros de um transformador são independentes do lado adotado como referência (primário ou secundário);

c) os v.p.u. de alguns parâmetros e de algumas das variáveis dos transformadores, normalmente construídos, são aproximadamente independentes dos valores de suas potências (tensões e correntes nominais).

Para demonstrar a primeira das propriedades enunciadas, admita-se que Z seja uma impedância qualquer do transformador, cuja tensão nominal é $\mathcal{V}$ e cuja corrente nominal é $\mathcal{I}$. Por definição, o v.p.u . Z de Z é:

$$Z = \frac{Z}{\mathcal{Z}} = \frac{Z}{\mathcal{V}/\mathcal{I}} = \frac{Z\mathcal{I}}{\mathcal{V}} = \frac{Z\mathcal{I}^2}{\mathcal{V}\mathcal{I}} = \frac{Z\mathcal{I}^2}{\mathcal{S}} \quad \text{.........................2.10}$$

Nesta sucessão de igualdades, $Z / \mathcal{Z} = Z\mathcal{I} / \mathcal{V}$ mostra a igualdade dos v.p.u. da impedância Z e da queda de tensão $Z\mathcal{I}$ produzida pela corrente nominal $\mathcal{I}$ nessa impedância Z. Por sua vez, se essa impedância Z resumir-se numa resistência R, as igualdades 2.10 exprimem-se por

$$R / \mathcal{Z} = R\mathcal{I} / \mathcal{V} = R\mathcal{I}^2 / \mathcal{S}$$

ficando demonstrada a igualdade do v.p.u. de uma resistência R com o v.p.u. da queda de tensão nessa resistência R, bem como com o v.p.u. da potência dissipada em R pela Corrente Nominal $\mathcal{I}$.

A segunda das propriedades citadas pode ser demonstrada com um exemplo. Seja R_2 a resistência de um enrolamento secundário (referida a esse mesmo enrolamento). Se referida ao primário, ela valerá $R'_2 = a^2 R_2$. Desejando-se seu valor por unidade R'_2 deve-se, então, dividir R'_2 pela impedância-base $\mathcal{Z}_1 = \mathcal{V}_1 / \mathcal{I}_1$ desse primário. Portanto, a resistência secundária, referida ao primário e expressa em v.p.u., será

$$R'_2 = \frac{a^2 R_2}{\mathcal{Z}_1} = a^2 R_2 \frac{\mathcal{I}_1}{\mathcal{V}_1} = a.aR_2 \frac{\mathcal{I}_1}{\mathcal{V}_1} = \frac{\mathcal{V}_1}{\mathcal{V}_2}\frac{\mathcal{I}_2}{\mathcal{I}_1} R_2 \frac{\mathcal{I}_1}{\mathcal{V}_1} = R_2 \frac{\mathcal{I}_2}{\mathcal{V}_2} = \frac{R_2}{\mathcal{Z}_2} = R_2$$

Fica, portanto, demonstrado que, em se tratando de v.p.u., R'_2 (resistência secundária, referida ao primário) = R_2 (resistência secundária, referida ao próprio secundário). Procedimento análogo pode ser adotado para os demais parâmetros e variáveis do transformador.

Quanto ao fato de alguns parâmetros e algumas das variáveis dos transformadores, quando expressas em v.p.u., serem aproximadamente independentes de suas potências, trata-se de propriedade que resulta dos critérios que se adotam em seus projetos, visando a conciliar custos de construção competitivos, com a eficiência de seu funcionamento.

A título de exemplo, são apresentados alguns v.p.u. mais freqüentes para os transformadores de potência:

a) correntes em vazio: $I_0 \approx 0{,}02$ a 0,06 p.u;
b) perdas no ferro: $p_F \approx 0{,}005$ a 0,03 p.u;
c) resistência eqüivalente $R' \approx 0{,}005$ a 0,03 p.u;
d) reatância eqüivalente $X' \approx 0{,}02$ a 0,10 p.u;
e) impedância eqüivalente $Z' \approx 0{,}021$ a 0,104 p.u.

Em geral, aos maiores transformadores correspondem os menores v.p.u., exceto quanto às reatâncias cujos v.p.u. aumentam com as potências (e com as tensões de serviço).

Um Exemplo de Aplicação de Valores por Unidade.

Seja o caso de se desejar conhecer a ordem de grandeza da resistência equivalente R′, referida ao secundário de um transformador trifásico de distribuição, de 75 kVA, 4.600/230 V, 60 Hz, ligação YΔ. Poucas pessoas poderão indicar, sem prévia dedução, dentro de quais dos limites adiante transcritos estará o valor dessa resistência:

0,001 a 0,01 Ω/fase	0,10 a 1,00 Ω/fase
0,01 a 0,10 Ω/fase	1,00 a 10 Ω/fase.

Entretanto, não será necessária uma profunda experiência no assunto para situar tal resistência entre um dos limites ora propostos. Bastará recorrer:

a) à definição de valor por unidade;
b) à propriedade segundo a qual o v.p.u. dessa resistência deve ser da ordem de 0,005 a 0,03.

Da definição de v.p.u. resulta R′ = $R' \mathcal{Z}_2$, onde $\mathcal{Z}_2 = \mathcal{V}_2 / \mathcal{I}_2$ é a impedância base definida pelo quociente [(tensão nominal secundária por fase) ÷ (corrente secundária nominal por fase)]. Em se tratando de secundário ligado em Δ, $\mathcal{V}_2$ = 230 V. A potência por fase é $\mathcal{S} / 3$ = 75.000/3 volt-ampères, resultando para a corrente nominal secundária por fase e a impedância-base procurada, respectivamente,

$$\mathcal{I}_2 = \frac{\mathcal{S}_2}{\mathcal{V}_2} = \frac{75.000}{3 \times 230} = 108{,}7\ \text{A} \quad \text{e} \quad \mathcal{Z}_2 = \frac{\mathcal{V}_2}{\mathcal{I}_2} = \frac{230}{108{,}7} = 2{,}12\ \Omega/\text{fase}.$$

Em se tratando de um transformador de potência não muito alta, pode-se assumir $R' = 0,02$ p.u., donde $R' = R' \mathcal{Z}_2 = 0,02 \times 2,12 = 0,0424$ Ω/fase. Portanto, essa resistência equivalente do transformador deve ser da ordem de 0,04 Ω/fase.

2.9-Relações (Aproximadas) entre Parâmetros Primários e Secundários.

Quando aplicadas a um circuito como aquele da Figura 2.4, no qual se adota o primário como referência, estas relações traduzem-se por

$$R_1 \approx a^2 R_2 \qquad e \qquad X_1 \approx a^2 X_2$$

Para justificar a primeira destas igualdades (aproximadas), pode-se recorrer à expressão básica da resistência R de um condutor de resistividade ρ, comprimento ℓ e seção transversal de área A, expressão essa que, em se tratando de um enrolamento, também pode ser escrita em termos do número N de suas espiras, do comprimento ℓ_m de sua espira média e do seu volume $\mathcal{V}$ de cobre. A seguinte sucessão de igualdades serve para exprimir o valor dessa resistência.

$$R = \rho \frac{\ell}{A} = \rho \frac{N \ell_m A}{A^2} = \rho \frac{\mathcal{V}}{A^2} \qquad \text{2.11}$$

Aplicando esta expressão, individualmente, aos enrolamentos do primário e do secundário de transformador, obtém-se, respectivamente,

$$R_1 = \rho \frac{\ell_1}{A_1} = \rho \frac{N_1 \ell_{1m} A_1}{A_1^2} = \rho \frac{\mathcal{V}_1}{A_1^2}$$

e

$$R_2 = \rho \frac{\ell_2}{A_2} = \rho \frac{N_2 \ell_{2m} A_2}{A_2^2} = \rho \frac{\mathcal{V}_2}{A_2^2}$$

de cujo quociente resulta

$$R_1 = \frac{\mathcal{V}_1}{\mathcal{V}_2} \left(\frac{A_2}{A_1} \right)^2 R_2 \qquad \text{2.12}$$

Isto posto, para se chegar à igualdade $R_1 \approx a^2 R_2$, resta demonstrar que a expressão

$$\frac{\mathcal{V}_1}{\mathcal{V}_2} \left(\frac{A_2}{A_1} \right)^2 \qquad \text{2.13}$$

equivale ao quadrado da relação de transformação $a = N_1/N_2$. Para tanto, pode-se recorrer a mais duas propriedades características dos transformadores de potência, a serem oportunamente justificadas. São elas: salvo efeitos de natureza secundária, os enrolamentos do primário e do secundário devem ser submetidos à mesma densidade de corrente δ, e as espiras desses enrolamentos devem ter o mesmo comprimento médio ℓ_m. Da imposição da mesma densidade de corrente δ, no primário e no secundário do transformador à plena carga, resulta

$$\frac{\mathcal{I}_1}{A_1} = \frac{\mathcal{I}_2}{A_2}, \text{ donde } \frac{\mathcal{I}_2}{\mathcal{I}_1} = \frac{A_2}{A_1} = \frac{N_1}{N_2} = a \qquad 2.14$$

Da existência de um valor comum ℓ_m para o comprimento das espiras médias, tanto do primário como do secundário, pode-se definir os valores dos volumes de cobre dos respectivos enrolamentos. São eles, $\mathcal{V}_1 = N_1 \ell_m A_1$ e $\mathcal{V}_2 = N_2 \ell_m A_2$, de cujo quociente, com base em 2.14, resulta $\frac{\mathcal{V}_1}{\mathcal{V}_2} = \frac{N_1}{N_2}\frac{A_1}{A_2} = 1$, o que significa iguais volumes de cobre no primário e no secundário. Diante da igualdade desses volumes, e de se ter $A_2/A_1 =$ $= a$, a expressão 2.12 permite que se considere $R_1 \approx a^2 R_2$.

Quanto a se ter $X_1 \approx a^2 X_2$, isto pode ser demonstrado a partir da relação fundamental $X = \omega L = \frac{\omega N^2}{\mathcal{R}}$ que exprime a reatância de um enrolamento com N espiras, atuando em meio de relutância $\mathcal{R}$. Aplicando-a ao caso de transformador com reatâncias X_1 e X_2, respectivamente no primário e no secundário, pode-se escrever

$$X_1 = \omega \frac{N_1^2}{\mathcal{R}_1} \quad \text{e} \quad X_2 = \omega \frac{N_2^2}{\mathcal{R}_2}$$

Assumindo-se, em caráter de aproximação, $\mathcal{R}_1 = \mathcal{R}_2 = \mathcal{R}$ para a relutância dos meios onde se estabelecem os fluxos dispersos associados às reatâncias X_1 e X_2, e efetuando-se o quociente X_1/X_2, comprova-se a igualdade aproximada $X_1 \approx a^2 X_2$.

Finalmente, resta justificar as hipóteses assumidas, segundo as quais:

a) ao se projetar um transformador, deve-se adotar a mesma densidade de corrente δ em seus enrolamentos primário e secundário;
b) as espiras dos enrolamentos primário e secundário tenham o mesmo comprimento médio ℓ_m;
c) as relutâncias das regiões onde se estabelecem os fluxos de dispersão, tanto do primário como do secundário, tenham o mesmo valor $\mathcal{R}$.

Relativamente à densidade de corrente δ, salvo pormenor a ser esclarecido, ela deveria ser a mesma em todos os enrolamentos do transformador, porque é ela que determina o valor das perdas joule por unidade de volume de cobre dos enrolamentos, perdas essas que devem ter (aproximadamente) o mesmo valor em todos eles, a fim de que, à plena carga, eles possam operar igualmente aquecidos, com a mesma temperatura máxima preestabelecida em função do tipo da isolação adotada para o transformador. Se apenas um dos enrolamentos atingir essa temperatura, mantendo-se os demais sob temperaturas mais baixas, ou esse enrolamento está subdimensionado, ou os restantes estão superdimensionados.

Para a expressão da perda no cobre p_c, produzida pela corrente nominal $\mathcal{I}$ em enrolamento com N espiras, totalizando um comprimento ℓ de condutor cuja seção possui área A, resultando em um volume de cobre $\mathcal{V} = \ell A$, pode-se escrever

$$p_c = RI^2 = \rho \frac{\ell}{A} I^2 = \rho \ell A \frac{I^2}{A^2} = \rho \mathcal{V} \delta^2 \qquad 2.15$$

Portanto, a perda no cobre , por unidade de volume, será $p_c/\mathcal{V} = \rho\delta^2$, mostrando-se, como afirmado, dependente apenas da escolha do valor da densidade de corrente δ.

Porém, ainda em relação a essa densidade de corrente, cumpre esclarecer que, a rigor, ela deve ser algo menor nos condutores de enrolamentos com menores coeficientes de dissipação de calor, o que ocorre, por exemplo, nos enrolamentos da alta tensão, que requerem isolação em graus mais elevados.

Quanto às espiras com o mesmo comprimento médio ℓ_m, tanto nos primários como nos secundários, trata-se de fato que acontece com razoável grau de aproximação, em virtude das maneiras como esses enrolamentos são subdivididos em bobinas, intercaladas entre si e acomodadas em torno das colunas dos núcleos, ora sob a forma de tubos concêntricos (Fig. 4.2), ora em discos alternados (Fig. 4.3).

Finalmente, no que se refere à apenas aproximada igualdade das relutâncias impostas aos fluxos dispersos dos primários e dos secundários, trata-se, mais uma vez, de conseqüência das maneiras como usualmente os enrolamentos primários e secundários são dispostos entre si e em relação aos núcleos dos transformadores. Elas seriam perfeitamente iguais somente na hipótese de os enrolamentos primários e secundários situarem-se de tal forma, relativamente aos núcleos, que permitissem essa igualdade. Porém, esse fato ocorre de modo apenas aproximado.

2.10- Circuitos Equivalentes Referidos a um dos Enrolamentos e Circuitos Equivalentes com Variáveis e Parâmetros Expressos em Valores por Unidade.

Um circuito equivalente de transformador com relação de transformação $a \neq 1$, referido a um de seus enrolamentos – o primário, por exemplo – pode ser considerado como o circuito equivalente de um transformador com relação de transformação $a = 1$ tal que, "visto" pela fonte, comporta-se, sob todos os aspectos, como o transformador de relação de transformação $a \neq 1$ por ele representado.

Com N_1 espiras, tanto no primário como no secundário, a reatância mútua X_{12} de transformador com $a = 1$ assume o valor $X_{11} = \omega \frac{N_1 N_1}{\mathcal{R}} = \omega \frac{N_1^2}{\mathcal{R}} = X_{1m}$ próprio da reatância de magnetização do primário do transformador, e o acoplamento magnético desse transformador equivalente pode ser substituído por um simples acoplamento elétrico, originando circuito como o indicado na Figura 2.4. Nesse simples circuito elétrico, não há que se cogitar de um secundário magneticamente acoplado ao primário, mas de uma simples malha secundária referida ao primário, cujas impedâncias, incluindo a da carga, apresentam-se convenientemente alteradas, a fim de compatibilizá-las com as novas correntes e tensões, igualmente ditas "referidas" ao primário.

Num circuito equivalente, tal como definido, todos os seus parâmetros e todas a suas variáveis são expressas em suas próprias unidades (ohms, volts, ampères, watts).

Um circuito equivalente com suas variáveis e parâmetros expressos em Valores por Unidade também pode ser encarado como representativo de transformação unitária. Para justificar tal afirmativa, pode-se recorrer às equações 1.2 que, sendo aplicadas ao caso de regime senoidal permanente, podem ser escritas sob a forma

$$\left.\begin{aligned} \mathbf{V}_1 &= (R_1 + jX_1)\mathbf{I}_1 + jX_{1m}\mathbf{I}_1 - jX_{12}\mathbf{I}_2 \\ jX_{21}\mathbf{I}_1 &= jX_{2m}\mathbf{I}_2 + (R_2 + jX_2)\mathbf{I}_2 + \mathbf{V}_2 \end{aligned}\right\} \quad \text{......................2.16}$$

Dividindo a primeira destas equações pelo valor-base $\mathcal{V}_1$ para tensões primárias, valor este que também exprime-se pelos produtos $\mathcal{Z}_1\mathcal{I}_1$, $\mathcal{X}_{1m}\mathcal{I}_1$ e $\mathcal{X}_{12}\mathcal{I}_2$, e a segunda por $\mathcal{V}_2$ que, também, identifica-se com os produtos, $\mathcal{X}_{21}\mathcal{I}_1$, $\mathcal{X}_{2m}\mathcal{I}_2$ e $\mathcal{Z}_2\mathcal{I}_2$, chega-se ao sistema 2.17. Cumpre esclarecer que $\mathcal{X}_{1m}$ e $\mathcal{X}_{2m}$, e $\mathcal{X}_{12}$ e $\mathcal{X}_{21}$ representam os valores-base para as reatâncias de magnetização X_{1m} e X_{2m} e para as reatâncias mútuas X_{12} e X_{21}, respectivamente (v. Apêndice I). Note-se, ainda, que os valores por unidade X_{12} e X_{21}, resultantes para as reatâncias mútuas X_{12} e X_{21}, não são encontrados nas equações desse sistema 2.17; eles foram substituídos pela reatância de magnetização primária X_{1m}, visto que, conforme demonstrado no citado Apêndice I, $X_{12} = X_{21} = X_{1m}$.

$$\left.\begin{aligned} V_1 &= (R_1 + jX_1)I_1 + jX_{1m}(I_1 - I_2) \\ jX_{1m}(I_1 - I_2) &= (R_2 + jX_2)I_2 + V_2 \end{aligned}\right\} \quad \text{..............................2.17}$$

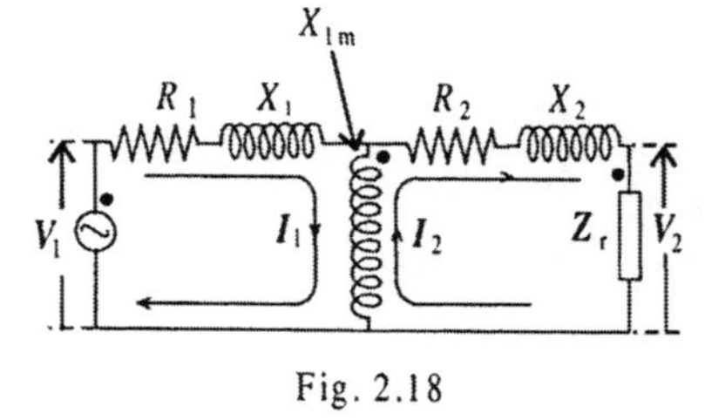

Fig. 2.18

Uma análise das equações 2.17 mostra que elas se prestam para justificar a utilização do circuito da Figura 2.18 para representar um transformador monofásico.

Portanto, fica demonstrada a equivalência entre:

a) adotar um dos enrolamentos de transformador como Enrolamento de Referência, mantendo inalterados seus parâmetros (e suas variáveis), e alterar convenientemente os parâmetros (e variáveis) do outro enrolamento (referi-los ao primeiro) e...
b) alterar os parâmetros (e as variáveis) dos <u>dois enrolamentos</u>, dividindo-os pelos respectivos Valores-Base (recorrer a Valores por Unidade).

<u>Observação</u>: o método de adotar <u>um enrolamento</u> como Referência e alterar parâmetros e variáveis do outro, estende-se ao caso de transformadores com mais de dois enrolamentos, o mesmo sucedendo com a adoção dos Valores por Unidade (v. Seção 2.11 e Apêndice I).

De um modo mais amplo, o que acaba de ser dito para transformadores aplica-se ao caso mais geral de Sistemas de Potência envolvendo Subsistemas com diferentes tensões de serviço (interligados por transformadores).

2.11- Transformadores com Três Enrolamentos.

Desejando-se alimentar dois circuitos distintos, pode-se recorrer a transformador com três enrolamentos, conforme esquematizado na Figura 2.19.

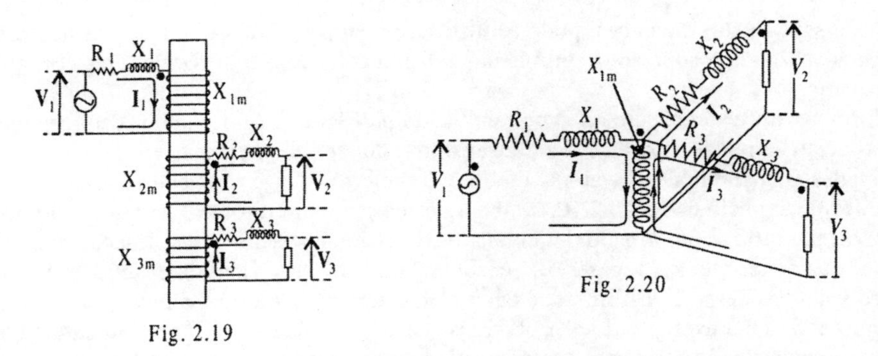

Fig. 2.19

Fig. 2.20

Um circuito equivalente para um transformador como esse pode ser obtido a partir de um sistema de equações análogo ao de número 2.16, porém com três equações complexas, postas sob a forma indicada em 2.18,

$$\left.\begin{aligned} \mathbf{V}_1 &= (R_1 + jX_1)\mathbf{I}_1 + jX_{1m}\mathbf{I}_1 - jX_{12}\mathbf{I}_2 - jX_{13}\mathbf{I}_3 \\ jX_{21}\mathbf{I}_1 - X_{23}\mathbf{I}_3 &= (R_2 + jX_2)\mathbf{I}_2 + jX_{2m}\mathbf{I}_2 + \mathbf{V}_2 \\ jX_{31}\mathbf{I}_1 - jX_{32}\mathbf{I}_2 &= (R_3 + jX_3)\mathbf{I}_3 + jX_{3m}\mathbf{I}_3 + \mathbf{V}_3 \end{aligned}\right\} \quad \text{..........................2.18}$$

Recorrendo às tensões-base

$$\mathcal{V}_1 = \mathcal{Z}_1 \mathcal{I}_1 = \mathcal{X}_{1m} \mathcal{I}_1 = \mathcal{X}_{12} \mathcal{I}_2 = \mathcal{X}_{13} \mathcal{I}_3$$
$$\mathcal{V}_2 = \mathcal{X}_{21} \mathcal{I}_1 = \mathcal{X}_{23} \mathcal{I}_3 = \mathcal{Z}_2 \mathcal{I}_2 = \mathcal{X}_{2m} \mathcal{I}_2$$
$$\mathcal{V}_3 = \mathcal{X}_{31} \mathcal{I}_1 = \mathcal{X}_{32} \mathcal{I}_2 = \mathcal{Z}_3 \mathcal{I}_3 = \mathcal{X}_{3m} \mathcal{I}_3$$

e, a exemplo do procedimento adotado para se chegar ao sistema 2.17, dividir cada uma das parcelas das equações 2.18 pelo correspondente valor-base, chega-se ao sistema 2.20. Ainda desta vez, todas as reatâncias de magnetização e mútuas estão representadas por, tão-somente, X_{1m}, visto que, além das naturais igualdades $X_{12} = X_{21}$, $X_{23} = X_{32}$ e $X_{31} = X_{13}$, quando expressas em valores por unidade todas as demais reatâncias, mútuas e magnetizantes, assumem um valor comum (v. Apêndice I), podendo-se escrever:

$$(X_{12} = X_{21} = X_{1m} = X_{23} = X_{32} = X_{2m} = X_{31} = X_{13} = X_{3m}) \quad \text{..................2.19}$$

$$\left.\begin{aligned} \boldsymbol{V}_1 &= (R_1 + \mathrm{j}X_1)\boldsymbol{I}_1 + \mathrm{j}X_{1m}(\boldsymbol{I}_1 - \boldsymbol{I}_2 - \boldsymbol{I}_3) \\ \mathrm{j}X_{1m}(\boldsymbol{I}_1 - \boldsymbol{I}_2 - \boldsymbol{I}_3) &= (R_2 + \mathrm{j}X_2)\boldsymbol{I}_2 + \boldsymbol{V}_2 \\ \mathrm{j}X_{1m}(\boldsymbol{I}_1 - \boldsymbol{I}_2 - \boldsymbol{I}_3) &= (R_3 + \mathrm{j}X_3)\boldsymbol{I}_3 + \boldsymbol{V}_3 \end{aligned}\right\} \quad \text{..........................2.20}$$

Analisando estas equações, pode-se justificar o emprego do circuito equivalente da Figura 2.20 para a solução de problemas relacionados com transformadores com três enrolamentos.

Circuito equivalente semelhante ao indicado na Figura 2.20 também é aplicável ao caso de as variáveis e parâmetros do transformador serem expressas em suas próprias unidades (volts, ampères, watts) , desde que "referidos" a um de seus enrolamentos. Conforme exposto na seção 2.10, também neste caso o circuito pode ser utilizado para representar um transformador equivalente, com relações de transformação unitária para quaisquer de seus pares de enrolamentos, o que vale dizer que todos os enrolamentos desse transformador equivalente teriam o mesmo número de espiras. Sendo assim, e a exemplo do que ocorre no caso do uso de valores por unidade, todas as reatâncias mútuas entre esses enrolamentos, bem como suas reatâncias de magnetização, assumem um mesmo valor: o valor da reatância de magnetização do Enrolamento de Referência.

EXERCÍCIOS

Exercício 2.1- A tensão nominal do primário de um transformador monofásico para operar em 60 Hz é de 550 V. Seu enrolamento primário é constituído por 210 espiras. Seu núcleo ferromagnético, pesando 45,4 kg, possui seção com área útil de 75,5 cm^2 e comprimento ℓ de 78,2 cm.

De posse desses dados e das curvas características do material ferromagnético do núcleo (Fig. 3.6), calcular, para a condição de operação sob tensão e freqüência nominais:

a) os valores máximos do fluxo e da indução no núcleo;
b) as perdas no ferro do núcleo;
c) a corrente eficaz em vazio I_0 e suas componentes I_p e I_m, de perdas no ferro e magnetizante, respectivamente.

O procedimento de cálculo pode ser o seguinte:

a) o valor máximo do fluxo resulta diretamente da expressão

$$V_1 \approx E_1 = 4{,}44\, f\, N_1 \phi_{max}\text{, valendo} \quad \phi_{max} = \frac{550}{4{,}44 \times 60 \times 210} = 0{,}00893\,\text{Wb}\cdot$$

Conseqüentemente, $B_{max} = \dfrac{0{,}00893}{0{,}00755} = 1{,}18\ \text{T}$;

b) segundo o gráfico da Figura 3.6, para B_{max} = 1,18 T as perdas específicas no ferro serão de 2,53 W/kg. Portanto, as perdas nos 45,5 kg do núcleo serão de 2,53×45,4 = 115 W;

c) ainda de acordo com a Figura 3.6, para B_{max} = 1,18 T resulta H_{max} = 835 A/m, donde $H_{max} \times \ell$ = = 835×0,782 = 653 A (espiras). Então, o valor máximo da corrente senoidal equivalente, responsável pela magnetização do núcleo, será $\frac{653}{210} = 3{,}11\,\text{A}$, e seu valor eficaz, $I_m = \frac{3{,}11}{\sqrt{2}} = 2{,}20\,\text{A}\cdot$

Sendo de 115 W as perdas no ferro, então a componente I_p de perdas no ferro será

$I_p = \frac{115}{550} = 0{,}21\,\text{A}$, resultando para a corrente eficaz em vazio

$$I_0 = \sqrt{I_p^2 + I_m^2} = 2{,}21\,\text{A}$$

Exercício 2.2- A indução máxima e as perdas no ferro de um transformador alimentado por V_1 =6.600 V e f = 60 Hz são, respectivamente, B_{max} = 1,09 T e p_F = 2.500 W. Supondo que todas as dimensões lineares sejam duplicadas, que os números de suas espiras primárias e secundárias sejam reduzidos à metade e que o transformador, assim modificado, passe a ser alimentado por V_1' = 13.200 V sob a mesma freqüência de 60 Hz, pergunta-se: quais serão a sua nova indução máxima B'_{max} e as novas perdas no ferro p'_F, mantido o mesmo material de seu núcleo?

A solução está na primeira das equações 2.2, podendo-se escrever

$$V_1 \approx E_1 = 4{,}44\ f\ N_1\phi_{max} = 4{,}44\ f\ N_1 B_{max}\ A_n = 6.600\ V.$$

$$V_1' \approx E_1' = 4{,}44 f \frac{N_1}{2} B'_{max} 4A_n = 13.200 V$$

Do quociente dessas tensões, obtém-se

$$\frac{E_1'}{E_1} = 2 = \frac{4{,}44 f\left(\frac{N_1}{2}\right) B'_{max}(4A_n)}{4{,}44 f N_1 B_{max} A_n} = 2\frac{B'_{max}}{B_{max}}$$

donde se conclui que $B'_{max} = B_{max}$. Portanto, diante da manutenção da indução máxima e da freqüência f (v. expressões 3.1 e 3.2), e do volume de ferro ser proporcional ao cubo das dimensões lineares, esse volume passa a $\mathcal{V}' = 8\mathcal{V}$ e as novas perdas no ferro valerão $p'_F = 8\ p_F = 20$ Kw.

Sugestão- Determinar, também, em quanto variarão a potência nominal e as perdas no cobre do transformador, mantida a mesma densidade de corrente δ.

Exercício 2.3- Uma tensão senoidal de 200 V eficazes é aplicada ao primário de um pequeno transformador, impondo-lhe um fluxo $\phi_m = \phi_{max} \cos \omega t = 900\ 10^{-6} \cos \omega t$ Wb e uma corrente em vazio

$$i_0 = \sqrt{2}\,(\,1{,}0 \text{ sen } \omega t + 5{,}0 \cos \omega t + 0{,}5 \text{ sen } 3\omega t + 2{,}0 \cos 3\omega t)\ A.$$

Determinar:

a) as perdas p_F no transformador;
b) os volt-ampères reativos;
c) o valor eficaz da corrente i_0.

A seqüência dos cálculos pode ser a seguinte:

a) às perdas no ferro associa-se apenas a componente fundamental ativa (vatada) da corrente i_0. Sendo o fluxo ϕ_m definido por $\phi_{max} \cos \omega t$, a componente fundamental ativa de i_0 deve ser $i_p = \sqrt{2} \times 1{,}0$ sen ωt, cujo valor eficaz é 1,0 A. Portanto, $p_F = E_1 I_p \approx V_1 I_p = 200 \times 1{,}0 = 200$ W;
b) à parte restante, não senoidal de i_0, deve caber a função de manter o fluxo $\phi_m = \phi_{max} \cos \omega t$ isento de harmônicas, tal como imposto pela tensão senoidal aplicada ao primário. Essa parte é $\sqrt{2}\,(5{,}0 \cos\omega t + 0{,}5 \text{ sen } 3\omega t + 2{,}0 \cos 3\omega t)$, cujo valor eficaz é $I_m = \sqrt{5^2 + 0{,}5^2 + 2^2} = 5{,}41 A$. Portanto, os volt-ampères reativos $V_1 I_m$ serão numericamente iguais a $200 \times 5{,}41 = 1.082$ VAR.
Observação: $I_m = 5{,}41$ A é o valor eficaz de corrente magnetizante senoidal equivalente à não-senoidal $i_m = \sqrt{2}\,(\,5{,}0 \cos \omega t + 0{,}5 \text{ sen } 3\omega t + 2{,}0 \cos 3\omega t)$ A.

Tal como definida, I_m deve ser entendida como a corrente que, circulando na reatância de magnetização X_m do transformador, supostamente linear, nela induz tensão senoidal de valor eficaz igual à tensão V_1 aplicada;

d) o valor eficaz da corrente senoidal equivalente a i_0 é

$$I_0 = \sqrt{1^2 + 5^2 + 0{,}5^2 + 2^2} = 5{,}50\,\text{A}.$$

Exercício 2.4- Os dados referentes a um transformador monofásico de 300 kVA , 60 Hz, 11.000/2.300 V, são os segintes:

a) resistência e reatância de dispersão primárias: R_1 = 1,603 Ω e X_1 = 4,248 Ω;
b) resistência e reatância de dispersão secundárias: R_2 = 0,0585 Ω e X_2 = 0,1623 Ω;
c) resistência de perdas no ferro e reatância de magnetização, referidas ao lado da alta tensão: Rp = 56.542 Ω e Xm = 15.264 Ω.

Determinar a tensão $\mathbf{V}_1$ a ser aplicada no lado da alta tensão, a fim de que o transformador forneça sua corrente nominal, sob fator de potência 0,8 indutivo. Obter $\mathbf{V}_1$ recorrendo ao circuito equivalente da Figura 2.4. Para essa mesma condição de trabalho, calcular, também, suas perdas p_F no ferro e p_c no cobre.

Observada a notação adotada na Figura 2.4, a seqüência de cálculo pode ser:

a) relação de transformação a = 11.000/2.300 = 4,783 ; a^2 = 22,873;
b) correntes nominais eficazes, do primário e do secundário: I_1 = 30.000/11.000 = 27,27 A ; I_2 = 30.000/2.300 = 130,43 A;
c) corrente complexa nominal no secundário, referida ao primário: $\mathbf{I}_c = \mathbf{I}'_2 = I'_2(\cos\varphi - j\,\text{sen}\varphi) = 27{,}27\,(0{,}8 - j0{,}6) = 21{,}82 - j\,16{,}36 = 27{,}27\,e^{-j36{,}86}$ A;
d) tensão nominal secundária, referida ao primário e adotada como referência : $\mathbf{V}'_2 = a\mathbf{V}_2 = 11.000 + j\,0 = 11.000\,e^{j\,0}$ V;
e) impedância secundária, referida ao primário: $\mathbf{Z}'_2 = R'_2 + jX'_2 = a^2\,(R_2 + jX_2) = 1{,}338 + j\,3{,}713 = 3{,}947\,e^{j70{,}18}$ Ω;
f) f.e.m. induzida no primário: $-\mathbf{E}_1 = \mathbf{V}'_2 + \mathbf{Z}'_2\,\mathbf{I}'_2 = 11.000 + 3{,}947\,e^{j70{,}18} \times 27{,}27\,e^{-j36{,}86} = 11.090 + j\,59{,}13 = 11.090\,e^{j\,0{,}305}$ V;
g) componente $\mathbf{I}_p$ (de perdas no ferro) da corrente em vazio $\mathbf{I}_0$:

$$\mathbf{I}_p = \frac{-\mathbf{E}_1}{R_p} = \frac{11.090\,e^{j0{,}305}}{56.542} = 0{,}1961\,e^{j0{,}305} = (0{,}1961 + j\,0{,}00104)\text{ A};$$

h) componente magnetizante $\mathbf{I}_m$ da corrente em vazio:

$$\mathbf{I}_m = \frac{-\mathbf{E}_1}{jX_m} = \frac{-\mathbf{E}_1\,e^{-j90}}{X_m} = \frac{11.090\,e^{j(0{,}305-90)}}{15.264} = 0{,}7265\,e^{-j89{,}70} = (0{,}00380 - j\,0{,}7665)\text{ A};$$

i) componente em vazio da corrente primária: $\mathbf{I}_0 = \mathbf{I}_p + \mathbf{I}_m = 0{,}2000 - j\,0{,}7526 = 0{,}7526\,e^{-j7458}$ A;

j) corrente primária $\mathbf{I}_1 = \mathbf{I}_0 + \mathbf{I}_c = \mathbf{I}_0 + \mathbf{I}'_2 = 22{,}02 - j\,17{,}09 = 27{,}87\ e^{-j37{,}81}$ A;

k) impedância primária : $\mathbf{Z}_1 = R_1 + jX_1 = 1{,}603 + j\,4{,}248 = 4{,}540\ e^{j69{,}33}\ \Omega$;

l) tensão a ser aplicada ao primário: $\mathbf{V}_1 = -\mathbf{E}_1 + \mathbf{Z}_1\mathbf{I}_1 = (11.090 + j59{,}13) + 4{,}540\ e^{j69{,}33} \times 27{,}87\ e^{-j37{,}81} = (11.090 + j59{,}13) + (107{,}86 + j\,66{,}15) = 11.198 + j125{,}28 = 11.199\ e^{j0{,}641}$ V;

m) perdas no ferro: podem ser obtidas de $\frac{E_1^2}{R_p}$ ou $R_p I_p^2$. Então,

$$p_F = \frac{(11.090)^2}{56.542} = 2.175\,\text{W};$$

n) perdas no cobre: $p_c = R_1 I_1^2 + R'_2 I'^2_2 = 1{,}603 \times (27{,}87)^2 + 1{,}338 \times (27{,}27)^2 = 2.240$ W.

Exercício 2.5 - Resolver Problema 2.4, utilizando o circuito equivalente aproximado (Fig. 2.9)

Neste caso, a tensão $\mathbf{V}_1$ decorrerá, simplesmente, de $\mathbf{V}_1 = a\mathbf{V}_2 + \mathbf{Z}'\,\mathbf{I}'_2$ onde $\mathbf{Z}'$ representa a impedância equivalente referida ao primário do transformador. Os valores de $a\mathbf{V}_2$ e de $\mathbf{I}'_2$ serão os mesmos obtidos no problema 2.4. Então,

a) $\mathbf{I}'_2 = 21{,}82 - j\,16{,}36 = 27{,}27\ e^{-j36{,}86}$ A;

b) $\mathbf{V}'_2 = a\mathbf{V}_2 = 11.000 + j0 = 11.000\ e^{j0}$ V;

c) $\mathbf{Z}' = R' + j\,X' = (R_1 + a^2R_2) + j(X_1 + a^2X_2) = (1{,}603 + 1{,}338) + j(4{,}248 + 3{,}713) = 2{,}941 + j7{,}961 = 8{,}487\ e^{j69{,}72}\ \Omega$;

d) $\mathbf{V}_1 = a\mathbf{V}_2 + \mathbf{Z}'\,\mathbf{I}'_2 = 11.000 + 8{,}487\ e^{j69{,}72} \times 27{,}27\ e^{-j36{,}86} = 11.000 + 231{,}46\ e^{j32{,}85} = 11.194 + j125{,}58 = 11.195\ e^{j0{,}641}$ V;

e) $\mathbf{I}_p = \frac{V_1}{R_p} = \frac{11.195 e^{j0{,}641}}{56.542} = 0{,}198 e^{j0{,}641} = (0{,}1980 + j0{,}0022)$ A;

f) $\mathbf{I}_m = \frac{\mathbf{V}_1}{jX_m} = \frac{11.195 e^{j(-90+0{,}641)}}{15.264} = 0{,}7334\ e^{-j89{,}36} = (0{,}0082 - j0{,}7334)$ A;

g) $\mathbf{I}_0 = \mathbf{I}_p + \mathbf{I}_m = 0{,}2062 - j0{,}7312 = 0{,}7597\ e^{-j74{,}25}$ A;

h) $\mathbf{I}_1 = \mathbf{I}_0 + \mathbf{I}_c = \mathbf{I}_0 + \mathbf{I}'_2 = 22{,}03 - j\,17{,}09 = 27{,}88\ e^{-j37{,}80}$ A;

i) perdas no ferro $p_F = \frac{V_1^2}{R_p} = \frac{(11.195)^2}{56.542} = 2.217\,\text{W}$;

j) perdas no cobre $p_c = R' I'^2_2 = 2{,}941 \times 27{,}27^2 = 2.187\,\text{W}$.

Sugestão: comparar estes resultados com os obtidos com o circuito da Figura 2.4, analisando as razões das (pequenas) diferenças encontradas.

Exercício 2.6- Converter, em valores por unidade, as Constantes Características do transformador do exercício 2.4, obtidas no Exercício 2.5 com os recursos do circuito equivalente da Figura 2.9.

As Constantes Características e os os Valores-Base, já conhecidos para esse transformador, são os seguintes:

a) Potência Nominal: $\mathcal{S} = 300$ kVA;
b) Tensões Nominais: $\mathcal{V}_1 = 11.000$ V e $\mathcal{V}_2 = 2.300$ V;
c) Correntes Nominais: $\mathcal{I}_1 = 27{,}27$ A e $\mathcal{I}_2 = 130{,}4$ A;
d) Impedância-Base para o primário: $\mathcal{Z}_1 = \mathcal{V}_1/\mathcal{I}_1 = 403{,}3\ \Omega$;
e) Impedância, Resistência e Reatância Equivalentes, referidas ao primário :
$$Z' = 8{,}487\ \Omega,\ R' = R_1 + a^2R_2 = 2{,}941\ \Omega \text{ e } X' = X_1 + a^2X_2 = 7{,}961\ \Omega;$$
f) Resistência de Perdas no Ferro e Reatância de Magnetização:
$$R_p = 56.542\ \Omega \text{ e } X_m = 15.264\ \Omega.$$

Então, de conformidade com as definições de valores por unidade, convencionalmente representados por símbolos em itálico, resultam

a) Impedância, Resistência e Reatância Equivalentes:

$$Z' = \frac{Z'}{\mathcal{Z}_1} = \frac{8{,}487}{403{,}3} = 0{,}02104\,\text{pu}, \qquad R' = \frac{R'}{\mathcal{Z}_1} = \frac{2{,}941}{403{,}3} = 0{,}007292\,\text{pu e}$$

$$X' = \frac{X'}{\mathcal{Z}_1} = \frac{7{,}961}{403{,}3} = 0{,}01974\ \text{pu};$$

b) Corrente Complexa Nominal no secundário:
$$\boldsymbol{I}_2' = 1(0{,}8 - j0{,}6) = 1\ e^{-j36{,}87}\ \text{pu};$$
c) Impedância Equivalente Complexa:
$$\boldsymbol{Z}' = (R' + j\,X') = (0{,}007292 + j\,0{,}01974) = 0{,}02104\ e^{j69{,}72}\ \text{pu};$$
d) Resistência de Perdas no Ferro :
$$R_p = \frac{56.542}{403{,}3} = 140{,}2\,\text{pu};$$
e) Reatância de Magnetização:
$$X_m = \frac{15.264}{403{,}3} = 37{,}84\,\text{pu}.$$

Exercício 2.7- Determinar o valor por unidade V_1 da tensão a ser aplicada ao transformador do problema 2.4 para manter tensão e corrente de 1 pu em seus terminais secundários, sob fator de potência 0,8 indutivo. Determinar, também, os valores por unidade da corrente $\mathbf{I}_1$ e das perdas p_F e p_c, respectivamente no ferro e no cobre. Recorrer aos resultados já obtidos no exercício 2.5, resultantes da adoção de circuito aproximado do tipo indicado na figura 2.9.

Repetindo o procedimento adotado em soluções anteriores, pode-se escrever:

a) $V_2' = (1 + j0)$ pu;
b) $I_2' = 1(0{,}8 - j06) = 1\ e^{-j36{,}87}$ pu;
c) $Z' = 0{,}02104\ e^{j69{,}72}$ pu;
d) $V_1 = V_2' + Z'\,I_2' = 1 + 0{,}02104\ e^{j69{,}72} \times 1\ e^{-j36{,}87} = 1 + 0{,}02104\ e^{j32{,}85} =$
$1 + (0{,}01768 + j0{,}01141) = 1{,}01768 + j0{,}01141 = 1{,}0177\ e^{j0{,}6424}$ pu;
e) $I_p = \dfrac{V_1}{R_p} = \dfrac{1{,}0177\,e^{j0{,}6424}}{140{,}2} = 0{,}00726\,e^{j0{,}6424}$ pu $= (0{,}00726 + j0{,}00008)$ pu;
f) $I_m = \dfrac{V_1}{jX_m} = \dfrac{1{,}0177\,e^{j(0{,}6424-90)}}{37{,}84} = 0{,}02689\,e^{-j89{,}36} = (0{,}00030 - j0{,}02689)$ pu;
g) $I_0 = I_p + I_m = 0{,}00756 - j0{,}02681 = 0{,}02786\ e^{-j74{,}25}$ pu;
h) $I_1 = I_0 + I_2' = 0{,}80756 - j0{,}62681 = 1{,}0223\ e^{-j37{,}82}$ pu;
i) $p_F = \dfrac{V_1^2}{R_p} = \dfrac{(1{,}0177)^2}{140{,}2} = 0{,}007387\,\text{pu}$;
j) $p_c = R'I_2'^2 = 0{,}007292 \times 1^2 = 0{,}007292\,\text{pu}$.

Exercício 2.8- Converter, em termos de suas próprias unidades (volts, ampères, watts), os valores expressos em valores por unidade obtidos na solução do problema 2.7 referente ao transformador do exercício 2.4.

As tensões e correntes (eficazes), e as perdas, todas obtidas em valores por unidade no problema anterior, encontram-se transcritas na primeira das colunas abaixo. Considerando que os valores nominais (Valores-Base) da tensão e da corrente primárias são, respectivamente, $\mathcal{V}_1 = 11.000$ V e $\mathcal{I}_1 = 27{,}27$ A; que a Impedância-Base primária é $\mathcal{Z}_1 = \mathcal{V}_1/\mathcal{I}_1 = 403{,}3\ \Omega$ e que a Potência Nominal é $\mathcal{S} = 300.000$ VA, então os valores das referidas tensões, correntes e perdas, expressos em suas próprias unidades, serão os calculados na segunda coluna.

a) $V_2' = 1$ pu.. $V_2' = V_2' \times \mathcal{V}_1 = 1 \times 11.000 = 11.000$ V;
b) $I_2' = 1$ pu.. $I_2' = I_2' \times \mathcal{I}_1 = 1 \times 27{,}27 = 27{,}27$ A;
c) $V_1 = 1{,}0177$ pu.............................. $V_1 = V_1 \times \mathcal{V}_1 = 1{,}0177 \times 11.000 = 11.195$ V;
d) $I_p = 0{,}00726$ pu.............................. $I_p = I_p \times \mathcal{I}_1 = 0{,}00726 \times 27{,}27 = 0{,}1980$ A;
e) $I_m = 0{,}02689$ pu.............................. $I_m = I_m \times \mathcal{I}_1 = 0{,}02689 \times 27{,}27 = 0{,}7333$ A;
f) $I_0 = 0{,}02786$ pu.............................. $I_0 = I_0 \times \mathcal{I}_1 = 0{,}02786 \times 27{,}27 = 0{,}7597$ A;

g) $I_1 = 1{,}0223$ pu............................ ....$I_1 = I_1 \times \mathscr{I}_1 = 1{,}0223 \times 27{,}27 = 27{,}89$ A;
h) $p_F = 0{,}007387$ pu..........................$p_F = p_F \times \mathscr{S} = 0{,}007387 \times 300.000 = 2.216$ W;
i) $p_c = 0{,}007292$ pu...........................$p_c = p_c \times \mathscr{S} = 0{,}007292 \times 300.000 = 2.188$ W.

Confrontar os resultados da 2ª coluna com os correspondentes obtidos na solução do problema 2.5.

Exercício 2.9- Os parâmetros do circuito equivalente referido ao lado da alta-tensão (fig. 2.9) de um transformador monofásico de 25 kVA, 2.300/115 V, 60 Hz, são os seguintes:

a) $R' = R_1 + a^2R_2 = 4{,}147\ \Omega$ e $X' = X_1 + a^2X_2 = 5{,}749\ \Omega$.
b) $R_p = 39.775\ \Omega$ e $X_m = 11.601\ \Omega$.

Determinar a tensão $\mathbf{V}_1$ a ser aplicada no lado da alta tensão para manter corrente nominal no secundário alimentando receptor de fator de potência indutivo 0,8. Determinar, também, os valores da corrente em vazio $\mathbf{I}_0$ e de suas componentes $\mathbf{I}_p$ e $\mathbf{I}_m$, bem como as perdas no ferro e no cobre.

Repetindo os procedimentos adotados na solução dos problemas 2.4 e 2.5 , obtêm-se:

a) relação de transformação $a = 2.300/115 = 20$ e $a^2 = 400$;
b) correntes nominais: $\mathscr{I}_1 = 25.000/2.300 = 10{,}87$ A e $\mathscr{I}_2 = 25.000/115 = 217{,}4$ A;
c) corrente nominal secundária, referida ao primário:

$$\mathbf{I}'_2 = I'_2(\cos\varphi - j\,\text{sen}\varphi) = 10{,}87(0{,}8 - j0{,}6) = 8{,}696 - j6{,}522 = 10{,}87\ e^{-j36{,}87}\ \text{A};$$

d) impedância equivalente:

$$\mathbf{Z}' = R' + jX' = 4{,}147 + j\,5{,}749 = 7{,}089\ e^{j54{,}20}\ \Omega;$$

e) $$\mathbf{V}_1 = a\mathbf{V}_2 + \mathbf{Z}'\,\mathbf{I}'_2 = (2.300 + j0) + (7{,}089\ e^{j54{,}20} \times 10{,}87\ e^{-j36{,}87}) = $$
$$= 2.374 + j\,22{,}95 = 2.374\ e^{j0{,}5539}\ \text{V};$$

f) $$\mathbf{I}_p = \frac{\mathbf{V}_1}{R_p} = \frac{2.374\,e^{j0{,}5539}}{39.775} = 0{,}0597\,e^{j0{,}5539}\quad \text{A};$$

g) $$\mathbf{I}_m = \frac{\mathbf{V}_1}{jX_m} = \frac{2.374\ e^{j(-90+0{,}5539)}}{11.601} = 0{,}2046\,e^{-j89{,}45} = (0{,}0020 - j0{,}2046)\ \text{A};$$

h) $\mathbf{I}_0 = \mathbf{I}_p + \mathbf{I}_m = (0{,}0617 - j\,0{,}2040) = 0{,}2131\ e^{-j73{,}17}$ A;
i) $$\mathbf{I}_1 = \mathbf{I}_c + \mathbf{I}_0 = \mathbf{I}'_2 + \mathbf{I}_0 = (8{,}696 - j\,6{,}522) + (0{,}0617 - j\,0{,}2040) = 8{,}758 - j\,6{,}726 = $$
$$11{,}04\ e^{-j37{,}52}\ \text{A}$$

j) $$p_F = \frac{V_1^2}{R_p} = \frac{(2.374)^2}{39.775} = 141{,}7\ \text{W};$$

k) $p_c = R'\,I_2'^2 = 4{,}147 \times 10{,}87^2 = 490$ W.

Exercício 2.10- Resolver o problema 2.9 para o caso de receptor resistivo puro.

Repetindo o procedimento adotado no problema 2.9, obtêm-se, sucessivamente:

a) $a = 2.300/115 = 20$ e $a^2 = 400$;

b) $\mathcal{I}_1 = 25.000/2.300 = 10{,}87$ A e $\mathcal{I}_2 = 25.000/115 = 217{,}4$ A;

c) $\mathbf{I}'_2 = I'_2\,(\cos\varphi + j\,\text{sen}\varphi) = 10{,}87 + j0 = 10{,}87\, e^{j0}$ A;

d) $\mathbf{Z}' = R' + j\,X' = 4{,}147 + j\,5{,}749 = 7{,}089\, e^{j54{,}20}\ \Omega$.

e) $\mathbf{V}_1 = a\mathbf{V}_2 + \mathbf{Z}'\,\mathbf{I}'_2 = (2.300 + j0) + (\,7{,}089\, e^{j54{,}20} \times 10{,}87\,) = 2.300 + 77{,}06\, e^{j54{,}20}$
$= 2.300 + (45{,}08 + j62{,}50) = 2.345 + j62{,}50 = 2.346\, e^{j1{,}527}$ V;

f) $\mathbf{I}_p = \dfrac{\mathbf{V}_1}{R_p} = \dfrac{2.346\, e^{j1{,}527}}{39.775} = 0{,}0590\, e^{j1{,}527} = (0{,}0590 + j0{,}0016)$ A;

g) $\mathbf{I}_m = \dfrac{\mathbf{V}_1}{jX_m} = \dfrac{2.346\, e^{j(-90+1{,}527)}}{11.601} = 0{,}2022\, e^{-j88{,}47} = (0{,}0054 - j0{,}2021)$ A;

h) $\mathbf{I}_0 = \mathbf{I}_p + \mathbf{I}_m = (0{,}0644 - j0{,}2005) = 0{,}2106\, e^{-j72{,}19}$ A.

i) $\mathbf{I}_1 = \mathbf{I}_c + \mathbf{I}_0 = \mathbf{I}'_2 + \mathbf{I}_0 = 10{,}87\, e^{j0} + (0{,}0644 - j0{,}2005) = 10{,}93 - j0{,}2005) =$
$= 10{,}93\, e^{-j1{,}051}$ A;

j) $p_F = \dfrac{V_1^2}{R_p} = \dfrac{(2.346)^2}{39.775} = 138{,}4$ W;

k) $p_c = R' I'^2_2 = 4{,}147 \times 10{,}87^2 = 490$ W.

Exercício 2.11- Resolver o problema 2.9 para o caso de receptor de fator de potência 0,8 capacitivo.

A impedância equivalente $\mathbf{Z}' = R' + j\,X'$ já é conhecida; vale $7{,}089\, e^{j54{,}20}\ \Omega$. Para carga capacitiva, a corrente de carga será $\mathbf{I}'_2 = I'_2\,(\cos\varphi + j\text{sen}\varphi) = 10{,}87\,(0{,}8 + j0{,}6)$ $= 8{,}696 + j\,6{,}522 = 10{,}87\, e^{+j36{,}87}$ A. Então,

a) $\mathbf{V}_1 = a\mathbf{V}_2 + \mathbf{Z}'\,\mathbf{I}'_2 = (2.300 + j0) + (7{,}089\, e^{j54{,}20} \times 10{,}87\, e^{j36{,}87}) =$
$2.300 + 77{,}06\, e^{j\,91{,}07} = 2.300 + (-1{,}439\ + j\,77{,}05) =$
$2.299 + j\,77{,}05 = 2.300\, e^{j\,1{,}920}$ V;

b) $\mathbf{I}_p = \dfrac{\mathbf{V}_1}{R_p} = \dfrac{2.300\, e^{j1{,}920}}{39.775} = 0{,}0578\, e^{j\,1{,}920} = (0{,}0578 + j\,0{,}0019)$ A;

c) $\mathbf{I}_m = \dfrac{\mathbf{V}_1}{jX_m} = \dfrac{2.300\, e^{j(-90+1{,}920)}}{11.601} = 0{,}1983\, e^{-j\,88{,}08} = (0{,}00664 - j\,0{,}1982)$ A;

d) $\mathbf{I}_0 = \mathbf{I}_p + \mathbf{I}_m = (0{,}0644 - j\,0{,}1963) = 0{,}2066\ e^{-j\,71{,}82}$ A;

e) $\mathbf{I}_1 = \mathbf{I}_0 + \mathbf{I}'_2 = (0{,}0644 - j\,0{,}1963) + (8{,}696 + j\,6{,}522) = 8{,}760 + j\,6{,}324 =$
$= 10{,}80\ e^{j\,35{,}82}$ A;

f) $p_F = \dfrac{V_1^2}{R_p} = \dfrac{(2.300)^2}{39.775} = 133$ W;

g) $p_c = R'I_2'^2 = 4{,}147 \times 10{,}87^2 = 490$ W.

Exercício 2.12- Calcular o valor da impedância de carga que coloca o transformador do problema 2.9 em plena carga (tensão e corrente nominais no secundário), sob fator de potência indutivo 0,8.

Para essa condição de trabalho, a tensão e corrente secundárias já estão definidas, valendo, respectivamente, $\mathbf{V}'_2 = a\mathbf{V}_2 = (2.300 + j0)$ V e $\mathbf{I}'_2 = 10{,}87\ e^{-j36{,}87}$ A. Portanto, quando referida ao primário, a impedância procurada será

$$\mathbf{Z}'_r = \frac{\mathbf{V}'_2}{\mathbf{I}'_2} = \frac{2.300\,e^{j0}}{10{,}87\,e^{-j36{,}87}} = 211{,}6\ e^{j\,36{,}87} = (169{,}3 + j\,127{,}0)\ \Omega.$$

Referindo-a ao próprio secundário, ela assume o seu valor real

$$\mathbf{Z}_r = \frac{\mathbf{Z}'_r}{a^2} = \frac{211{,}6\,e^{j\,36{,}87}}{400} = 0{,}529\ e^{j\,36{,}87} = (0{,}423 + j\,0{,}318)\ \Omega.$$

Exercício 2.13- Determinar a tensão $\mathbf{V}_2$ no secundário do transformador do problema 2.9, quando fornecendo sua corrente nominal a uma carga de fator de potência indutivo 0,8, sendo alimentado por sua tensão nominal $\mathbf{V}_1 = (2.300 + j0)$ V. Recorrer ao circuito aproximado da Figura 2.9.

Do problema 2.9 já se conhecem $\mathbf{Z}' = 7{,}089\ e^{j\,54{,}20}\ \Omega$ e $\mathbf{I}'_2 = 10{,}87\ e^{-j36{,}87}$ A. Então, para o caso presente, deve-se escrever $\mathbf{V}'_2 = \mathbf{V}_1 - \mathbf{Z}'\,\mathbf{I}'_2 =$
$= 2.300 - (7{,}089\ e^{j\,54{,}20} \times 10{,}87\ e^{-j36{,}87}) = 2.226 - j\,22{,}95) = 2.226\ e^{-j\,0{,}591}$ V. Referindo esta tensão ao próprio secundário, resulta $\mathbf{V}_2 = \mathbf{V}'_2/a = (2.226\ e^{-j\,0{,}591}) \div 20$ $= 111{,}3\ e^{-j\,0{,}591}$ V (111,3 volts eficazes).

CAPÍTULO III
PERDAS E RENDIMENTOS. REGULAÇÃO. FUNDAMENTOS DO PROJETO DE TRANSFORMADORES.

3.1- Perdas nos Transformadores.

As perdas que ocorrem nos transformadores podem ser classificadas em:

a) perdas no ferro;
b) perdas no cobre;
c) perdas suplementares;
d) perdas dielétricas.

Perdas no Ferro.

As perdas no ferro (p_F) resultam das variações de indução nos núcleos ferromagnéticos dos transformadores, podendo ser divididas em duas categorias: as chamadas perdas Foucault (p_f), originadas pelas correntes induzidas de mesmo nome (correntes Foucault, ou Eddy-Currents do inglês), e as perdas Histeréticas (p_h), provocadas pela Histerese Magnética.

O valor das perdas Foucault pode ser obtido, no Sistema Internacional de Unidades, pela expressão

$$p_f = K_f \mathcal{V}(fB_m e)^2 \text{ watts} \qquad \text{......................................3.1}$$

onde

a) K_f = coeficiente de perdas Foucault, é uma constante característica do material ferromagnético, inversamente proporcional à sua resistividade ρ. Para variações senoidais das induções, pode-se adotar $K_f = 1{,}64/\rho$;
b) $\mathcal{V}$ = volume útil do núcleo ferromagnético (laminado);
c) f = freqüência das variações de indução;
d) B_m = valor máximo das induções senoidalmente variáveis;
e) e = espessura das chapas laminadas do núcleo.

Embora prestando-se para avaliações quantitativas das perdas no ferro, o interesse maior da expressão 3.1 reside nas informações que ela fornece. De sua observação, conclui-se que as perdas Foucault são proporcionais aos quadrados da freqüência, da indução máxima e da espessura das chapas laminadas, sendo inversamente proporcionais à resistividade ρ do material utilizado em sua constituição. Essa influência da resistividade justifica o emprego das chapas siliciosas; suas resistividades chegam a ser da ordem de quatro vezes maiores do que as das chapas comuns.

No mesmo sistema de unidades, as perdas histeréticas podem ser expressas pela fórmula empírica de Steinmetz,

$$p_h = \eta \mathcal{V} f B_m^{1,6} \text{ watts} \qquad 3.2$$

onde:

a) η = coeficiente de perdas histeréticas, intimamente relacionado com a área do ciclo de histerese e, portanto, característico do material. Tratamentos térmicos adequados são utilizados para reduzir seu valor que, inclusive, é sensivelmente influenciado pela direção da magnetização dos materiais ferromagnéticos, relativamente à sua estrutura cristalina;
b) $\mathcal{V}$, f e B_m representam, respectivamente, o volume útil do material laminado, a freqüência e a indução máxima. O expoente de B_m depende de seu próprio valor, podendo ser adotado igual a 1,6 para induções máximas dentro dos limites de 0,1 a 1,2 Tesla.

Para finalidades práticas, tais como as de projetos, e determinações de rendimentos por vias não experimentais, as perdas totais no ferro, englobando as das naturezas Foucault e histeréticas, podem ser obtidas consultando-se manuais dos fabricantes das chapas ferromagnéticas. Normalmente, para cada tipo de chapa e para freqüências prefixadas, esses manuais fornecem os valores de suas perdas em watts/kg, em função das induções máximas (v., por exemplo, Fig 3.6).

Em transformadores já construídos, suas perdas no ferro podem ser facilmente determinadas experimentalmente nos ensaios ditos "Em Vazio" (v. seç. 5.5).

Perdas no Cobre e Perdas Suplementares.

As perdas no cobre, tais como consideradas na classificação proposta no início deste capítulo (em separado das suplementares), seriam aquelas que ocorreriam nos enrolamentos primários e secundários, na hipótese de as respectivas correntes distribuírem-se com densidade uniforme em seus condutores. Elas seriam, então, simplesmente iguais aos produtos de suas resistências "ôhmicas" (medidas em corrente contínua) pelo quadrado de suas correntes eficazes. Na realidade, as perdas totais produzidas pelas correntes que circulam nesses enrolamentos são maiores do que as perdas ditas ôhmicas, em virtude do efeito pelicular e das correntes parasitas induzidas no interior das massas de cobre dos enrolamentos. Estas correntes parasitas, da mesma natureza das correntes Foucault no ferro, têm como causa as alternâncias dos fluxos dispersos que se distribuem nas regiões ocupadas pelos enrolamentos em torno das colunas dos núcleos.

Analogamente ao que se faz com a laminação dos núcleos ferromagnéticos, para reduzir tais perdas adicionais costuma-se evitar o uso de condutores únicos, de grande seção, substituindo-os por dois ou mais em paralelo e ligeiramente isolados uns dos outros. Entretanto, a adoção deste artifício implica em diferentes forças eletromotrizes induzidas nos condutores que ocupam diferentes posições no campo dos fluxos dispersos e, conseqüentemente, em correntes de circulação entre eles. Para evitar tais correntes, recorre-se às "transposições" desses condutores, o que é feito recorrendo-se a inversões em suas posições relativamente às colunas dos núcleo, os mais distantes passando às posições mais próximas e vice-versa.

Além das correntes parasitas no cobre, correntes dessa mesma natureza também são induzidas pelos fluxos dispersos em outras partes metálicas dos transformadores, tais como nas paredes de seus tanques, em parafusos e outras peças metálicas, causando perdas adicionais que, em regra, são pouco significativas. O conjunto de todas as perdas produzidas pelas correntes parasitas, acrescido dos incrementos de perdas decorrentes dos efeitos pelicular e de proximidade, compõe as chamadas Perdas Suplementares.

Influência da Temperatura

A resistividade ρ dos materiais metálicos e, em particular a do cobre, aumenta com a temperatura, influindo, portanto, sobre a resistência dos enrolamentos e em suas perdas. Para variações de temperatura que não superem em muito 100^0 C, a resistência ôhmica $R_{\Omega 2}$ do cobre de um enrolamento à temperatura θ_2 pode ser expressa em função da resistência $R_{\Omega 1}$ desse mesmo enrolamento à temperatura θ_1, por intermédio da expressão:

$$R_{\Omega 2} = R_{\Omega 1} \frac{234{,}5 + \theta_2}{234{,}5 + \theta_1} \qquad 3.3$$

onde $234{,}5 = 1/\alpha_0$ [^{0}C], sendo α_0 o coeficiente de temperatura do cobre a 0 ^{0}C. Portanto, sendo $p_{\Omega 1}$ a perda ôhmica no cobre de um enrolamento à temperatura θ_1 quando conduzindo uma corrente I, esta mesma corrente I, ao circular no mesmo enrolamento à temperatura θ_2, acarretará uma perda ôhmica

$$p_{\Omega 2} = p_{\Omega 1} \frac{234{,}5 + \theta_2}{234{,}5 + \theta_1} \qquad 3.4$$

Os efeitos da temperatura manifestam-se de modo diferente sobre as perdas suplementares. Conforme já exposto, estas perdas decorrem, em grande parte, de correntes parasitas induzidas nos meios metálicos, sendo de natureza semelhante às das já mencionadas correntes Foucault no ferro. Portanto, e a exemplo do que acontece nos núcleos ferromagnéticos, as intensidades dessas correntes parasitas, bem como as perdas por elas produzidas, diminuem com aumentos da resistividade causados por elevações de temperatura. Sendo p_{S1} as perdas suplementares de um transformador em carga, sob temperatura θ_1, esse mesmo transformador, operando sob a mesma condição de carga, porém sob temperatura θ_2, será a sede de perdas suplementares definidas por

$$p_{S2} = p_{S1}\frac{234{,}5+\theta_1}{234{,}5+\theta_2} \quad\text{.. 3.5}$$

Dependendo das características construtivas e das condições de carga a que um transformador esteja submetido, via de regra suas perdas suplementares podem atingir valores da ordem de 10 a 30% de suas perdas puramente ôhmicas, podendo, em alguns casos, superar bastante o limite de 30%.

Para fins de cálculo de rendimento, as normas estabelecem que as perdas no cobre, inclusive as suplementares, devem ser referidas à temperatura de 75^0 C .

As perdas totais no cobre de transformador operando à plena carga, incluindo ôhmicas e suplementares, podem ser obtidas com precisão bastante satisfatória através do produto $R'\,\mathscr{I}_1^2$, onde $R' = R_1 + a^2R_2$ representa o valor efetivo de sua resistência equivalente referida ao primário, e $\mathscr{I}_1$ a corrente nominal primária. O valor de R' pode ser obtido experimentalmente no ensaio de Impedância, também denominado "de Curto-Circuito"(v. seç. 5.5).

Perdas Dielétricas.

São perdas que se desenvolvem nos meios isolantes, particularmente na isolação dos condutores e no óleo. Elas assumem valores significativos apenas diante de tensões extremamente elevadas, tais como encontradas nos transformadores para ensaios de alta tensão. Podem ser ignoradas nos transformadores utilizados nos atuais sistemas de potência.

Perdas Constantes e Perdas Variáveis.

Para determinadas finalidades, convém que as perdas totais nos transformadores sejam reunidas em apenas dois grupos: perdas Constantes e perdas Variáveis. Podem ser consideradas constantes, ou mais apropriadamente ditas Independentes de o transformador encontrar-se em vazio ou sob diferentes condições de carga, as perdas no ferro de transformadores alimentados por fontes de freqüência e tensão eficaz constantes. Essa característica de constância das perdas no ferro resulta do fato, já justificado, de as quedas $\mathbf{Z}_1\mathbf{I}_1$ nas impedâncias primárias poderem ser consideradas suficientemente pequenas em face das tensões aplicadas $\mathbf{V}_1$, o que permite assumir as forças eletromotrizes induzidas $-\mathbf{E}_1$ praticamente iguais a $\mathbf{V}_1$. Portanto, em sendo constantes as tensões eficazes V_1, constantes poderão ser considerados os valores eficazes das forças eletromotrizes induzidas $-\mathbf{E}_1$ e, consequentemente, também as induções máximas e as perdas no ferro, tais como definidas pelas expressões 3.1 e 3.2.

Como o nome indica, as perdas Variáveis são aquelas que variam com a intensidade das correntes de carga, podendo ser expressas pelo produto $R'I_1^2$, onde $R' = R_1 + a^2R_2$ representa a resistência equivalente referida ao primário, e I_1 a corrente eficaz no enrolamento primário.

Tanto as perdas Constantes como as Variáveis podem ser obtidas em ensaios, respectivamente "em Vazio" e "de Curto-Circuito" (v. seção 5.5).

3.2-Rendimento.

Normalmente, o rendimento de um transformador é definido para a condição de plena carga (tensões $\mathcal{V}_2$ e correntes $\mathcal{I}_2$ nominais no secundário), sob fator de potência $\cos\varphi_2$ especificado. Para um transformador monofásico, ele pode ser expresso por

$$\eta = \frac{P_u}{P_t} = \frac{P_u}{P_u + \Sigma p} = \frac{\mathcal{S}\cos\varphi_2}{\mathcal{S}\cos\varphi_2 + p_F + p_C} = \frac{\mathcal{V}_2\mathcal{I}_2\cos\varphi_2}{\mathcal{V}_2\mathcal{I}_2\cos\varphi_2 + p_F + p_C} \quad \text{.................3.6}$$

onde

1) P_u = potência útil fornecida pelo secundário, em kW;
2) Σp = somatório de todas as perdas, em kW;
3) $P_u + \Sigma p = P_t$ = potência total cedida ao primário, em kW;
4) $\mathcal{S} = \mathcal{V}_2\mathcal{I}_2$ = potência aparente nominal, em kVA;
5) p_F = perdas totais no ferro, em kW;
6) $P_c = R'\mathcal{I}_2^2$ = perdas totais no cobre, em kW;
7) R' = resistência equivalente, referida ao secundário.

Conforme salientado anteriormente, quando alimentado sob freqüência e tensão eficaz constantes, as perdas no ferro de um transformador operando normalmente podem ser consideradas constantes, isto é, independentes das intensidades de suas correntes. Portanto, diante de diferentes potências (correntes) fornecidas sob um determinado fator de potência $\cos\varphi$, é aceitável considerar que o rendimento do transfomador varie somente em decorrência das variações das perdas no cobre. Esse rendimento é nulo nas duas situações extremas em que a potência útil é nula, quais sejam:

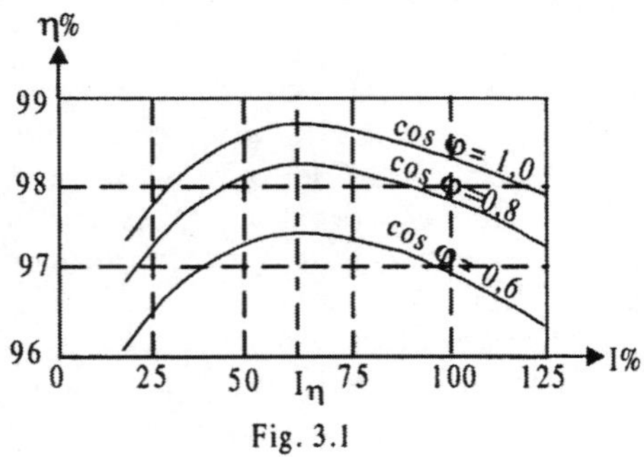

Fig. 3.1

a) em vazio, quando inexiste corrente secundária, e
b) em curto-circuito, quando a corrente secundária é máxima, mas a tensão secundária é nula.

Entre esses dois extremos, o rendimento varia, passando por um valor máximo ditado por um determinado valor eficaz I_η da corrente, conforme indica o gráfico da Figura 3.1 . Para a obtenção desse valor I_η, pode-se recorrer à expressão 3.6, nela assumindo uma corrente secundária qualquer I_2 e dividindo seu numerador e seu denominador por $\mathcal{V}_2 I_2 \cos \varphi_2$. O resultado será:

$$\eta = \frac{\mathcal{V}_2 I_2 \cos\varphi_2}{\mathcal{V}_2 I_2 \cos\varphi_2 + p_F + R' I_2^2} =$$

$$= \frac{1}{1 + \dfrac{p_F}{\mathcal{V}_2 I_2 \cos\varphi_2} + \dfrac{R' I_2^2}{\mathcal{V}_2 I_2 \cos\varphi_2}} = \frac{1}{1 + \dfrac{p_F}{\mathcal{V}_2 \cos\varphi_2} \dfrac{1}{I_2} + \dfrac{R'}{\mathcal{V}_2 \cos\varphi_2} I_2}.$$

Adotando $\dfrac{p_F}{\mathcal{V}_2 \cos\varphi_2} = F$ e $\dfrac{R'}{\mathcal{V}_2 \cos\varphi_2} = C$, ambas constantes, chega-se a

$$\eta = \frac{1}{1 + \dfrac{F}{I_2} + C I_2}$$

expressão mostrando que o rendimento η atingirá seu máximo valor quando a corrente variável I_2 assumir o valor particular I_η que torne mínima a soma $\delta = (F / I_2 + CI_2)$. Esse mínimo é obtido anulando-se sua derivada $d\delta/dI_2$. Efetuada esta operação, obtém-se $F = CI_\eta^2$, donde a condição para a operação com máximo rendimento:

$$p_F = R' I_\eta^2 \qquad \text{3.7}$$

Portanto, a condição para que o transformador opere com máximo rendimento é que a corrente I_2 mantenha-se num valor I_η que iguale as perdas (variáveis) $R' I_2^2$ no cobre com as perdas (constantes) p_F no ferro. E esse valor será

$$I_\eta = \sqrt{\frac{p_F}{R'}}$$

Dividindo ambos os membros desta igualdade pela corrente nominal $\mathcal{I}_2$, chega-se a

$$\frac{I_\eta}{\mathcal{I}_2} = I_\eta = \sqrt{\frac{P_F}{R'\mathcal{I}_2^2}} = \sqrt{\frac{p_F}{p_C}} \qquad \text{...3.8}$$

Esta equação 3.8 define o valor por unidade I_η da corrente, sob a qual o transformador opera com máximo rendimento, em termos das perdas no ferro e das perdas no cobre à plena carga, perdas estas que podem ser expressas tanto em unidades de potência como em valores por unidade.

Transformadores de Força e Transformadores de Distribuição.

Os principais tipos de transformadores utilizados nos sistemas de potência são os denominados "de Força" e "de Distribuição". Os primeiros são encontrados nas pontas das linhas de transmissão e nas subestações de distribuição, freqüentemente operando em bancos de unidades ligadas em paralelo; os de distribuição em geral operam isoladamente em pontos terminais das linhas de distribuição para o fornecimento da energia elétrica aos consumidores, sendo instalados em postes de linhas aéreas ou em cubículos nas distribuições subterrâneas.

Quando instalados em bancos de unidades em paralelo, os transformadores de força podem ser mantidos constantemente em operação bastante próxima à condição de plena carga, visto que unidades podem ser acrescentadas ou retiradas, de acordo com as necessidades impostas pelas variações das potências exigidas dos bancos. Sendo assim, eles devem ser projetados de modo que seus máximos rendimentos ocorram quando operam à plena carga, isto é, quando suas perdas no cobre igualem suas perdas constantes no ferro. Porém, o mesmo não acontece com um transformador de distribuição; operando isoladamente para suprir energia a uma determinada região, ele deve ter capacidade suficiente para fazer frente às máximas potências consumidas nessa região, o que, entretanto, não ocorre durante as 24 horas de cada dia; durante alguns períodos, as potências dele solicitadas podem estar bem aquém de sua potência máxima, como acontece num bairro residencial onde o consumo é máximo apenas desde o anoitecer até 10 ou 11 horas da noite. Portanto, fora desse período de "pico" de potência, o transformador de distribuição pode atuar com cargas bem inferiores à sua potência nominal, razão porque não deve ser projetado para atuar com máximo rendimento quando operando à plena carga. Esse máximo rendimento deve ocorrer com potências reduzidas, como a exemplificada na Figura 3.1, que é da ordem de 62% da plena carga.

A definição desse percentual de carga será objeto da seção seguinte: "Rendimento em Energia".

3.3- Rendimento em Energia.

Quem conhece o rendimento de um transformador operando numa determinada condição de carga poderá conhecer, também, o valor das correspondentes perdas, em watts (W) ou em kW. Na hipótese de essa condição de carga manter-se invariável durante as 24 horas dos dias, fácil será deduzir o valor da energia perdida nesses períodos, usualmente expressa em kilowatt-hora (kWh), e dela deduzir, também, o ônus (custo) dessa perda. Entretanto, o conhecimento de apenas o rendimento de um transformador operando à plena carga não dará acesso ao valor da energia perdida num dado período, quando nesse período a carga sofrer variações. Isto é óbvio, visto que, diante de diferentes cargas, ocorrem diferentes rendimentos e, portanto, diferentes perdas. Em tais casos, a energia perdida estará diretamente relacionada com o "Rendimento em Energia", definido por

$$\eta_e = \frac{\text{energia fornecida pelo transformador em um período T}}{\text{energia recebida pelo transformador no mesmo período T}}$$

Mais explicitamente,

$$\eta_e = \frac{\int_0^T P_u\,dt}{\int_0^T P_u\,dt + p_F T + \int_0^T p_C\,dt} \qquad \text{3.9}$$

onde, assumindo fator de potência unitário,

$P_u = \mathcal{V}_2\, I_2$ = potência útil sob corrente qualquer I_2;

p_F = perdas constantes no ferro;

$p_C = R'\, I_2^2$ = perdas variáveis com I_2^2.

As potências presentes na equação 3.9 podem ser expressas em v.p.u. Para tanto, basta dividir numerador e denominador de seu segundo membro pela potência aparente nominal $\mathcal{V}_2\mathcal{I}_2$. O resultado será:

$$\eta_e = \frac{\int_0^T P_u\,dt}{\int_0^T P_u\,dt + p_f T + \int_0^T p_c\,dt} \qquad \text{3.10}$$

Em muitos casos, a determinação do rendimento em energia pode ser simplificada quando, em conhecidos intervalos de tempo Δ_{ti}, as potências mantiverem-se constantes. Nestes casos, 3.10 pode ser substituída por 3.11.

$$\eta_e = \frac{\sum P_{ui}\,\Delta t_{ui}}{\sum P_{ui}\,\Delta t_{ui} + p_F T + \sum p_{Ci}\Delta t_{Ci}} \qquad \text{3.11}$$

onde

1) $\Sigma P_{ui}\,\Delta t_{ui}$ = somatório das energias (úteis) fornecidas pelo transformador em todo o período T.

2) $p_F T$ = perdas no ferro no período T.
3) $\Sigma p_{Ci} \Delta t_{Ci}$ = somatório das perdas no cobre no período T.

A seguir, é apresentado um exemplo de cálculo de rendimentos em energia que servirá, inclusive, para alguns esclarecimentos adicionais sobre o assunto. Para esse exemplo, considere-se um transformador que, alimentado sob tensão eficaz e freqüência constantes, apresente perdas no ferro $p_F = 0{,}01$ pu e perdas no cobre $p_C = 0{,}03$ p.u. quando fornecendo corrente nominal $I_2 = \mathscr{I}_2 = 1{,}0$ pu. Serão admitidos os três seguintes diferentes regimes de carga (Tabela 3.1):

a) Regime A- plena carga constante (1,0 pu) durante as 24 horas dos dias;

b) Regime B- cargas constantes apenas em cada um dos quatro períodos de 6 horas, conforme indicado a seguir:

- de 0 às 6 horas: 0,2 pu
- das 6 às 12 horas: 0,6 pu
- das 12 à 18 horas: 0,5 pu
- das 18 às 24 horas: 1,0 pu;

c) Regime C- cargas constantes apenas em cada um dos quatro períodos de 6 horas, assim definidas:

- de 0 às 6 horas: 0,1 pu
- das 6 às 12 horas: 1,0 pu
- das 12 às 18 horas: 1,0 pu
- das 18 à 24 horas: 0,2 pu.

A seguir, para cada um dos três regimes de carga serão calculadas as diferentes parcelas da expressão 3.11, lembrando que os v.p.u. das perdas no cobre (p_{Ci}) variam com os quadrados das potências úteis P_{ui}.

a) Regime A: em se tratando de regime de carga constante , resulta simplesmente:

$$\Sigma P_{ui} \Delta t_{ui} = 1{,}0 \times 24 = 24 \text{ h} ;$$
$$p_F T = 0{,}01 \times 24 = 0{,}240 \text{ h} ;$$
$$\Sigma p_{Ci} \Delta t_{Ci} = 0{,}03 \times 24 = 0{,}720 \text{ h}.$$

donde

$$\eta_e = \frac{24}{24 + 0{,}24 + 0{,}72} = 0{,}9615$$

b) Regime B:

$$\Sigma P_{ui}\,\Delta t_{ui} = 6\,(0,2 + 0,6 + 0,5 + 1,0) = 13,80\ \text{h}$$
$$p_F\,T = 0,01 \times 24 = 0,240\ \text{h}$$
$$\Sigma\, p_{Ci}\,\Delta t_{Ci} = 6 \times 0,03\,(0,2^2 + 0,6^2 + 0,5^2 + 1) = 0,297\ \text{h}.$$

donde

$$\eta_e = \frac{13,8}{13,8 + 0,24 + 0,297} = 0,9625$$

c) Regime C:

$$\Sigma P_{ui}\,\Delta t_{ui} = 6\,(0,1 + 1 + 1 + 0,2) = 13,80\ \text{h}$$
$$p_F\,T = 0,01 \times 24 = 0,240\ \text{h}$$
$$\Sigma\, p_{Ci}\,\Delta t_{Ci} = 6 \times 0,03\,(0,1^2 + 1 + 1 + 0,2^2) = 0,369$$

donde

$$\eta_e = \frac{13,8}{13,8 + 0,24 + 0,369} = 0,9577$$

As potências úteis (cargas) médias $P_{med} = \dfrac{\Sigma P_{ui}\Delta t_{ui}}{24}$, sob cada um dos regimes, serão:

a) Regime A: em se tratando de regime de carga constante de 1 pu, esse valor de 1 pu será, também, o valor médio.

b,c) Regimes B e C: nesses dois regimes, o somatório $\Sigma P_{ui}\,\Delta t_{ui}$ assume o valor comum de 13,8 h. Portanto, a carga média comum aos dois será

$$P_{med} = \frac{13,8}{24} = 0,575\ \text{p.u.}$$

Diante dos resultados apresentados, pode-se concluir, entre outras coisas:

1) que o rendimento máximo em energia, igual a 96,25 %, ocorre com a carga média de 0,575 pu, correspondente ao regime de carga B, valor esse muito próximo daquele ditado pela equação 3.8 para o transformador operando em regime de carga constante, que é de $\sqrt{0,01/0,03} = 0,5774$;

2) que a carga média, por si só, não define o rendimento em energia. Esse fato é mostrado pelos regimes de carga B e C que têm a mesma carga média e

diferentes rendimentos, o que se justifica pelo fato de as perdas no cobre variarem com o quadrado das intensidades de carga (das correntes);

3) que o transformador em questão deve ser um transformador de Distribuição.

A Tabela 3.1 apresenta os gráficos das distribuições das potências úteis, das perdas no ferro e das perdas no cobre para os três regimes de carga propostos.

TABELA 3.1

	Potência Útil	Perdas no Ferro	Perdas no Cobre
REGIME A	pu 1,0 H 0 6 12 18 24	pu 0,02 0,01 H 0 6 12 18 24	pu 0,06 0,03 H 0 6 12 18 24
REGIME B	pu 1,00 0,50 H 0 6 12 18 24	pu 0,02 0,01 H 0 6 12 18 24	pu 0,03 0,02 0,01 H 0 6 12 18 24
REGIME C	pu 1,00 0,50 H 0 6 12 18 24	pu 0,02 0,01 H 0 6 12 18 24	pu 0,03 0,02 0,01 H 0 6 12 18 24

3.4- REGULAÇÃO.

A regulação de um transformador define-se por:

$$\mathcal{R}eg = \frac{\left|\frac{V_1}{a}\right| - |\mathcal{V}_2|}{|\mathcal{V}_2|} \qquad \text{.............. } 3.12$$

onde

a) $\mathcal{V}_2$ = tensão eficaz secundária, imposta em seu valor nominal por uma tensão aplicada V_1 que mantém o transformador operando à plena carga, sob fator de potência $\cos\varphi$ especificado;

b) $V_1/a = V_{02}$ = tensão eficaz secundária que resulta no transformador em vazio e submetido à mesma tensão V_1 aplicada ao seu primário.

Para todos os efeitos de ordem prática, pode-se ignorar a componente $(R_1{+}jX_1)\mathbf{I}_0$ da queda na impedância primária do transformador à plena carga e, adotando o circuito equivalente referido ao indicado na Figura 3.2, escrever : $(\mathbf{V}_{02} - \mathbf{V}_2) = (\mathbf{V}_1/a - \mathbf{V}_2) = \mathbf{Z}'\mathbf{I}_2$ = (queda produzida pela corrente <u>nominal</u> $\mathbf{I}_2$ na impedância equivalente $\mathbf{Z}' = \mathbf{Z}_1' + \mathbf{Z}_2$ referida ao secundário).

Num transformador Ideal (com impedância equivalente $\mathbf{Z}'$ nula), a regulação seria igual a zero, o que significaria que, sendo ele alimentado por V_1 constante e alimentando cargas não nulas, as tensões secundárias V_2 também seriam constantes, isto é, independentes de variações na impedância $\mathbf{Z}_r$ de sua carga. Quanto maior a impedância equivalente $\mathbf{Z}'$, maior será a regulação do transformador. Conclui-se, portanto, que a regulação depende intimamente da impedância equivalente $\mathbf{Z}'$, mas, como será demonstrado, ela depende também do fator de potência $\cos\varphi$ da carga. Para demonstrar esse fato, e se chegar a uma expressão que forneça o valor da regulação em função de $\mathbf{Z}'$ e de $\cos\varphi$, pode-se recorrer à Figura 3.3 que representa um diagrama fasorial referido ao secundário de transformador alimentando carga indutiva de fator de potência $\cos\varphi$. A regulação será definida pela equação 3.12, onde suas parcelas serão substituídas pelos seus correspondentes elementos na Figura 3.3. O resultado será:

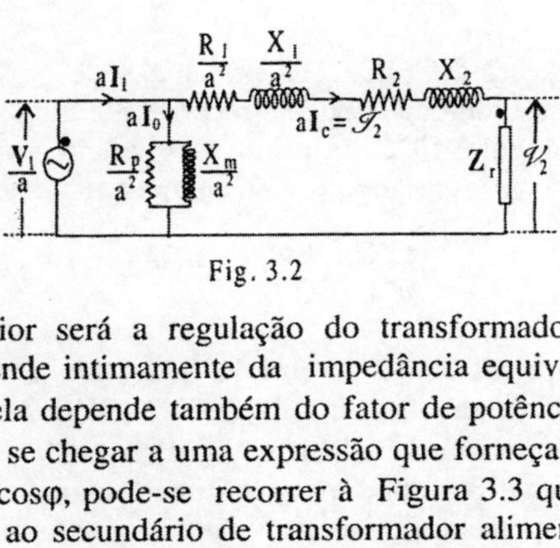

Fig. 3.2

$$\mathcal{R}eg = \frac{OC - OA}{OA} = \frac{OD - OA}{OA} = \frac{AD}{OA} = \frac{AB' + B'C'}{OA} + \frac{C'D}{OA} \qquad \text{.............. } 3.13$$

onde

$$A\,B' = AB\cos\varphi = \left(\frac{R_1}{a^2} + R_2\right)\mathcal{I}_2\cos\varphi = R'\,\mathcal{I}_2\cos\varphi$$

$$B'\,C' = BE = BC\,\text{sen}\varphi = \left(X_1/_{a^2} + X_2\right)\,\mathcal{I}_2\,\text{sen}\varphi = X'\;\mathcal{I}_2\,\text{sen}\varphi$$

$$AO = \mathcal{V}_2$$

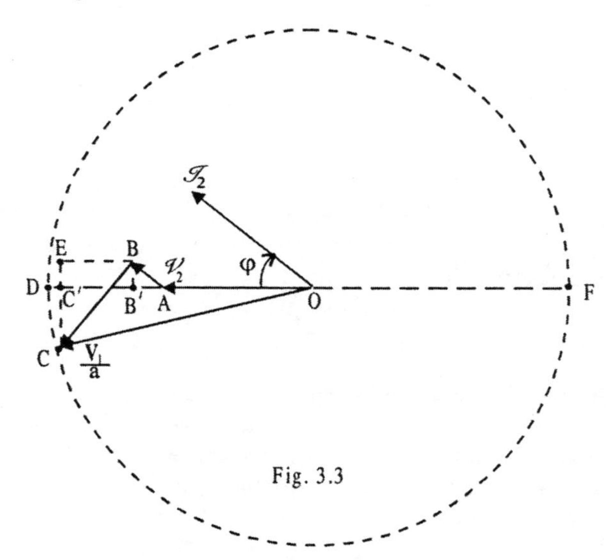

Fig. 3.3

Resta definir $C'D$ em função de parâmetros e variáveis do transformador. Para essa finalidade pode-se recorrer à Figura 3.3, na qual os pontos F, D e C definem um triângulo FDC inscrito na semicircunferência dessa figura e que contém dois triângulos retângulos semelhantes, $C'DC$ e $FC'C$. Dessa semelhança resulta

$$\frac{C'C}{C'D} = \frac{FC'}{C'C} \quad \text{donde} \quad C'D = \frac{|C'C|^2}{FC'} = \frac{|CE - C'E|^2}{FC'}$$

onde $CE = BC\cos\varphi = X'I_2\cos\varphi$ e $C'E = AB\,\text{sen}\varphi = R'I_2\,\text{sen}\varphi$, restando apenas esclarecer o significado de FC'. Para tanto, basta lembrar que, em geral, $OA = \mathcal{V}_2$ é muito aproximadamente igual a OC' ou a OD, contrariamente ao que sugere a Figura 3.3 onde, para sua maior clareza, o triângulo das quedas de tensão ABC foi propositadamente aumentado. Portanto, pode-se assumir a igualdade $FC' = 2\mathcal{V}_2$ e, finalmente, apresentar a equação 3.13 sob a forma

$$\mathcal{R}eg = \frac{R'\mathcal{I}_2\cos\varphi + X'\mathcal{I}_2\,\text{sen}\varphi}{\mathcal{V}_2} + \frac{1}{2}\left[\frac{R'\mathcal{I}_2\,\text{sen}\varphi - X'\mathcal{I}_2\cos\varphi}{\mathcal{V}_2}\right]^2 \quad ....3.14$$

Dividindo numeradores e denominadores desta expressão pela tensão nominal $\mathcal{V}_2$ (valor-base para as tensões secundárias), obtém-se a regulação em termos de valores por unidade:

$$\mathcal{Reg} = R' \cos \varphi + X' \operatorname{sen} \varphi + \frac{1}{2}(R'\operatorname{sen}\varphi - X'\cos\varphi)^2 \quad \text{.......................3.15}$$

Finalmente, considerando que, em grande número dos casos, a terceira parcela do segundo membro desta equação é suficientemente pequena para poder ser ignorada em face das duas restantes, é comum a expressão 3.15 ser substituída simplesmente por

$$\mathcal{Reg} = R'\cos\varphi + X'\operatorname{sen}\varphi \quad \text{...3.16}$$

Sendo R' e X' parâmetros expressos em v.p.u., as duas últimas expressões independem do fato de esses parâmetros serem referidos ao primário ou ao secundário.

Regulação e Fator de Potência da Carga.

As equações de números 3.14 a 3.16 mostram que a regulação de um transformador depende de dois fatores: <u>sua impedância equivalente</u> e o fator de potência <u>da carga</u>. Conforme já esclarecido, para um dado fator de potência, ela será tanto maior (pior) quanto maior for a impedância equivalente. Resta analisar a influência do fator de potência , para o que se pode recorrer, mais uma vez, àquelas equações e, em particular, à de numero 3.15. Assumindo valores normalmente encontrados para R' e X', a lei de variação da regulação, ditada por 3.15, conduzirá a resultados do tipo indicado pela curva da Figura 3.4. Essa curva mostra que:

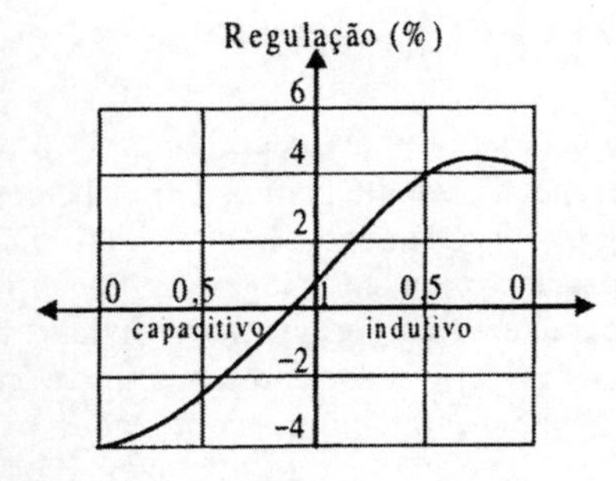

Fig.3.4

a) diante de valores suficientemente baixos de fatores de potência capacitivos, a regulação pode tornar-se negativa. Isto equivale a dizer que as "quedas" na impedância equivalente do transformador contribuem para "aumentar" a tensão entre seus terminais secundários, tornando as tensões em carga maiores que a tensão em vazio, diante da mesma tensão aplicada V_1;
b) a regulação pode ser nula para um determinado fator de potência capacitivo, conforme mostra a Figura 3.4 (mesma tensão secundária, em carga e em vazio). Recorrendo-se à equação aproximada 3.16, conclui-se que isso pode ocorrer quando se tem $\operatorname{tg}\varphi \approx -\frac{R'}{X'}$.

3.5- Fundamentos do Projeto de Transformadores.

Os principais elementos a serem fixados na elaboração do projeto de um transformador são:

a) a Potência Nominal $\mathcal{S}$ (kVA);
b) as Tensões Nominais $\mathcal{V}_a$ (da alta tensão) e $\mathcal{V}_b$ (da baixa tensão);
c) a freqüência f do sistema onde ele deve operar.

Além desses elementos, há que se definir o tipo do transformador, o que inclui pormenores de sua construção, bem como a fixação das características da carga a que ele se destina, a fim de que ela possa ser suprida com um mínimo de perdas (v. seçs. 3.2 e 3.3).

A fixação de $\mathcal{V}_a$ e $\mathcal{V}_b$ determinará a sua Relação de Transformação, definida por

a = (Tensão Nominal Primária / Tensão Nominal Secundária)

Essa relação será $a = \mathcal{V}_a/\mathcal{V}_b$ para um transformador abaixador de tensão e $a = \mathcal{V}_b / \mathcal{V}_a$ para um transformador elevador de tensão. Da fixação da potência e das tensões nominais decorrem as correntes nominais, $\mathcal{I}_a = \mathcal{S} / \mathcal{V}_a$ e $\mathcal{I}_b = \mathcal{S} / \mathcal{V}_b$, respectivamente para os lados da alta e da baixa tensão.

Cumpre salientar que o objetivo desta seção é, tão-somente, o de indicar as linhas básicas para se chegar às principais dimensões de um transformador com suas características previamente fixadas e indicar, também, como chegar aos números de espiras de seus enrolamentos e respectivas seções de cobre. Evidenciar-se-á a existência de inúmeras soluções para um projeto e, portanto, a necessidade de se fixarem critérios que conduzam a uma dessas soluções: a que seja a mais conveniente. Em última análise, essa solução resultará de um compromisso entre boas características de funcionamento e custos competitivos, tanto de construção como de operação.

Normalmente, os enrolamentos da baixa e da alta tensão são previstos para a mesma potência (potência nominal do transformador). Portanto, as considerações seguintes aplicam-se, indistintamente, a qualquer dos dois enrolamentos.

O ponto de partida para um projeto está nas já conhecidas equações

$$\mathcal{V} = 4{,}44\ f\ N\ \phi_{max} \qquad 3.17$$

$$\mathcal{S} = 4{,}44\ f\ N \mathcal{I} \phi_{max} \qquad 3.18$$

que relacionam o produto $N\phi_{max}$ com a tensão e a potência nominais de um enrolamento.

Quanto à equação 3.17, cumpre lembrar que, a rigor, ela deveria relacionar o produto $N\phi_{max}$ com a força eletromotriz induzida no enrolamento, em vez de relacioná-la com a tensão em seus terminais. Entretanto, face ao fato já bastante justificado de serem elas praticamente iguais nos transformadores de potência, fica justificada a equação 3.17 e, com ela, a de número 3.18.

Observando-se essas equações, conclui-se que existem vários pares de valores ($N\phi_{max}$) que as satisfazem. O problema inicial, e o único a ser aqui discutido, reside na escolha de apenas um desses pares: aquele do qual resulte um transformador que concilie, o tanto quanto possível, custos competitivos com bons desempenhos. Um primeiro passo para definir esse par baseia-se no critério de aproveitamento dos materiais ativos do transformador, ferro e cobre. Esse critério fica definido pela adequada fixação das densidades de corrente δ no cobre e de fluxo no ferro (indução máxima B_m); delas dependem, intimamente, a quantidade total de material ativo a ser utilizado (custo da construção), as perdas nesses materiais (custo da operação) e o calor por elas desenvolvido e, conseqüentemente, os meios a serem utilizados para limitar o aquecimento do transformador.

Fixadas δ e B_m, as equações 3.17 e 3.18 podem ser escritas sob as formas

$$\mathcal{V} = 4{,}44f\,N\,B_m\,A_n \qquad 3.19$$

$$\mathcal{S} = 4{,}44f\,(N\delta\,a_c)B_m\,A_n = 4{,}44f\,(\delta\,A_c)(B_m\,A_n) \qquad 3.20$$

onde

A_n = área útil da seção do núcleo;

a_c = área da seção dos condutores de cobre, fixada pelos valores adotados para δ e $\mathcal{I}$;

$A_c = Na_c$ = área útil total das seções de cobre, correspondentes a cada enrolamento na janela do núcleo do transformador.

Para os núcleos, as áreas totais A'_n (Fig.3.5) resultam das áreas úteis A_n, estas acrescidas dos meios não ferromagnéticos existentes entre as suas chapas laminadas, tais como películas isolantes, oxidação e, mesmo, imperfeições na justaposição dessas chapas. Entre A_n e A'_n subsiste a relação $A_n = k_f A'_n$, onde k_f é um "fator de laminação" ditado, principalmente, pela espessura das chapas laminadas. Analogamente, para os condutores de cobre dispostos em bobinas, as áreas brutas A'_c das regiões ocupadas pelas bobinas (Fig. 3.5) resultam das áreas úteis A_c das seções de cobre, nestas acrescentados meios não condutores, tais como isolantes e espaços vazios entre conduores, bem como vazios propositadamente intercalados às bobinas para a circulação de óleos isolantes em transformadores de maior porte. As áreas A'_c são obtidas a partir de A_c por intermédio da relação $A_c = k_c A'_c$, onde k_c é um "fator de enrolamento". O conhecimento das áreas brutas A'_c é imprescindível para o dimensionamento das janelas dos núcleos .

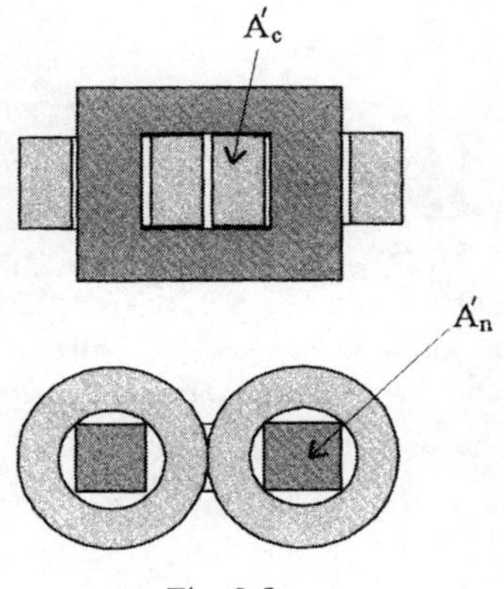

Fig. 3.5

Da equação 3.20 conclui-se que, depois de fixadas δ e B_m, um transformador pode ser projetado com inúmeros pares de valores (A_c, A_n), devendo ser lembrado que A_c fica definida quando definido for o número N de espiras do enrolamento, pois $A_c = N a_c$. Portanto, ainda uma vez, há que se decidir por um desses pares, a ser aquele que conduza a uma solução mais conveniente. A esse respeito, pode-se adiantar que a decisão sobre essa escolha estará relacionada com o tipo de transformador a ser construído. Essa decisão envolve vários aspectos, dela resultando os volumes totais de ferro do núcleo e de cobre dos enrolamentos e, por conseguinte, das relações

$$\frac{\text{volume total de ferro}}{\text{volume total de cobre}} \quad \text{e} \quad \frac{\text{perdas no ferro}}{\text{perdas no cobre em plena carga}}$$

sendo a segunda uma conseqüência da primeira e dos valores estabelecidos para δ e B_m.

Para a escolha de N e, portanto, de A_c e A_n, alguns autores [1] recorrem à relação $r = \phi_{max}/N\mathscr{F}$ que, sendo proporcional ao quociente (volume de ferro/volume de cobre), será aproximadamente invariável para cada tipo de transformador. Voltando à equação 3.18, e nela substituindo $\mathscr{F}$ em função da "constante" r, obtém-se

$$\mathcal{S} = 4{,}44\,f\,\frac{\phi_{max}^2}{r} \quad \text{e} \quad \phi_{max} = \sqrt{\mathcal{S}}\sqrt{\frac{r}{4{,}44\,f}}$$

Finalmente, dividindo ambos os membros da equação 3.17 por N, e nela introduzindo o valor assim obtido para ϕ_{max}, chega-se ao valor da tensão por espira e, por conseguinte, ao número de espiras N, em função de um fator K,

$$\frac{\mathcal{V}}{N} = \sqrt{4{,}44\,f\,r}\,\sqrt{\mathcal{S}} = K\sqrt{\mathcal{S}} \quad \text{.................................} 3.21$$

Exprimindo $\mathcal{S}$ em kVA, o valor de K, para os diversos tipos de transformadores, pode variar entre os limites de 0,45 e 1,3. Para trifásicos encouraçados (seçs. 4.4 e 4.5), pode-se adotar $K \approx 1{,}3$; para os trifásicos nucleares de potência, K permanece entre 0,6 e 0,7 e para os trifásicos nucleares de distribuição, $K \approx 0{,}45$. Quanto aos monofásicos, essa constante pode ser fixada entre 1,0 e 1,2 para os encouraçados e entre 0,75 e 0,85 para os nucleares.

[1] M.G.Say, *The Performance and Design of Alternating Current Machines*. London: Sir Isaac Pitman & Sons, Ltd., 1958

EXERCÍCIOS

Exercício 3.1- Calcular o rendimento do transformador do problema 2.4, de 300 kVA, 11.000/2.300 V, 60 Hz, para a operação à plena carga sob fator de potência 0,8 indutivo.

No exercício 2.5, referente ao transformador em questão, já foram fixadas e determinadas:

a) suas perdas no ferro para fator de potência 0,8 indutivo (p_F = 2.217 W, equivalentes a 2.217/300.000 = 0,007390 pu;
b) suas perdas no cobre p_C = 2.187 W, equivalentes a 2.187/300.000 = 0,007290 pu.

Recorrendo diretamente à expressão 3.6 com seus valores expressos em valores por unidade, obtém-se, para fator de potência 0,8 indutivo,

$$\eta = \frac{1\cos\varphi}{1\cos\varphi + p_F + p_c} = \frac{0{,}8}{0{,}8+0{,}00739+0{,}00729} = 0{,}9820.$$

<u>Observação</u>: outro método para determinar esse rendimento consiste em obtê-lo diretamente da potência de saída, fixada em (300.000×0,8) = 240.000 W, e da potência absorvida pelo primário, esta expressa em termos dos valores calculados para $\mathbf{V}_1$ e $\mathbf{I}_1$ no problema 2.5. Esses valores são: $\mathbf{V}_1 = 11.195\ e^{j0,641}$ V e $\mathbf{I}_1 = 27,88\ e^{-37,80}$ A.

Considerando que potência ativa em um circuito submetido a uma tensão complexa **V** e uma corrente complexa **I** é dada por $\mathcal{R}\,[\mathbf{V}\times\mathbf{I}^*]$, onde $\mathcal{R}$ designa "Parte Real de" e $\mathbf{I}^*$ é o complexo conjugado de **I,** então a potência P_1 absorvida será:

$$P_1 = \mathcal{R}\,[\mathbf{V}_1 \times \mathbf{I}_1^*] = \mathcal{R}\,[11.195\ e^{j0,641} \times\ 27,88 \times e^{j37,80}] = \mathcal{R}\,[312.117\ e^{j38,44}] =$$
$$=244.468 \text{ W}.$$

Portanto, o rendimento assim calculado será : $\eta = P_1 / P_2$ = 240.000/244.468 = 0,9817.

Exercício 3.2 - Calcular os rendimentos do transformador do problema 2.9, de 25 kVA, 2.300/115 V, 60 Hz, quando operando à plena carga, sob fatores de potência 0,8 indutivo, unitário e 0,8 capacitivo.

Para a solução deste problema., já se conhecem para esse transformador:

a) as potências úteis para fatores de potência 0,8 (P_u = 25.000 × 0,8 = 20 kW)) e para fator de potência unitário (P_u =25 kW);
b) as perdas no ferro para os fatores de potência 0,8 indutivo (p_F = 141,7 W), unitário (p_F = 138,4 W) e 0,8 capacitivo (p_F = 133,0 W), obtidas, respectivamente, nos problemas 2.9, 2.10 e 2.11;

c) as perdas p_C no cobre, à plena carga, calculadas nos mesmos problemas, no total de 490 W.

Recorrendo-se diretamente à expressão 3.6, obtêm-se:

1) para fator de potência indutivo 0,8: $\eta = \frac{20.000}{20.000+141,7+490} = 0,9694$;

2) para fator de potência unitário: $\eta = \frac{25.000}{25.000+138,4+490} = 0,9755$;

3) para fator de potência capacitivo 0,8 : $\eta = \frac{20.000}{20.000+133+490} = 0,9698$.

Exercício 3.3- Determinar os valores da regulação do transformador do problema 2.4 para fatores de potência 0,8 indutivo e 0,8 capacitivo, bem como para fator de potência unitário, sabendo-se que os parâmetros de seu circuito equivalente aproximado (Fig. 2.9), expressos em valores por unidade (v. problema 2.6) são:

$$R' = \frac{R'}{\mathcal{Z}_1} = 0,007292 \text{ pu e } X' = \frac{X'}{\mathcal{Z}_1} = 0,01974 \text{ pu.}$$

As soluções podem ser obtidas diretamente da expressão 3.15

$$\mathcal{R}eg = R' \cos\varphi + X' \operatorname{sen}\varphi + \frac{1}{2}(R' \operatorname{sen}\varphi - X' \cos\varphi)^2$$

da qual decorrem os seguintes resultados:

a) para fator de potência 0,8 indutivo:

$$\mathcal{R}eg = 0,007292 \times 0,8 + 0,01974 \times 0,6 + \frac{1}{2}(0,007292 \times 0,6 - 0,01974 \times 0,8)^2 =$$
$$0,005834 + 0,011844 + 0,000065 = 0,01774 \ (1,77\%);$$

b) para fator de potência 0,8 capacitivo:

$$\mathcal{R}eg = 0,007292 \times 0,8 - 0,01974 \times 0,6 + \frac{1}{2}(-0,007292 \times 0,6 - 0,01974 \times 0,8)^2 =$$
$$0,005834 - 0,011844 + 0,000203 = -0,005807 \ (-0,58\%);$$

c) para fator de potência unitário:

$$\mathcal{R}eg = 0,007292 + 0 + \frac{1}{2}(-0,01974)^2 = 0,007292 + 0,000195 = 0,007487 \ (0,75\%).$$

<u>Observação</u>: quando são conhecidas as tensões primária (aplicada V_1) e secundária (V_2), a regulação também pode ser obtida diretamente da expressão 3.12. Da solução do problema 2.5, referente ao mesmo transformador, resultou V_1 = 11.195 V. Portanto, para o fator de potência indutivo 0,8, a regulação recalculada por 3.12 será:

$$\mathcal{R}eg = \frac{\frac{11.195}{4,783} - 2.300}{2.300} = 0,01764 \ (1,764\%)$$

Exercício 3.4 - Recorrendo a circuito equivalente aproximado, determinar, para o transformador do problema 2.4, o valor por unidade da corrente de carga correspondente à condição de máximo rendimento.

Na solução do problema 2.5, referente ao mesmo transformador, foram obtidas p_F = 2.217 W e p_c = 2.187 W. Exprimindo-se essas perdas em v.p.u, resultam : p_F = 2.217/300.000 = 0,00739 pu e p_c = 2.187/300.000 = 0,00729 pu. Aplicados estes valores na expressão 3.8, obtém-se

$$\frac{I_\eta}{\mathcal{I}_2} = I_\eta = \sqrt{\frac{p_F}{R'\mathcal{I}_2^2}} = \sqrt{\frac{p_F}{p_C}} = \sqrt{\frac{0,00739}{0,00729}} = 1,0068 \text{ pu.}$$

<u>Observação</u>: considerando-se que este valor está muito próximo de 1 p.u., ao que corresponde a condição de plena carga, conclui-se que o transformador do problema 2.4 pode ser considerado como um transformador "de Potência".

Exercício 3.5- Determinar, para o transformador do problema 2.9, o valor por unidade da corrente de carga correspondente à condição de máximo rendimento.

Esse valor será $\frac{I_\eta}{\mathcal{I}_2} = I_\eta = \sqrt{\frac{p_F}{R'\mathcal{I}_2^2}} = \sqrt{\frac{141,7}{490}} =$ 0,538 pu, donde se deduz tratar-se de um transformador "de Distribuição".

Exercício 3.6 - Quando operando em vazio, sob tensão e freqüência nominais, um transformador monofásico de 50 kVA, 2.300/230 V absorve 200 W sob fator de potência $\cos\varphi_0 = 0,15$. Quando operando à <u>plena carga</u>, as quedas em valores por unidade em sua resistência e em sua reatância equivalentes são, respectivamente, de 0,012 e 0,018 pu. Passando esse transformador a fornecer 30 kW sob 230 V a receptor de fator de potência 0,8 indutivo, pergunta-se: quais serão

a) a potência P_1 por ele absorvida e o correspondente fator de potência $\cos\varphi_1$?
b) seu rendimento e sua regulação?

A seqüência de cálculo pode ser a seguinte:

1) corrente em vazio: $I_0 = \frac{P_0}{V_0\cos\varphi_0} = \frac{200}{2.300\times0,15} = 0,580$ A que, sob a forma complexa, será $\mathbf{I}_0 = 0,580\ e^{-j81,37} = 0,0870 - j0,5734$ A;

2) corrente secundária referida ao primário: $I'_2 = \dfrac{P_2}{V'_2 \cos\varphi_2} = \dfrac{30.000}{2.300 \times 0,8} = 16,30$ A

que, sob a forma complexa, exprime-se por $\mathbf{I'_2} = 16,30\ e^{-j36,87} = (13,04 - j9,78)$ A;

3) impedância equivalente: os valores das componentes R' e X' da impedância equivalente $\mathbf{Z'}$ não são conhecidos, porém são conhecidos os valores por unidade das quedas nelas produzidas pela corrente nominal, quedas essas que são numericamente iguais aos seus valores por unidade (v. seção 2.8). Portanto, sendo

$$\mathcal{Z}_1 = \frac{\mathcal{V}_1}{\mathcal{I}_1} = \frac{\mathcal{V}_1^2}{\mathcal{S}} = \frac{(2.300)^2}{50.000} = 105,8\ \Omega$$

a impedância-base do primário, então os valores de R' e X' serão:

$R' = \mathcal{Z}_1 R' = 105,8 \times 0,012 = 1,270\ \Omega$ e $X' = \mathcal{Z}_1 X' = 105,8 \times \times 0,018 = 1,904\ \Omega$.

Conseqüentemente, a impedância equivalente será

$$\mathbf{Z'} = (1,270 + j1,904) = 2,289 \times e^{j56,30}\ \Omega;$$

4) queda na impedância equivalente: essa queda será

$$\mathbf{Z'}\ \mathbf{I'_2} = 2,289 e^{j56,30} \times 16,30\ e^{-j36,87} = 37,31\ e^{j19,44} = (35,19 + j12,42)\ \text{V};$$

5) tensão a ser imposta ao primário:

$$\mathbf{V}_1 = \mathbf{V'_2} + \mathbf{Z'I'_2} = (2.300 + j0) + (35,19 + j12,42) = (2.335 + j12,42) = 2.335\ e^{j0,305}\ \text{V};$$

6) corrente primária: ignorando variações sobre o valor de $\mathbf{I}_0$ obtido em vazio, pode-se escrever:

$\mathbf{I}_1 = \mathbf{I'_2} + \mathbf{I}_0 = (13,04 - j9,78) + (0,0870 - j0,573) = 3,13 - j10,35 = 16,72\ e^{-j38,26}$ A;

7) potência absorvida pelo primário:

$P_1 = \mathcal{R}\,[\mathbf{V}_1 \times \mathbf{I}_1^*] = \mathcal{R}\,[2.335\ e^{j0,305} \times 16,72\ e^{+j38,26}] = \mathcal{R}\,[39.041\ e^{j38,57}] = 30.526$ W;

8) o fator de potência $\cos\varphi_1$ fica definido pela diferença entre os argumentos de $\mathbf{V}_1$ e $\mathbf{I}_1$, o que vale dizer, pela soma dos argumentos de $\mathbf{V}_1$ e de $\mathbf{I}_1^*$. Então, $\varphi_1 = 38,56^0$, donde $\cos\varphi_1 = 0,782$.

9) rendimento: $\eta = \dfrac{P_2}{P_1} \dfrac{30.000}{30.526} = 0,983$;

10) regulação. Neste caso, o transformador não se encontra em plena carga e as expressões 3.15 e 3.16 não são aplicáveis. Há que se recorrer à de numero 3.14 que, se expressa em termos de parâmetros e variáveis referidas ao primário, resultará em

$$\mathcal{Reg} = \frac{1{,}27\times16{,}3\times0{,}8+1{,}904\times16{,}3\times0{,}6}{2.300}+\frac{1}{2}\left[\frac{1{,}27\times16{,}3\times0{,}6\text{-}1{,}904\times16{,}3\times0{,}8}{2.300}\right]^2 = 0.0153;$$

11) calculando essa regulação por intermédio da expressão 3.12, obtém-se

$$\mathcal{Reg} = \frac{\frac{2.335}{10}-230}{230} = 0{,}0152.$$

Exercício 3.7- O enrolamento da alta tensão de um transformador monofásico de 400 kVA, 42.000/2.400 V, 60 Hz, possui 3.220 espiras. Seu núcleo ferromagnético, pesando 850 kg, tem um comprimento médio L_n = 3,5m e seção transversal com área líquida A_n = 0,035 m^2. Calcular, para sua condição normal de trabalho,

a) o valor máximo ϕ_{max} do fluxo em seu núcleo e a correspondente indução máxima B_{max};
b) sua corrente em vazio I_0 e as respectivas componentes I_p (de perdas no ferro) e I_m (magnetizante), recorrendo às curvas 1 e 2 da Figura 3.6 (aço com 4% de silício, densidade 7,53, laminado em chapas de 0,36 mm) que, para as induções máximas expressas em Tesla, mostram, respectivamente, os correspondentes valores das intensidades de campo H, expressas em Ampères por Metro, e das perdas no ferro expressas em Watts por Quilograma.

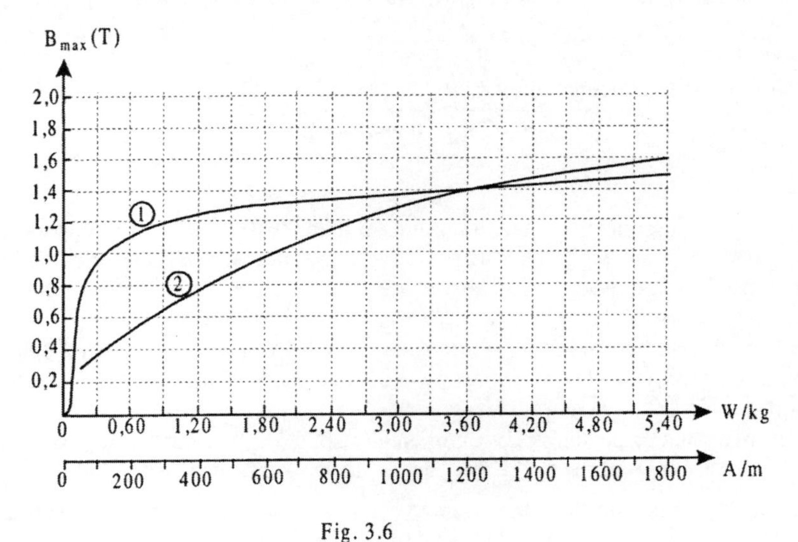

Fig. 3.6

1) o valor do fluxo máximo decorre da primeira das equações 2.2:

$$\phi_{max} = \frac{E_1}{4,44\, f\, N_1} = \frac{42.000}{4,44 \times 60 \times 3.220} = 0,04896\ \text{Wb};$$

2) a indução máxima valerá $B_{max} = \frac{\phi_{max}}{A_n} = \frac{0,04896}{0,0350} = 1,40\ \text{T};$

3) entrando com B_{max} = 1,4 T na curva 1, obtém-se H = 1.200 A/m; da curva 2 resultam 3,63 W/kg para as perdas específicas no ferro;

4) para um núcleo em que as 4 juntas entre colunas e culatras fossem perfeitas, a f.m.m. total necessária seria $H\ L_n = 1.200 L_n = 1.200 \times 3,2 = 3.840$ A. Considerando-se, porém, a inevitabilidade de pequenos entreferros nessas juntas, para B_{max} = 1,4 T recomenda-se acrescentar 115 A por junta à f.m.m. assim calculada, do que resulta a f.m.m. total

F_1 = 4.300 A (ampères espiras);

5) as perdas a 60 Hz no ferro do núcleo com 850 kg seriam de 3,63×850= 3.086 W. Entretanto, em virtude de imperfeições nos pacotes e no corte das chapas laminadas, bem como na isolação entre elas, recomenda-se acrescentar cerca de 12% a esse valor das perdas que passam, então, a valer p_F = 1,12×3.086 = 3.456 W;

6) componente ativa I_p da corrente em vazio (componente de perdas no ferro):

$$I_p = \frac{p_F}{V_1} = \frac{3.456}{42.000} = 0,0823\ \text{A};$$

7) valor eficaz I_m da componente reativa de I_0 (componente magnetizante):

$$I_m = \frac{F_1}{\sqrt{2}} \frac{1}{N_1} = \frac{4.300}{\sqrt{2} \times 3.220} = 0,944\ \text{A};$$

8) valor eficaz da corrente em vazio:

$$I_0 = \sqrt{I_p^2 + I_m^2} = \sqrt{0,0823^2 + 0,944^2} = 0,948\ \text{A}.$$

Exercício 3.8- Calcular, para um transformador monofásico do tipo "encouraçado", previsto para 125 kVA, 2.000/440 V, 50 Hz, o número N_1 das espiras de seu enrolamento da alta tensão e a área útil A_n de seu núcleo ferromagnético.

Uma vez fixados os valores da densidade de corrente e da indução máxima, a solução deste problema está na expressão 3.21 da qual resulta o valor de N_1, valor este que, introduzido em 3.19, permite calcular a área A_n.

Para transformador deste tipo, recomendam-se $\delta = 2,2\ \text{A/mm}^2$ e B_{max} = 1,1 T. Assumindo K = 1 (ver valores sugeridos para K, logo em seguida à equação 3.21), dessa equação 3.21 resulta $N_1 = \frac{\mathcal{V}_1}{K\sqrt{\mathcal{S}}} = \frac{2.000}{1 \times \sqrt{125}} = 178,8 \approx 180$ espiras que, substituídas em 3.19, fixam o valor da área útil da seção do núcleo:

$$A_n = \frac{\mathcal{V}_1}{4{,}44\, f\, N_1 B_{max}} = \frac{2.000}{4{,}44 \times 50 \times 180 \times 1{,}1} = 0{,}0455\ \text{m}^2.$$

<u>Observação</u> - em suas linhas gerais, para prosseguir num projeto mais pormenorizado do transformador, o procedimento de cálculo pode ser o seguinte:

1) uma vez conhecidos N_1, δ e $\mathcal{I}_1$, determinar a área líquida do cobre de cada enrolamento nas janelas do núcleo ($A_c = N_1 \frac{\mathcal{I}_1}{\delta}$) para, em seguida, as áreas brutas A'_c (Figs. 3.5);
2) de posse dessas áreas A'_c e da área da seção do núcleo, pode-se determinar o comprimento médio L_n desse núcleo e, em seguida, o peso do material ferromagnético de que é constituído;
3) com os dados então disponíveis, prosseguir nos cálculos, adotando sistemática semelhante à utilizada no exercício 3.7.

CAPÍTULO IV
ELEMENTOS DA CONSTRUÇÃO DE TRANSFORMADORES. PRINCIPAIS TIPOS DE TRANSFORMADORES.

4.1-Critérios de Classificação. Tipos de Transformadores.

Dentro dos objetivos deste livro, serão considerados os seguintes critérios de classificação e respectivos tipos de transformadores:

a) da Situação e da Função nos Sistemas de Potência: Transformadores de Força e Transformadores de Distribuição;
b) do Arranjo Relativo Núcleo-Enrolamentos: Transformadores de Núcleos Envolvidos (Nucleares) e Transformadores de Núcleos Envolventes (Encouraçados);
c) do Número de Fases: Transformadores Monofásicos e Transformadores Polifásicos;
d) do Arranjo Relativo dos Enrolamentos da Alta Tensão e da Baixa Tensão: Transformadores com Enrolamentos (em tubos) Concêntricos e Transformadores com Enrolamentos em Discos Alternados;
e) da Modalidade do Arrefecimento: Transformadores Arrefecidos a Ar e Transformadores em Banho de Óleo. Arrefecimentos Natural e Forçado.

4.2-Transformadores de Força e Transformadores de Distribuição.

Excluídos os transformadores utilizados em equipamentos e aparelhos dotados de fonte própria de energia elétrica, a rigor todos os demais transformadores constituem parte integrante de um sistema de potência, onde se encontram, desde os grandes transformadores instalados junto a usinas geradoras, com potências individuais da ordem de até centenas de megavolt-ampères, até pequenas unidades utilizadas em comunicações, com potências de frações de watt. É enorme, portanto, a variedade de tipos de transformadores encontrados nos sistema de potência. Todavia, de toda essa variedade, serão considerados como transformadores de potência tão-somente aqueles encontrados a partir da geração da energia nas usinas elétricas, até a final distribuição dessa energia aos seus consumidores, para fins industriais, comerciais e domiciliares.

Conforme já exposto na seção 3.2, esses transformadores podem ser reunidos em apenas dois grupos: os ditos "de Força" e os chamados "de Distribuição". Além das características próprias de cada um desses grupos, já descritas naquela seção, merece destaque o que diz respeito às potências que, normalmente, são muito maiores nos transformadores de força, a ponto de exigir medidas especiais para limitar o aquecimento produzido por suas perdas (v. seç. 4.6).

4.3-Núcleos.

Preliminarmente, cabem algumas considerações a respeito dos núcleos ferromagnéticos dos transformadores. Sua função principal é a da intensificação do acoplamento magnético entre os enrolamentos primário e secundário, para o que são empregados materiais altamente permeáveis. A par dessa finalidade, há que se reconhecer, ainda, que eles devem ser suficientemente rígidos, não obstante devam ser laminados para a redução de suas perdas Foucault. Nos transformadores comuns, utilizados em sistemas com as freqüências usuais de 50 e 60 Hz, a espessura das chapas laminadas podem ser reduzidas a valores de ordem de 0,35 a 0,30 mm e, para que essa laminação produza os efeitos desejados, usualmente se recorre à isolação entre as superfícies das lâminas em contato. Em alguns casos, essa isolação é obtida com papel ou vernizes isolantes. Entretanto, na maioria das vezes a própria oxidação dessas superfícies é suficiente para proporcionar uma isolação adequada. Para se reduzir ainda mais as perdas Foucault, procura-se aumentar a resistividade dos materiais ferromagnéticos, recorrendo-se às ligas de aço-silício (chapas siliciosas). Ligas especiais e tratamentos térmicos são empregados para minimizar as perdas histeréticas, para o que o silício também contribui. Grãos orientados nas chapas laminadas constituem outro recurso para reduzir perdas e aumentar a permeância dos núcleos.

Ainda em relação à construção propriamente dita dos núcleos e, em particular, às suas seções transversais, elas podem ser encontradas sob diversas formas, desde a quadrada, até aquelas que se aproximam da circular, tais como indicadas nas Figuras 4.1 (a,b,c). A primeira, quadrada, é utilizada somente em pequenos transformadores (nucleares) dotados, de preferência, de bobinas também retangulares. Para potências crescentes e, portanto, transformadores maiores, a tendência é a de se usar exclusivamente bobinas circulares e, conseqüentemente, seções de núcleo que mais se aproximem dessa forma, a fim de permitir melhor aproveitamento dos espaços disponíveis e melhor fixação das bobinas em torno das colunas dos núcleos. Além de mais adequadas para suportar esforços mecânicos, a forma circular oferece ainda

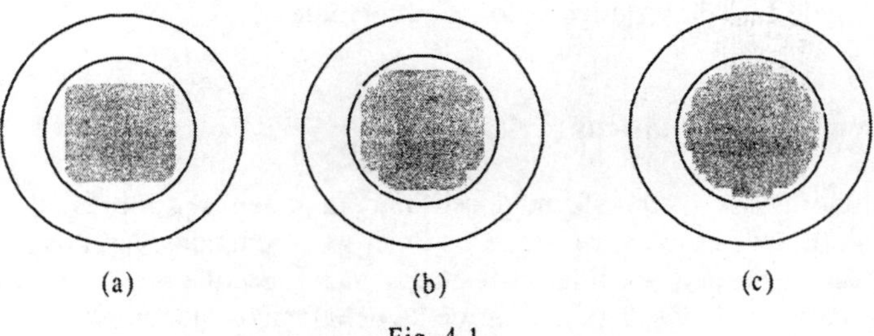

Fig. 4.1

maiores facilidades para a isolação das bobinas.

4.4 - Arranjo Relativo Núcleo-Enrolamentos. Núcleos Envolvidos e Núcleos Envolventes.

Há dois tipos de arranjo entre núcleo e enrolamentos, que conduzem a dois tipos de transformadores: os ditos "de Núcleo Envolvido", também chamados Nucleares, e os "de Núcleo Envolvente", também conhecidos como Encouraçados. Atendo-se, por ora, aos transformadores monofásicos, esses dois tipos vêm representados nas Figuras 4.2 e 4.3, respectivamente. No primeiro tipo, o núcleo é constituído por apenas duas colunas, I e II, e seus enrolamentos em geral são acomodados em torno dessas duas colunas , projetando-se para além do contorno do núcleo, razão da denominação "de Núcleo Envolvido" (pelos enrolamentos). No segundo caso, o núcleo possui três colunas, I, II e III, e os enrolamentos são alojados somente na coluna central (III),

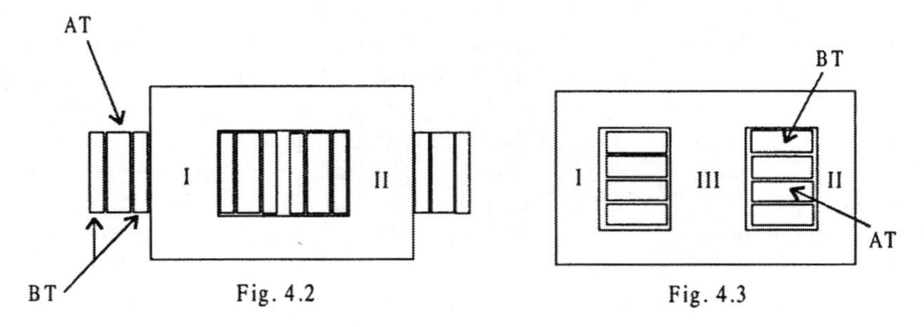

Fig. 4.2 Fig. 4.3

permanecendo (parcialmente) envolvidos pelas colunas externas, donde a denominação "de Núcleo Envolvente".

É importante salientar que, no caso de transformadores monofásicos, o fato de o núcleo ser envolvido ou envolvente pouca influência exerce sobre seu funcionamento elétrico. A escolha de um ou outro desses tipos em geral decorre de fatores de ordem construtiva, sendo os transformadores de núcleo envolvente os mais adequados para as maiores potências, sob tensões relativamente mais baixas. Entretanto, e conforme será exposto (seç. 9.3), sob determinadas condições de trabalho o comportamento elétrico dos transformadores trifásicos pode ser sensivelmente afetado pelo tipo de núcleo, isto é, pelo fato de ser envolvido ou envolvente.

4.5 -Transformadore Polifásicos (Trifásicos).

Além de monofásicos, os transformadores também podem ser polifásicos e, dentre estes, os mais utilizados são os trifásicos, os únicos a serem considerados nesta seção. Entretanto, e conforme se pode inferir de exposições subseqüentes, transformadores com maiores números de fases, particularmente hexafásicos, podem ser obtidos com construção análoga à dos trifásicos, por uma simples subdivisão adequada de seus enrolamentos, a serem convenientemente interligados.

A exemplo dos monofásicos, também os transformadores trifásicos podem ser dos tipos de núcleo envolvido e núcleo envolvente.

Transformadores Trifásicos de Núcleo Envolvido.

Basicamente, a concepção de um transformador trifásico de núcleo envolvido está resumida na seqüência das Figuras 4.4 (a,b,c,d,e), merecendo os seguintes esclarecimentos. A situação inicial (Fig. 4.4a) corresponde a três transformadores monofásicos que poderiam operar em banco em linha trifásica. A partir dessa situação inicial, suponha-se que os três transformadores monofásicos fossem despojados de seus tanques e seus componentes ativos (núcleos e respectivos enrolamentos) introduzidos separadamente dentro de um único tanque maior (situação b). Salvo efeitos desprezíveis de fluxos dispersos, o comportamento desse conjunto seria idêntico ao das três unidades monofásicas iniciais. O mesmo aconteceria na situação (c), caso em que as três colunas desprovidas de enrolamentos surgem "fundidas" em uma única coluna central, onde se estabeleceria o fluxo resultante das fases A, B e C. A respeito desse fluxo resultante, cabe uma observação: normalmente as linhas trifásicas mantêm os transformadores sob tensões senoidais e simétricas, caso em que os fluxos nos núcleos dos transformadores permanecem senoidalmente variáveis, com o mesmo valor máximo por fase e com defasagens de 120^0 entre essas fases.

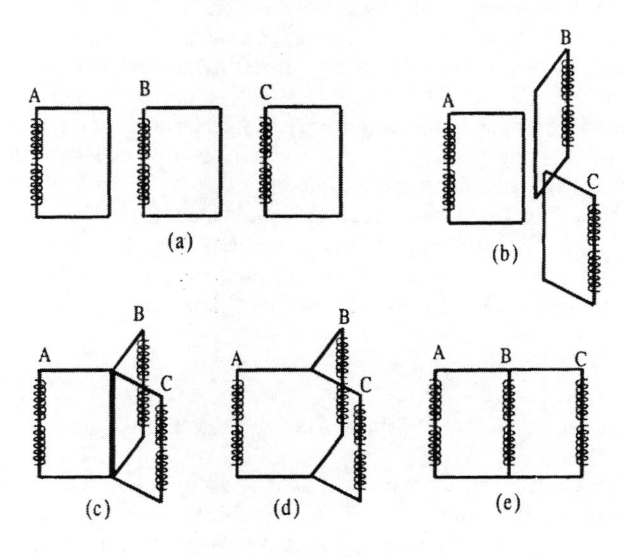

Fig. 4.4

Conseqüentemente, sob as condições normalmente encontradas nas linhas trifásicas, o fluxo na quarta coluna (central) da Figura 4.4c resultaria nulo e, portanto, ela tornar-se-ia dispensável, dando origem à construção esquematizada em 4.4(d). Finalmente, remanejando-se a estrutura da Figura 4.4d, de modo a manter suas três componentes alinhadas segundo um mesmo plano, chega-se a um núcleo como esquematizado em 4.4e, melhor representado na Figura 4.5, com três colunas iguais, uma para cada uma das três fases do transformador trifásico nuclear.

Das duas últimas operações, resulta apreciável economia de ferro. Entretanto, há que se observar o seguinte:

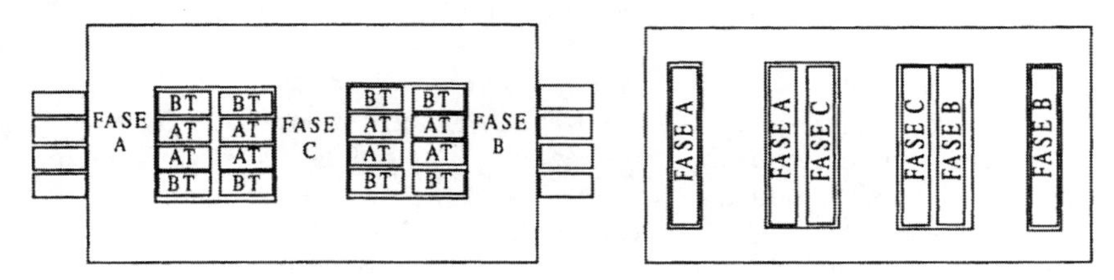

Fig. 4.5 Fig. 4.6

1) a supressão da coluna central, para se obter a configuração final indicada na Figura 4.5, pode influir sensivelmente sobre a forma de onda dos fluxo nas três fases quando, por algum motivo, determinadas harmônicas de fluxo não puderem se estabelecer em suas colunas (v. seç. 9.3: Harmônicas Triplas de Fluxo nas Ligações YY desprovidas de Fios Neutros);
2) o alinhamento das três colunas dos núcleos, segundo um mesmo plano, introduz pequena assimetria no circuito magnético, causando pequeno desequilíbrio nas correntes magnetizantes dos transformadores trifásicos nucleares.

Em decorrência de determinados fatores, tais como alturas de vãos livres em vias públicas e estradas, torna-se necessário reduzir as dimensões verticais de grandes transformadores trifásicos nucleares. Uma das soluções adotadas para essas reduções reside na construção de núcleos com cinco colunas, conforme indica a Figura 4.6. Em tais núcleos, seus componentes horizontais, denominados "culatras", podem ser construídos com seções reduzidas a até 30 por cento das seções das três colunas centrais, embora dessa solução resultem aumentos da ordem de 5 a 10 por cento nas perdas no ferro.

Transformadores Trifásicos. Fluxos Livres e Fluxos Ligados.

Na seqüência das Figuras 4.4, a de número 4.4b ainda representa três transformadores monofásicos, indicando que o fluxo concatenado com os enrolamentos de qualquer um deles não se concatena, ainda que parcialmente, com os enrolamentos dos dois restantes. Essa independência entre os fluxos dos três transformadores caracteriza o que se entende por "Fluxos Livres".

Embora já representando um transformador trifásico, fato análogo ocorre no caso da Figura 4.4c, quando nenhuma das três fases pode impedir que determinados fluxos, ou algumas de suas componentes, possam se estabelecer em qualquer das duas restantes, visto que a coluna central oferece o meio necessário para abrigar esses fluxos. Portanto, permanece a independência dos fluxos de uma fase relativamente às ações das restantes e o transformador representado nessa Figura 4.4c deve ser considerado como de Fluxos Livres. Porém, o mesmo não acontece nos casos das estruturas indicadas nas Figuras 4.4 (d,e), nas quais os fluxos concatenados com uma das fases têm que se concatenar, ainda que em partes, com as duas fases restantes, quando o transformador trifásico é dito de Fluxos Ligados. Se, num destes transformadores, coexistirem forças magnetomotrizes idênticas em suas três fases, os fluxos mútuos delas resultantes serão nulos pela simples razão de essas f.m.m. anularem-se em circuitações fechadas através de qualquer par de colunas do seu núcleo. Note-se que essa anulação não acontece nos transformadores de fluxos livres, nos quais sempre existe um caminho fechado para a circuitação da f.m.m. de uma fase, sem a inevitável interferência das f.m.m. das duas restantes.

Do exposto, pode-se concluir que as propriedades dos transformadores trifásicos de fluxos livres devem ser as mesmas apresentadas por bancos de três monofásicos (iguais). Entretanto, o mesmo não acontece quando o trifásico for de fluxos ligados: seu comportamento passa a ser diferente quando submetido a condições de trabalho que envolvam as variáveis denominadas "de seqüência zero" (v. caps. IX e X).

Observação: com as duas colunas laterais adicionais, o transformador da Figura 4.6 passa a adquirir propriedades dos transformadores de fluxos livres.

Transformadores de Núcleo Envolvente.

Por processo semelhante ao descrito para os transformadores de núcleo envolvido (Figs. 4.4), também se pode conceber um transformador trifásico de núcleo envolvente a partir de três monofásicos igualmente de núcleos envolventes. As figuras 4.7 (a,b,c) mostram a seqüência de operações que conduzem ao resultado proposto. Em (a), encontram-se três transformadores monofásicos idênticos, dispostos

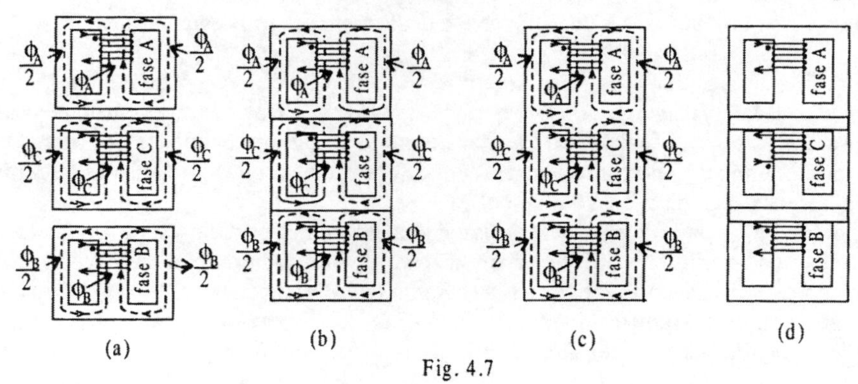

Fig. 4.7

separadamente; em (b) esses transformadores apresentam-se simplesmente sobrepostos e, finalmente, em (c) encontra-se um trifásico resultante da "fusão" dos três núcleos em uma única unidade.

Normalmente, a área da seção transversal da coluna central de um transformador monofásico de núcleo envolvente (Fig. 4.3) é o dobro das áreas das demais partes desse núcleo (colunas laterais e culatras), pelo simples fato de o fluxo na coluna central também ser o dobro do fluxo naquelas partes. Portanto, as áreas das duas culatras intermediárias da estrutura indicada na Figura 4.7c passam a ser iguais à de suas colunas centrais, porém abrigando fluxos menores. Mais explicitamente, a culatra comum às fases A e C abriga um fluxo $\phi_{AC} = \phi_A/2 - \phi_C/2$ e a culatra comum às fases C e B abriga um fluxo $\phi_{CB} = \phi_C/2 - \phi_B/2$, fluxos esses cujos valores, em vez de serem iguais ao das colunas centrais, reduzem-se a $\sqrt{3}/2 = 0{,}866$ destes fluxos, conforme pode-se concluir da Figura 4.8. Conseqüentemente, as induções nessas culatras resultam inferiores às existentes nas colunas centrais, o que sugere a possibilidade de se reduzir as áreas de suas seções transversais, na razão de 1 para 0,866. Entretanto, redução ainda maior pode ser obtida invertendo-se a polaridade da fase central C, pela inversão da ligação de seus terminais primários à rede de alimentação, conforme mostra a Figura 4.7d. Neste caso, os fluxos nas culatras internas passam a ser definidos pelas somas $\phi_{AC} = \phi_A/2 + \phi_C/2$ e $\phi_{CB} = \phi_C/2 + \phi_B/2$, cujas resultantes permanecem iguais às suas componentes, o que também é mostrado na Figura 4.8. Assim sendo, as áreas dessas culatras podem ser reduzidas à metade daquelas indicadas em 4.7c, pela supressão das áreas escuras mostradas na Figura 4.7d.

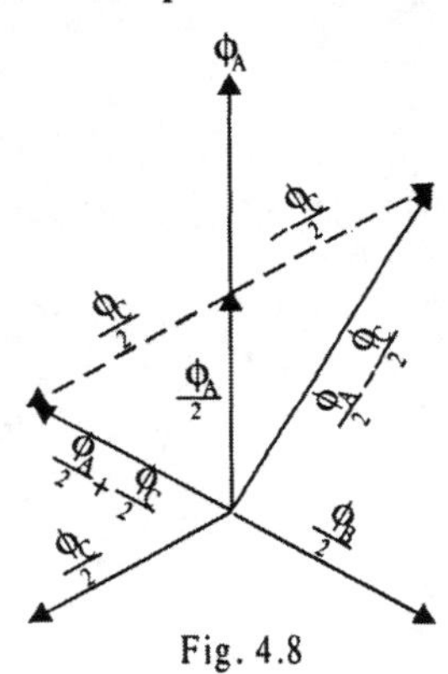

Fig. 4.8

Observação - em sua construção usual, os transformadores trifásicos de núcleo envolvente (encouraçados) são montados em posição diferente das indicadas nas Figuras 4.7, isto é, são montados com os eixos dos enrolamentos mantidos horizontalmente.

Enrolamentos em Tubos Concêntricos e Enrolamentos em Discos Alternados.

Exemplos desses tipos de enrolamentos são encontrados, respectivamente, nas Figuras 4.2 e 4.3. Visando a condições mais favoráveis à isolação, nos enrolamentos concêntricos as regiões mais próximas das colunas são sempre ocupadas por tubos da baixa tensão, enquanto nos enrolamentos em discos são as regiões vizinhas às culatras que são reservadas a discos da baixa tensão.

Normalmente, a subdivisão de enrolamentos nos transformadores de potência é realizada em vários tubos ou em vários discos; quanto maior for a subdivisão dos enrolamentos, mais forte se torna o acoplamento magnético entre primários e secundários, o que significa menores reatâncias de dispersão e, por conseguinte, melhores regulações de tensão. Outro fator que justifica a conveniência de subdivisões dos enrolamentos é o interesse em se reduzir as tensões por bobina, visando à melhoria da isolação, particularmente entre bobinas da alta e da baixa tensão. Quanto ao comportamento elétrico, propriamente dito, a principal diferença entre os dois tipos de enrolamento reside na possibilidade de melhor acoplamento magnético, oferecida pelo arranjo em discos alternados. Todavia, em geral este tipo de arranjo implica em maiores custos de fabricação e maiores dificuldades quando da necessidade de reparos.

4.6 -Arrefecimento. Arrefecimentos Natural e Forçado.

As dificuldades para limitar as temperaturas de regime das máquinas elétricas em geral, e em particular dos transformadores, crescem com os aumentos de suas potências. Essa crescente dificuldade explica-se pelo fato de suas perdas serem praticamente proporcionais aos cubos de suas dimensões lineares (proporcionais aos volumes de seus materiais ativos, conforme equações 3.1 e 3.2 para perdas no ferro, e equação 2.15 para as perdas no cobre), enquanto suas superfícies de dissipação de calor crescem com apenas o quadrado dessas dimensões lineares.

Normalmente, nos transformadores de menores potências a relação (superfície dos materiais ativos/volume desses mesmos materiais) é relativamente grande, não havendo maiores problemas para a dissipação do calor desenvolvido pelas suas perdas e, conseqüentemente, para manter suas temperaturas de regime dentro de limites compatíveis com as classes de isolação adotadas. Nestes casos, é freqüente o emprego de Arrefecimento Natural, proporcionado principalmente pela circulação, por simples convecção, de um fluido onde o transformador propriamente dito permanece imerso. Na grande maioria dos casos, esse fluido é um óleo especial (óleo para transformadores) que, além de contribuir para o arrefecimento, possibilita melhores condições para a isolação, graças à sua elevada rigidez dielétrica. À medida que se necessita de maiores potências com um único transformador, a relação (área/volume) de seus materiais ativos diminui, dificultando, cada vez mais, a transmissão ao meio ambiente do calor neles desenvolvido. Surge, então, a necessidade de se recorrer a outros meios que intensifiquem seu arrefecimento. Esses meios variam, desde simples aumentos das superfícies dos tanques onde os transformadores encontram-se imersos em óleo (emprego de chapas corrugadas e adição de radiadores de diversos tipos), até o emprego de Arrefecimento Forçado.

Um resumo das principais modalidades de arrefecimento e, por conseguinte, dos principais tipos de transformadores classificados segundo as modalidades de arrefecimento, vem apresentado a seguir.

A) Transformadores arrefecidos a ar.
 A1- circulação de ar por simples convecção.
 A2 - circulação por ventilação forçada.

B) Transformadores imersos em óleo.
 B1- convecção natural do óleo arrefecido sem ventilação externa forçada.

B2- convecção natural do óleo arrefecido com ventilação externa forçada.
B3- convecção natural do óleo arrefecido em tubos imersos em água.
B4- circulação forçada do óleo arrefecido em radiadores submetidos à ventilação forçada, ou arrefecido em tubos imersos em água.

Arrefecimento a Ar.

O arrefecimento a ar, além de não ser tão eficiente quanto o realizado a óleo, não proporciona a mesma proteção aos materiais isolantes, particularmente no que respeita à deposição de poeiras sobre as superfícies das bobinas. Essa deposição é tanto mais indesejável quanto maiores forem as tensões dos transformadores.
Observação: para contornar esse inconveniente, sem prejuízo da segurança contra incêndios, é preferível o arrefecimento ser feito por intermédio de produtos químicos líquidos especialmente produzidos, não voláteis, incombustíveis e não explosivos (líquidos à base de silicones).

Transformadores Imersos em Óleo.

Na grande maioria dos casos, os transformadores utilizados nos sistemas de potência operam imersos em óleo. Pelas razões já expostas, quanto maiores suas potências, mais problemática será a limitação de suas temperaturas. Nos pequenos transformadores de distribuição, de potências da ordem de até poucas dezenas de kVA, a circulação do óleo pode ser obtida por convecção natural, em tanques com superfícies lisas. Diante de aumentos das potências, a melhoria das condições de dissipação do calor é obtida com aumentos das superfícies úteis dos tanques adotando-se , em escala de eficiências crescentes :

1) chapas onduladas ou corrugadas;
2) tubos externos para a circulação do óleo;
3) radiadores.

Diante de insuficiência da circulação natural do óleo em radiadores simplesmente expostos ao ar, pode-se recorrer à sua ventilação forçada e, em grau mais intenso, ao resfriamento do óleo circulante em tubos de cobre imersos em água. Finalmente, a circulação do óleo pode ser intensificada por bombeamento.

Arrefecimento. Considerações Finais.

Nesta seção, foram apresentadas várias modalidades de arrefecimento, justificando-se a necessidade de sua intensificação em transformadores com potências crescentes. Porém, não se cogitou dos aspectos quantitativos referentes à eficiência dos diferentes tipos de arrefecimento, porquanto este assunto foge dos objetivos deste livro. Entretanto, e apenas como um exemplo ilustrativo, pode-se citar que a adição de ventiladores para forçar o ar através de radiadores pode proporcionar aumentos de 30 a 35% na potência de um transformador, mantidas invariáveis suas demais características construtivas.

O exemplo apresentado poderia sugerir a seguinte indagação: seria, certamente, a simples intensificação do arrefecimento uma boa solução para aumentar a potência de um transformador que foi adequadamente projetado para uma potência nominal S (kVA) e apresentar um especificado rendimento η à plena carga , com um sistema de arrefecimento que o mantenha sob uma temperatura preestabelecida de θ^0C ?.

A resposta é uma negativa. Não obstante o fato de a intensificação do arrefecimento manter a mesma temperatura θ no transformador fornecendo maior potência, seus condutores resultam subdimensionados para as novas e maiores correntes necessárias para o acréscimo da potência. Portanto, aumentam as perdas no cobre que crescem com os quadrados das correntes, altera-se a relação (perdas no ferro/perdas no cobre) e, principalmente, reduz-se o rendimento do transformador, o que implica em maior custo de operação.

Outra possibilidade de aumento de potência, mantendo-se o sistema de arrefecimento, estaria na alteração do projeto do transformador, solicitando menos seus materiais ativos (menores densidades de corrente em condutores com maiores seções, e menores induções em núcleos com seções aumentadas). O resultado seria um transformador com melhor rendimento, porém exigindo mais cobre e ferro, redundando em maior custo de produção.

Num projeto adequado, tanto no que se relaciona com as características de funcionamento, quanto no que respeita a custos, o projetista deve sempre procurar uma solução equilibrada que atenda aos dois aspectos: boas características, aliadas a preços competitivos. Excessos, num ou noutro sentido, poderiam redundar em transformadores de baixa ou nenhuma aceitação.

CAPÍTULO V
ENSAIOS DE TRANSFORMADORES

5.1- Ensaios.

Os principais ensaios a que são submetidos os transformadores podem ser resumidos nos seguintes:

a) Medida de Resistências;
b) Determinação da Relação de Transformação;
c) Identificação dos Enrolamentos com as Respectivas Fases de Transformadores Polifásicos (Trifásicos). Polaridade. Deslocamentos Angulares de Fase;
d) Determinação das Perdas em Vazio (Perdas Constantes) e em Carga (Perdas Variáveis): Ensaios "Em Vazio" e "De Curto-Circuito" (Ensaio de Impedância); Parâmetros dos Circuitos Equivalentes;
e) Determinação da Elevação de Temperatura. Temperatura de Regime;
f) Determinação de Rendimento;
g) Verificação da Isolação.

5.2 -Medida de Resistências.

As resistências que oferecem real interesse para a previsão das características de funcionamento de um transformador, particularmente no que diz respeito às perdas variáveis e ao rendimento, são as suas resistências "efetivas"[1], determinadas em Ensaios de Curto-Circuito (seç. 5.5). Entretanto, para algumas finalidades há interesse em conhecer seus valores medidos em corrente contínua (valores ôhmicos). O conhecimento destes valores é importante para:

a) a determinação da elevação da temperatura dos enrolamentos, com base no efeito da temperatura sobre a resistividade dos materiais condutores;
b) verificações referentes à execução do projeto;
c) estimativas dos efeitos das perdas suplementares.

---

[1] ou, mais precisamente, suas resistências "aparentes", que incluem os efeitos das perdas suplementares em carga.

Em muitos casos, as medidas em corrente contínua podem ser efetuadas com amperômetro e voltômetro. Entretanto, para os enrolamentos da baixa tensão de grandes transformadores, cujas resistências normalmente são muito pequenas, freqüentemente há necessidade de se recorrer a instrumentos especiais, tais como pontes para as medidas de pequenas resistências.

5.3 - Determinação da Relação de Transformação.

Pode ser feita pelas leituras diretas das tensões nos enrolamentos primário e secundário, recorrendo-se a voltômetros. Porém, em se tratando de grandes transformadores para altas tensões e elevadas relações de transformação, esse método pode se tornar pouco preciso. Em tais circunstâncias, há que se que lançar mão de métodos mais adequados, um dos quais utiliza um transformador de medida (transformador padrão) com relações de transformação ajustáveis em valores bem definidos. Os enrolamentos da alta tensão deste transformador padrão, e do transformador cuja relação de transformação é procurada, são energizados pela mesma fonte de corrente alternada e seus secundários são ligados em paralelo, porém através de um detector sensível. Pelo ajuste da relação de transformação do transformador padrão, pode-se anular as indicações desse detector quando, então, a relação de transformação procurada será igual à ajustada no transformador padrão.

5.4 - Identificação dos Enrolamentos com as Respectivas Fases

Durante a construção, e mesmo num transformador trifásico acabado, porém fora de seu tanque, é sempre possível identificar as diferentes bobinas pertencentes a uma determinada fase (alojadas na mesma coluna de seu núcleo), bem como distinguir quais são as da alta e as da baixa tensão. Entretanto, o mesmo não ocorre em um transformador já instalado em seu tanque, na hipótese de os terminais de cada um de seus enrolamentos não estarem devidamente identificados com as fases correspondentes. Neste caso, para se certificar de que dois enrolamentos, um da alta e outro da baixa tensão, pertencem à mesma fase, pode-se recorrer ao seguinte artifício: mantendo-os em circuito aberto, curtocircuitar todos os demais e, com o recurso de uma fonte de corrente contínua, injetar corrente em um desses dois enrolamentos (no da alta tensão, por exemplo) e observar as deflexões que a injeção e a interrupção dessa corrente provocam em um voltômetro ligado aos terminais do outro enrolamento. Repetindo essa operação com o mesmo enrolamento da alta tensão e cada um dos demais da baixa tensão, também devem ser observadas deflexões no voltômetro, porém as deflexões serão bastante mais pronunciadas quando observadas entre os terminais do enrolamento que se encontra na mesma coluna do núcleo e, portanto, do enrolamento que pertence à fase do enrolamento energizado.

Polaridade.

A definição de polaridade de um enrolamento, em relação à de outro da mesma fase, é objeto de consideração na seção 7.3. Na eventualidade de inexistência de terminais devidamente marcados para definir polaridades (v. Fig. 7.2), essa marcação pode ser realizada recorrendo-se ao método do osciloscópio, conforme sugerido na mesma seção 7.3 ou, simplesmente, com o recurso de um voltômetro (e de uma fonte de corrente alternada). Uma vez identificados os enrolamentos da alta e da baixa tensão de uma fase do transformador, ligar um dos terminais do enrolamento da alta tensão com um dos terminais do enrolamento da baixa tensão, conforme sugerem as Figuras 7.1, obviamente sem os terminais previamente marcados, visto que se parte do pressuposto de que a polaridade ainda não é conhecida. Em seguida, aplicar uma tensão alternada aos terminais do enrolamento da alta tensão, anotando o valor V_A dessa tensão e medindo as tensões induzidas na baixa tensão (V_a) e a resultante (V_T) entre os outros dois terminais do circuito. Obtidas essas tensões, pode-se observar $V_T = V_A \pm V_a$. Em se verificando $V_T = V_A + V_a$, a polaridade será aditiva, caso em que a marcação dos terminais deve ser realizada de conformidade com as Figuras 7.1a e 7.2a; ocorrendo $V_T = V_A - V_a$, a polaridade será negativa, devendo os terminais serem identificados da forma indicada nas Figuras 7.1b e 7.2b.

Deslocamentos Angulares de Fases .

Dependendo da maneira como são observadas as tensões (em vazio) entre terminais da alta e da baixa tensão, nos transformadores monofásicos essas tensões se mostram somente de duas maneiras: ou em plena concordância, ou em plena oposição de fase (defasagem de 180^0). Porém, em se tratando de transformadores trifásicos, as tensões entre terminais da mesma fase de suas linhas primária e secundária podem se apresentar em plena concordância de fase, em plena oposição ou com defasagens de $\pm 30^0$, dependendo do tipo das ligações adotadas nos transformadores (estrela, triângulo ou ziguezague).

Esse assunto vem exposto na seção 8.11.

5.5- Ensaios Em Vazio e De Curto-Circuito. Generalidades. Determinação dos Parâmetros de Circuitos Equivalentes.

Quando realizados sob condições adequadas, estes ensaios permitem determinar:

a) a corrente eficaz em vazio I_0;
b) as perdas "constantes"(perdas no ferro) p_F;
c) o valor particular p_c das perdas "variáveis", para o transformador operando à plena carga.

Esses mesmos ensaios também fornecem os dados necessários para calcular os parâmetros de circuitos equivalentes do transformador, circuitos esses que possibilitam prever seu comportamento quando submetido a outras condições de carga, além daquela que caracteriza a sua condição normal de trabalho. Antes de se passar à descrição desses ensaios e à interpretação e utilização dos dados que se obtêm das medições, convém que se teçam algumas considerações a respeito dos valores relativos dos parâmetros dos circuitos equivalentes que podem ser adotados para esses ensaios, considerações essas restritas ao caso dos transformadores ditos "De Potência" (Figs. 5.1 e 5.2).

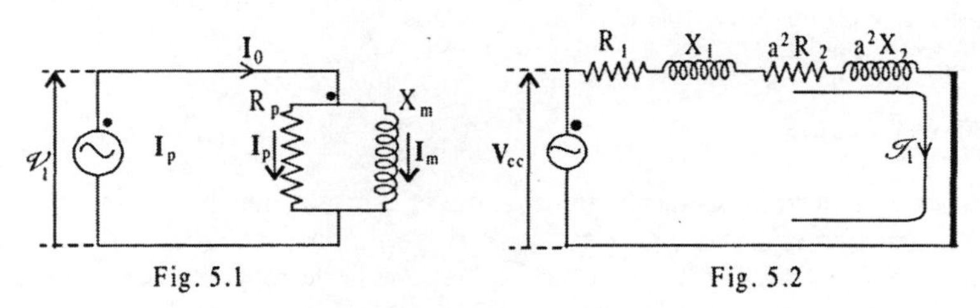

Fig. 5.1 Fig. 5.2

A condição necessária e suficiente para se adotar o circuito da Figura 5.1 para representar o transformador em vazio, e o da Figura 5.2 para representá-lo em curto-circuito, é que a impedância de magnetização $\mathbf{Z_0}$, constituída por R_p em paralelo com X_m, seja suficientemente grande para que se possa:

a) ignorar a impedância primária $\mathbf{Z_1}=R_1+jX_1$ que, no <u>ensaio em vazio</u> (Fig. 5.1), permanece <u>em série</u> com $\mathbf{Z_0}$;
b) ignorar $\mathbf{Z_0}$ no ensaio de <u>curto-circuito</u>, caso em que essa impedância $\mathbf{Z_0}$ permanece <u>em paralelo</u> com a impedância secundária referida ao primário, $\mathbf{Z'_2} = a^2(R_2+jX_2)$.

Resta, portanto, demonstrar que normalmente $\mathbf{Z_0}$ é muito maior do que as impedâncias $\mathbf{Z_1}$ e $\mathbf{Z'_2} = a^2(R_2+jX_2)$, inclusive sua soma $\mathbf{Z'} = \mathbf{Z_1}+\mathbf{Z'_2}$, para o que se pode recorrer aos valores por unidade usualmente encontrados para esses parâmetros.

Na seção 2.9 ficou demonstrado que, para transformadores normalmente construídos, pode-se assumir, em caráter de aproximação, $R_1 \approx a^2R_2$ e $X_1 \approx a^2X_2$, o que implica em $\mathbf{Z_1} \approx \mathbf{Z'_2} \approx \mathbf{Z'}/2$. Ademais, por via de regra o valor por unidade Z' da impedância equivalente $\mathbf{Z'} = \mathbf{Z_1}+\mathbf{Z'_2}$ pode ser considerado da ordem de 0,021 a 0,104 (v. seç. 2.8). Portanto, diante de $\mathbf{Z_1} \approx \mathbf{Z'_2}$, é lícito assumir que seus valores por unidade, Z_1 e Z'_2, podem se limitar a números compreendidos entre 0,0105 e 0,052.

Resta definir os valores usuais de $\mathbf{Z_0}$, para o que se pode valer do seguinte: aplicando-se tensão nominal de 1 pu em impedância nominal de 1 pu , obtém-se corrente nominal igualmente de 1 pu. Em transformadores em vazio (secundário aberto), ao se lhes aplicar a mesma tensão nominal de 1 pu, obtêm-se correntes em vazio I_0 reduzidas a valores da ordem de 0,02 a 0,06 pu. Pode-se, portanto, dar como certo que o valor por unidade da impedância ($\mathbf{Z}_1+\mathbf{Z}_0$) de um transformador em vazio deve ser da ordem de 1/0,02 a 1/0,06, ou seja, mantenha-se entre 17 e 50 pu, cabendo a quase totalidade destes valores à impedância $\mathbf{Z}_0$. Assumindo valores pu intermediários, de 34 para ($\mathbf{Z}_1+\mathbf{Z}_0$) e 0,031 para $\mathbf{Z}_1 \approx \mathbf{Z}_2'$, chega-se à conclusão que, em média, o valor por unidade de $\mathbf{Z}_0$ deve ser da ordem de 34/0,031≈1.000, ou seja, da ordem de mil vezes o valor por unidade de cada uma das impedâncias $\mathbf{Z}_1$ e $a^2\mathbf{Z}_2$ (e de 500 vezes o valor de $\mathbf{Z}'$). Portanto, fica plenamente justificado o emprego dos circuitos das Figuras 5.1 e 5.2, a serem utilizados para os cálculos referentes aos ensaios em vazio e de curto-circuito.

Ensaio em Vazio.

Este ensaio permite determinar, diretamente, a corrente eficaz em vazio I_0 e as "perdas constantes" p_F (no ferro). Permite, ainda, calcular os valores de R_p (resistência de perdas no ferro) e de X_m (reatância de magnetização), presentes nos circuitos equivalentes das Figuras 2.4 e 2.9. Ele resume-se no seguinte: mantendo o transformador com seu secundário em circuito aberto (v. Fig. 5.1), alimentá-lo com suas tensão e freqüência nominais, anotando o valor da tensão nominal aplicada $\mathcal{V}_1$, bem como os valores medidos para a corrente I_0 e potência P_0 absorvidas. Note- se que, face ao já exposto, ao operar em vazio o transformador pode ser representado pelo circuito equivalente da Figura 5.1. Portanto, a impedância primária $\mathbf{Z}_1 = R_1+jX_1$ pode ser ignorada e a potência absorvida P_0, no caso restrita às perdas no ferro p_F, será dada por

$$P_0 = V_1 I_0 \cos\varphi_0 = p_F, \text{ donde } \cos\varphi_0 = \frac{P_0}{\mathcal{V}_1 I_0}.$$

De posse de $\cos\varphi_0$, calcula-se $I_p = I_0 \cos\varphi_0$ e $I_m = I_0 \operatorname{sen}\varphi_0$, para em seguida se obter

$$R_p = \frac{\mathcal{V}_1^2}{P_0} = \frac{\mathcal{V}_1}{I_p} \quad \text{e} \quad X_m = \frac{\mathcal{V}_1}{I_m}.$$

Alguns autores recomendam subtrair de P_0 a perda joule $R_1 I_0^2$ na resistência primária dos transformadores. Entretanto, na maioria dos casos esse cuidado é desnecessário, visto que essa perda joule é muito pequena em face das perdas no ferro[1].

Motivos de ordem prática levam a preferir o lado da baixa tensão como primário nos ensáios em vazio. A principal razão dessa preferência reside nas maiores facilidades oferecidas pelas medições em baixa tensão, tanto no que diz respeito às fontes de energia e aos instrumentos de medida, quanto no tocante aos menores

[1] salvo casos de pequenos transformadores , nos quais os valores de R_1 e I_0 assumem valores relativamente elevados.

cuidados requeridos dos operadores. Outro fator determinante dessa preferência está nos diminutos valores das correntes em vazio nos lados da alta tensão de transformadores de pequenas potências.

Sempre que possível, convém realizar o ensaio em vazio efetuando-se vários pares de leituras de P_0 e I_0, mediante a aplicação de tensões primárias V_1 variáveis dentro de uma faixa de ± 25% em torno da tensão nominal $\mathcal{V}_1$ do transformador. Com esses vários pares de valores de P_0 e I_0, pode-se traçar curvas $P_0 = f_p(V_1)$ e $I_0 = f_i(V_1)$ que, entre outras informações, indicam possíveis erros de medida e oferecem uma visão do estado de saturação dos núcleos.

Em se desejando conhecer, em separado, as perdas Foucault e as perdas histeréticas no núcleo de um transformador alimentado por fonte que lhe impõe sua tensão e sua freqüência nominais, pode-se recorrer a dois ensaios em vazio: um sob tensão e freqüência nominais ($\mathcal{V}_1$ e $\mathcal{f}_1$), e outro sob outra tensão e outra freqüência (V_1 e f_1), tais que se observe a igualdade $\frac{\mathcal{V}_1}{\mathcal{f}_1}=\frac{V_1}{f_1}$. Isto observado, a indução máxima será a mesma durante os dois ensaios, e a diferença entre as potências então absorvidas decorrerá, exclusivamente, das diferentes freqüências $\mathcal{f}_1$ e f_1. Sabendo-se que as perdas histeréticas são proporcionais às freqüências e as Foucault são proporcionais aos quadrados dessas mesmas freqüências, a separação dessas perdas pode ser conseguida por intermédio de um simples sistema de quatro equações a quatro incógnitas: $\mathcal{p}_f$ e $\mathcal{p}_h$ (perdas Foucault e perdas histeréticas, no ensaio sob tensão e freqüência nominais) e p_f e p_h (as mesmas perdas, no ensaio sob a tensão V_1 e a freqüência f_1). Essas equações são:

$\mathcal{P}_0 = \mathcal{p}_f + \mathcal{p}_h$ = potência absorvida no ensaio sob tensão $\mathcal{V}_1$ e freqüência $\mathcal{f}_1$.

$P_0 = p_f + p_h$ = potência absorvida no ensaio sob tensão V_1 e frqüência f_1.

$$\frac{\mathcal{p}_f}{p_f}=\left(\frac{\mathcal{f}_1}{f_1}\right)^2$$

$$\frac{\mathcal{p}_h}{p_h}=\frac{\mathcal{f}_1}{f_1}$$

Ensaio de Curto-Circuito.

Quando realizado no transformador submetido a corrente e freqüência nominais, este ensaio fornece diretamente o valor (particular) de suas perdas variáveis p_c, correspondentes à condição de plena carga. Fornece, também, dados suficientes para o cálculo da impedância equivalente $\mathbf{Z}' = (R_1+a^2R_2) + j(X_1+a^2X_2) = R' + jX'$, referida ao lado adotado como primário nesse ensaio de curto-circuito. Razões de ordem prática ditam a preferência pelo lado da alta tensão para ser escolhido como primário porque, na maioria dos casos, as tensões a serem aplicadas são convenientemente baixas (da ordem de 3 a 10% das tensões nominais dos transformadores), ao mesmo tempo que se evita a medição das elevadas correntes que ocorreriam nos enrolamentos da baixa tensão de transformadores de grandes potências.

O ensaio resume-se no seguinte: curtocircuitar um dos lados do transformador (de preferência, portanto, o da baixa tensão) e, no outro, aplicar tensão V_{cc} crescente até que a corrente por ele absorvida atinja seu valor nominal (v. Fig. 5.2). Neste momento, anotar o valor $\mathscr{I}_1$ dessa corrente nominal, a tensão V_{cc} que a impõe e a potência P_{cc} absorvida pelo transformador. Salvo suas diminutas perdas no ferro, essa potência P_{cc} exprimirá as perdas variáveis do transformador, em seu valor particular correspondente à plena carga.

Uma vez de posse dos valores de V_{cc} e P_{cc} , obtidos pela imposição da corrente nominal $\mathscr{I}_1$ no transformador, sua impedância equivalente, referida ao lado da alta tensão, pode ser calculada como segue:

$$Z' = |Z'| = |\, R' + jX' \,| = \frac{V_{cc}}{\mathscr{I}_1}$$

$$P_{cc} = V_{cc}\mathscr{I}_1 \cos\varphi_{cc}, \quad \text{donde} \quad \cos\varphi_{cc} = \frac{P_{cc}}{V_{cc}\mathscr{I}_1}$$

$$R' = \frac{P_{cc}}{\mathscr{I}_1^2} = Z' \cos\varphi_{cc}$$

$$X' = Z' \operatorname{sen}\varphi_{cc}$$

Ainda em relação ao ensaio de curto-circuito, cabe lembrar que a resistência "efetiva" equivalente $R' = R_1 + a^2 R_2$, tal como determinada nesse ensaio, tem a natureza de uma resistência "aparente", visto que incorpora parcelas provenientes de outras perdas , além das "joule" propriamente ditas. Entre essas perdas adicionais, classificadas como "suplementares", encontram-se as produzidas pelas correntes parasitas induzidas pelos fluxos dispersos nas massas metálicas dos condutores (seç. 3.1) e, em menor escala, em peças estruturais e nas paredes dos tanques dos transformadores. Estas últimas perdas podem ser constatadas realizando-se dois ensaios de curto-circuito com a mesma corrente: um com o transformador completo e outro com o transformador, propriamente dito, fora de seu tanque.

Reduções nas "áreas úteis "dos condutores, devidas ao efeito pelicular, também contribuem para as diferenças entre as resistências puramente ôhmicas e as resistências equivalentes obtidas nos ensaios de curto-circuito.

Para uma satisfatória previsão da resistência (efetiva) equivalente do transformador, é necessário levar em conta os efeitos da temperatura sobre essa resistência que, por norma, deve ter seu valor corrigido para 75^0C. Um procedimento para possibilitar essa correção pode ser o seguinte: uma vez cientes de que o transformador em repouso encontra-se à temperatura ambiente θ,

1) medir, em <u>corrente contínua</u>, as resistências primária e secundária, $R_{\Omega 1}$ e $R_{\Omega 2}$, respectivamente, assumindo como primário o lado do transformador usualmente adotado como primário em ensaios de curto-circuito (alta tensão) e, com esses valores, calcular sua resistência ôhmica equivalente a θ^0C: $R'_{\Omega\theta} = R_{\Omega 1} + a^2 R_{\Omega 2}$;

2) ainda sob a mesma temperatura de θ^0C, realizar o ensaio de curto-circuito, medindo as perdas variáveis p_θ produzidas, preferivelmente, pela corrente nominal $\mathscr{I}_1$ e, com esses dados, calcular a resistência efetiva equivalente a θ^0C, $R'_\theta = p_\theta / \mathscr{I}_1^{\,2}$. Esta resistência encerrará duas parcelas: $R'_{\Omega\theta}$, responsável pelas perdas joule na resistência ôhmica equivalente, e $R'_{s\theta}$ que responde pelas perdas suplementares. De posse de R'_θ e $R'_{\Omega\theta}$, efetuar a diferença $R'_\theta - R'_{\Omega\theta}$ que definirá o valor de $R'_{s\theta}$;

3) conhecidas, em separado, as duas componentes $R'_{\Omega\theta}$ e $R'_{s\theta} = R'_\theta - R'_{\Omega\theta}$, calcular seus valores corrigidos para 75^0C, cuja soma definirá o valor resultante R'_{75} para a resistência efetiva a 75^0C. Esse valor será

$$R'_{75} = \left(R'_{\Omega 75} + R'_{\sigma 75}\right) = R'_{\Omega\theta}\frac{234{,}5+75}{234{,}5+\theta} + (R'_\theta - R'_{\Omega\theta})\frac{234{,}5+\theta}{234{,}5+75} \quad \text{........ 5.1}$$

Nesta expressão, a primeira parcela do terceiro membro corrige a resistência ôhmica $R'_{\Omega\theta}$, de θ^0C para 75^0C; a segunda faz o mesmo com $R'_{s\theta}$, sendo de se notar que, ao contrário da resistência ôhmica, que é responsável por perdas que aumentam com a temperatura, a componente $R'_{s\theta}$ responde pelas perdas suplementares que diminuem com aumentos da temperatura. Essa diminuição explica-se pelo fato, já descrito na seção 3.1, de as perdas suplementares resultarem de correntes induzidas no interior dos condutores, correntes essas cujas intensidades diminuem com aumentos da resistividade desses condutores.

É de se salientar, ainda, que essa correção de $R'_{s\theta}$ deve ser considerada como apenas uma estimativa aceitável, visto que as perdas suplementares incluem, também, os acréscimos provenientes do efeito pelicular e das correntes induzidas em componentes estruturais, outros que o cobre do transformador.

Transformadores com Três Enrolamentos. Determinação de Parâmetros.

A seção 2.11 foi dedicada a transformadores com três enrolamentos, incluindo um circuito equivalente para representá-los. Como se pode deduzir da Figura 2.20, a utilização desse circuito equivalente requer o conhecimento, em separado, das impedâncias próprias de cada um dos três enrolamentos, requisito este dispensável no caso dos circuitos aproximados de transformadores com apenas dois enrolamentos (v. Figs. 2.9 e 2.10). Resta saber como obter os valores dos parâmetros dos três enrolamentos de um transformador, a partir de dados obtidos em ensaios.

Freqüentemente, a reatância de magnetização X_{1m} na Figura 2.20 pode ser suprimida, caso em que seu circuito assume a forma indicada na Figura 5.3. Esse circuito, referido ao enrolamento primário, possui três ramos a serem designados por (I), (II) e (III), cada um representando um dos três enrolamentos do transformador; seus parâmetros (resistências e reatâncias) podem ser obtidos realizando-se três ensaios de curto-circuito, um para cada um dos pares de enrolamentos, mantendo-se o restante em circuito aberto. Com esse procedimento, cada par de enrolamentos submetido ao ensaio equivale a um transformador comum, de dois enrolamentos, e os ensaios podem ser realizados da maneira indicada a seguir:

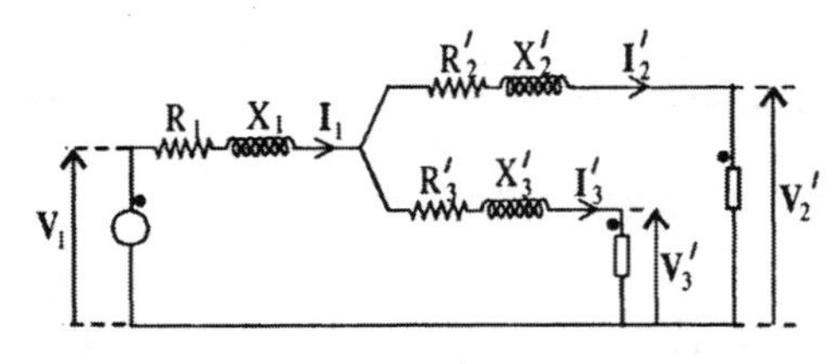

Fig. 5.3

a) alimentação pelo enrolamento (I), com (II) em curto-circuito e (III) em aberto. Os resultados obtidos estarão referidos ao enrolamento (I);
b) alimentação pelo enrolamento (I), com (III) em curto-circuito e (II) em aberto. Os resultados obtidos também estarão referidos ao enrolamento (I);
c) alimentação pelo enrolamento (II), com (III) em curto-circuito e (I) em aberto. Agora, os resultados obtidos estarão referidos ao enrolamento (II). Tendo em vista que os circuitos das Figuras 2.20 e 5.3 têm todos os seus parâmetros referidos ao enrolamento (I), os resultados deste terceiro ensaio devem ser convertidos para valores referidos a esse enrolamento (I).

Para atender ao caso específico de transformadores com três enrolamentos, convém que se adote notação também específica. De um modo geral, num ensaio realizado em um par (pq) de enrolamentos, com alimentação pelo enrolamento p, a tensão nele aplicada será indicada por V_{pq} ; a corrente absorvida por I_{pq} ; a potência absorvida por P_{pq} e a impedância equivalente resultante, referida ao enrolamento p, por $\mathbf{Z}'_{pq}$, tal que

$$\mathbf{Z}'_{pq} = R'_{pq} + jX'_{pq} = (R_p + R'_q) + j\,(X_p + X'_q) \qquad 5.2$$

Isto posto,

1) do primeiro ensaio resultam os parâmetros do "transformador (I-II)", referidos ao enrolamento (I):

$$Z'_{12} = \frac{V_{12}}{I_{12}}, \quad R'_{12} = \frac{P_{12}}{I_{12}^2} \quad \text{e} \quad X'_{12} = \sqrt{(Z'_{12})^2 - (R'_{12})^2} \qquad 5.3$$

2) do segundo, resultam os parâmetros do "transformador (I-III)", também referi-referidos ao enrolamento (I):

$$Z'_{13} = \frac{V_{13}}{I_{13}}, \quad R'_{13} = \frac{P_{13}}{I_{13}^2} \quad \text{e} \quad X'_{13} = \sqrt{(Z'_{13})^2 - (R'_{13})^2} \qquad 5.4$$

3) do terceiro ensaio resultam os parâmetros do "transformador (II-III)", agora referidos ao enrolamento (II):

$$Z'_{23} = \frac{V_{23}}{I_{23}}, \quad R'_{23} = \frac{P_{23}}{I_{23}^2} \quad e \quad X'_{23} = \sqrt{(Z'_{23})^2 - (R'_{23})^2} \quad \text{.....................} \; 5.5$$

valores estes cuja referência deve ser convertida para o enrolamento (I). Essa conversão é feita multiplicando-se esses valores por $a_{12}^2 = \left(\frac{N_1}{N_2}\right)^2$ que é a relação de transformação própria do enrolamento (I) para o (II). Adotando

$$a_{12}^2 \times Z'_{23} = Z_{123}, \quad a_{12}^2 \times R'_{23} = R'_{123} \quad e \quad a_{12}^2 \times X'_{23} = X'_{123}$$

e considerando que, de um modo geral $R'_{pq} = (R_p + R'_q)$ e $X'_{pq} = (X_p + X'_q)$, pode-se, então, chegar aos dois seguintes sistemas de três equações a três incógnitas:

$$\left.\begin{aligned} R'_{12} &= R_1 + R'_2 \\ R'_{13} &= R_1 + R'_3 \\ R'_{123} &= R'_2 + R'_3 \end{aligned}\right\} \quad \text{...} \; 5.6$$

$$\left.\begin{aligned} X'_{12} &= X_1 + X'_2 \\ X'_{13} &= X_1 + X'_3 \\ X'_{123} &= X'_2 + X'_3 \end{aligned}\right\} \quad \text{...} \; 5.7$$

Resolvendo esses sistemas de equações, chega-se aos valores dos parâmetros dos três ramos do circuito da Figura 5.3:

$$\left.\begin{aligned} R_1 &= 0,5\left[R'_{12} + R'_{13} - R'_{123}\right] \\ R'_2 &= 0,5\left[R'_{12} + R'_{123} - R'_{13}\right] \\ R'_3 &= 0,5\left[R'_{13} + R'_{123} - R'_{12}\right] \end{aligned}\right\} \quad \text{...................................} \; 5.8$$

$$\left.\begin{aligned} X_1 &= 0,5\left[X'_{12} + X'_{13} - X'_{123}\right] \\ X'_2 &= 0,5\left[X'_{12} + X'_{123} - X'_{13}\right] \\ X'_3 &= 0,5\left[X'_{13} + X'_{123} - X'_{12}\right] \end{aligned}\right\} \quad \text{...................................} \; 5.9$$

5.6 - Elevação de Temperatura. Temperatura de Regime.

As temperaturas de maior interesse, a serem determinadas num transformador de potência, são as de seus enrolamentos (cobre), de seu núcleo e do óleo. As elevações dessas temperaturas em um transformador recém-ligado a uma carga constante, e em relação à temperatura ambiente θ, obedecem a equação do tipo

$$\Delta\theta(t) = \Delta\theta_{max}\left(1 - e^{-t/\tau}\right) \qquad 5.10$$

onde $\Delta\theta_{max}$ é a máxima elevação de temperatura atingida em regime, e τ é uma constante de tempo térmica. Uma representação gráfica dessa equação está indicada no trecho AB da Figura 5.4.

Uma vez desenergizado, e mantidas as mesmas condições para a dissipação do calor nele armazenado, seus decréscimos de temperatura obedecerão à equação

$$\Delta\theta(t) = \Delta\theta_{max} e^{-t/\tau} \qquad 5.11$$

Estes decréscimos estão representados no trecho BC da mesma Figura 5.4 e o acompanhamento dessas variações de temperatura pode ser feito:

a) para o núcleo e o óleo, com termômetro;
b) para os enrolamentos, pelo método baseado na variação de suas resistências com a temperatura.

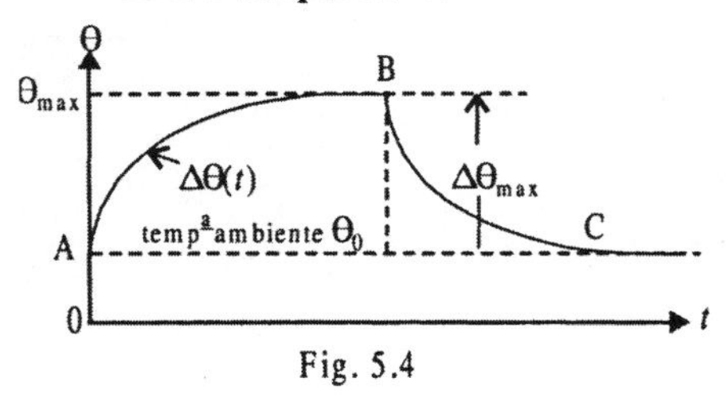

Fig. 5.4

Relativamente às temperaturas do cobre de um enrolamento, elas podem ser acompanhadas por intermédio da já conhecida expressão da variação da resistência ôhmica (medida em corrente contínua) com a temperatura :

$$R_{\Omega 2} = R_{\Omega 1}\frac{234{,}5 + \theta_2}{234{,}5 + \theta_1}$$

onde $R_{\Omega 1}$ é a resistência do enrolamento à temperatura θ_1 e $R_{\Omega 2}$ é o valor dessa mesma resistência a uma outra temperatura θ_2. Esse acompanhamento pode ser feito como segue:

a) designar por θ_0 a temperatura ambiente, bem como a do transformador nele mantido em repouso por tempo suficiente para que também ele possa ter assumido essa mesma temperatura, e medir a resistência $R_{\Omega 0}$ de um de seus enrolamentos;

b) colocar o transformador à plena carga, em regime constante e, após intervalos prefixados Δt de tempo, medir as resistências crescentes $R_{\Omega 1}$, $R_{\Omega 2}$, $R_{\Omega 3}$....$R_{\Omega n}$ desse mesmo enrolamento, até que não se observe variação significativa entre os últimos desses valores. Obviamente, cada uma dessas medidas deve ser feita com o transformador desligado de sua fonte, porém por tempo apenas suficiente para realizá-las;
c) de posse de $R_{\Omega 0}$, $R_{\Omega 1}$, $R_{\Omega 2}$, $R_{\Omega 3}$....$R_{\Omega n}$, recorrer à relação existente entre resistências ôhmicas e respectivas temperaturas, calculando as temperaturas correspondentes θ_1, θ_2, θ_3....θ_n;
d) traçar o trecho AB da Figura 5.4.

Para obter o trecho descendente BC dessa curva, desligar o transformador e repe-tir o procedimento adotado para as medidas de resistência, cuidando para que a temperatura θ_0 do ambiente permaneça inalterada.

Em determinadas situações, pode haver interesse em não se aguardar todo o tempo necessário para um transformador atingir sua temperatura de regime. Nesses casos, após algumas poucas medidas de resistência, essa temperatura de regime pode ser estimada por uma extrapolação gráfica baseada na lei de variação da temperatura, tal como definida pela equação 5.10.

As temperaturas que oferecem real interesse são as temperaturas finais θ_{max}, de regime à plena carga, cujos valores são fixados por normas. Uma dessas normas, referente ao caso de operação em regime contínuo, impõe as seguintes limitações para as elevações de temperatura acima da ambiente:

a) 50^0C para o óleo;
b) de 55^0C a 75^0C para o cobre dos enrolamentos e núcleo, dependendo do tipo do transformador e da classe de isolação de seus enrolamentos.

A temperatura ambiente é fixada no valor médio de 35ºC, com o máximo limitado a 40ºC.

Em se tratando de grandes transformadores, pode ocorrer que não se disponha de potência instalada suficiente nos laboratórios e, mesmo que elas fossem disponíveis (juntamente com os necessários receptores para a absorção dessas potências), a manutenção desses transformadores em plena carga, durante todo o tempo necessário para atingirem suas temperaturas de regime, implicaria em grandes dispêndios de energia. Para contornar esses obstáculos, pode-se recorrer a artifícios que colocam o transformador sob as mesmas condições térmicas impostas pela plena carga, porém suprindo-o com fontes de reduzidas potências e, conseqüentemente, consumindo um mínimo de energia. Em princípio, os métodos adotados consistem no seguinte:

a) energizar o transformador em vazio, por intermédio de fonte com sua tensão e freqüência nominais. Sob estas condições, ele será a sede de perdas no ferro, (perdas constantes) tais como encontradas em trabalho normal e...
b) por intermédio de artifício adequado, injetar correntes nominais em seus enrolamentos, de tal forma que exijam, tão-somente, potências equivalentes às suas perdas normais no cobre.

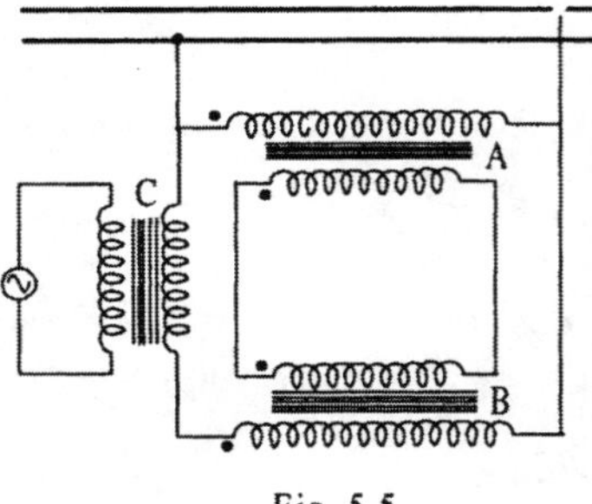

Fig. 5.5

Uma vez colocado a operar dessa forma, o transformador estará sujeito às mesmas perdas que ocorrem durante sua operação normal à plena carga e, portanto, gerando a mesma potência calorífica para levá-lo à sua temperatura final de regime à plena carga.

Um primeiro método, aplicável quando se dispõe de dois transformadores monofásicos iguais, A e B, é o seguinte:

a) ligar seus enrolamentos primários em paralelo, a serem alimentados por fonte de tensão e freqüência nominais. Os enrolamentos secundários devem permanecer interligados de tal forma que suas tensões induzidas mantenham-se em oposição de fases (Fig.5.5). Na hipótese de os dois transformadores serem idênticos, quando energizados a tensão resultante na malha secundária será nula, caso em que nenhuma corrente neles circulará, permanecendo os dois transformadores em vazio e, portanto, gerando calor correspondente apenas às suas perdas constantes (no ferro);
b) introduzir o secundário de um transformador auxiliar C na malha fechada por seus primários interligados, alimentando-o por fonte de tensão variável e freqüência não necessariamente igual à nominal dos transformadores A e B. Com um ajuste adequado na tensão de alimentação desse transformador C, injetar corrente nominal nessa malha, do que resultará corrente (de circulação) também nominal na malha constituída pelos enrolamentos secundários. Essas correntes produzirão, em cada um dos transformadores, suas perdas variáveis no valor correspondente à operação em plena carga, o mesmo acontecendo com o calor por elas desenvolvido.

No caso de a freqüência da fonte auxiliar ser a mesma da fonte principal, a rigor os dois transformadores não estarão operando em condições idênticas, porque as correntes em seus enrolamentos primários, resultantes das composições da corrente de circulação com suas correntes de excitação, não serão iguais. Para contornar esse inconveniente, uma solução consiste em impor ao transformador C uma freqüência algo diferente da freqüência nominal da fonte principal.

Na hipótese de os transformadores possuírem chave seletora para ajustes de tensão (variação da relação de transformação), as necessárias correntes de circulação poderão ser obtidas sem o transformador auxiliar C.

No que diz respeito à potência exigida pelos dois transformadores para a determinação da temperatura comum de regime, ela resume-se no valor de suas perdas nominais. No caso de o rendimento de cada um deles ser de 98%, a potência requerida seria de apenas 4% da potência nominal do conjunto dos dois transformadores.

Observado o mesmo critério de ligações, o método aplica-se também aos transformadores trifásicos.

No caso específico de transformador trifásico, cujos enrolamentos possam ser ligados em ΔΔ, um artifício para colocá-lo operando com suas perdas normais, sem mantê-lo efetivamente em carga, pode ser o seguinte (Fig. 5.6):

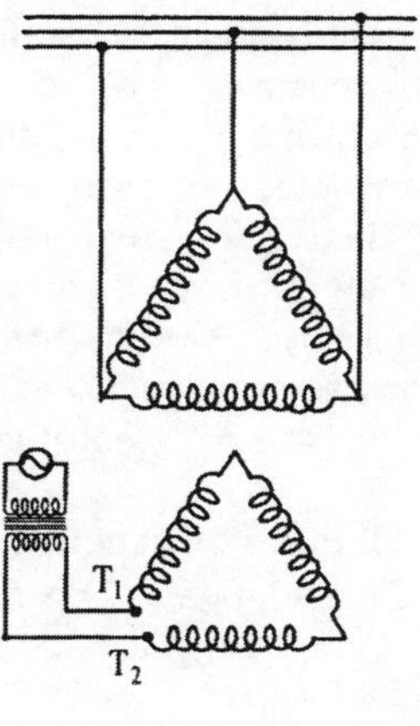

Fig. 5.6

a) manter a malha (Δ) secundária em circuito aberto;

b) energizar o primário sob tensão e freqüência nominais, produzindo, assim, as perdas normais no ferro. No caso usual de tensões trifásicas equilibradas, a tensão entre os terminais T_1 e T_2 da malha secundária em aberto será constantemente nula;

c) por intermédio de fonte e transformador monofásico auxiliares, injetar, pelos terminais T_1 e T_2, a corrente nominal própria do secundário do transformador trifásico. Esta corrente, e aquela que será induzida no Δ primário, resumem-se em meras correntes de circulação. Diante de seus valores eficazes iguais aos nominais próprios do transformador, as perdas por elas geradas serão equivalentes às perdas nominais no cobre.

Observação: este método não é aplicável a transformadores trifásicos de fluxos ligados, visto que as correntes monofásicas, impostas aos secundários ligados em Δ, produzem os mesmos efeitos magnetizantes das correntes de seqüência zero, restringindo suas ações sobre as fases primárias às forças eletromotrizes nelas induzidas por acoplamentos oriundos de apenas reduzidos fluxos dispersos (v. seç. 9.3, fig. 9.1).

5.7- Determinação do Rendimento.

Por definição, o rendimento exprime-se por

$$\eta = \frac{\text{Potência Fornecida pelo Secundário}}{\text{Potência Absorvida pelo Primário}} = \frac{P_u}{P_T} \quad \text{.........................} \; 5.13$$

para o transformador operando sob uma condição preestabelecida de carga. Normalmente, essa condição é a de Plena Carga, expressa em VA ou kVA, sob fator de potência especificado (usualmente unitário ou 0,8 indutivo).

Em princípio, o rendimento poderia ser obtido pelas medidas diretas de P_u e P_T. Entretanto, no caso de grandes transformadores, mais uma vez surgem os problemas decorrentes das capacidades instaladas nos laboratórios e dos elevados consumos de energia, visto que seria necessário colocar os transformadores em plena carga, e assim mantê-los durante todo o tempo requerido para as medições. O processo usualmente adotado, e recomendado por Normas, decorre de expressão derivada de 5.13, substituindo-se a potência total P_T por $P_u+\Sigma p$, sendo:

1) P_u = Potência Útil.
2) $\Sigma p = p_F + p_C$ = perdas no ferro (constantes) + perdas variáveis, à plena carga .

Feita essa substituição, chega-se a

$$\eta = \frac{P_u}{P_u+\Sigma p} = \frac{P_u}{P_u+p_F+p_C} = \frac{\mathcal{S}\cos\varphi}{\mathcal{S}\cos\varphi+p_F+p_C} \qquad \text{......................5.14.}$$

onde $\mathcal{S}$ representa a potência aparente nominal do transformador, expressa em VA ou em kVA.

Não há que se cogitar de colocar o transformador em plena carga, fornecendo a potência $\mathcal{S}\cos\varphi$; tudo o que se tem a fazer resume-se em:

1) assumir o transformador fornecendo essa potência $\mathcal{S}\cos\varphi$;
2) colocar o transformador operando em vazio, sob tensão e freqüência nominais, e medir a potência por ele absorvida, cujo valor define p_F;
3) realizar ensaio de curto-circuito, impondo a corrente nominal $\mathcal{I}_1$ em seu primário, e medir a potência absorvida pelo transformador, cujo valor corresponde ao de suas perdas variáveis (no cobre e suplementares) p_C à plena carga, sob a temperatura nele observada durante esse ensaio.
   Referir essas perdas a 75ºC;
4) calcular o rendimento, recorrendo à equação 5.14.

Entre as vantagens deste método, pode-se citar:

1) as máximas potências requeridas nos ensaios reduzem-se ao valor das perdas Σp que, em grandes transformadores, normalmente não ultrapassam 3% de suas potências nominais.
2) maior precisão nos resultados obtidos, porquanto os erros decorrentes de imprecisões de medida incidirão apenas nas medidas das perdas p_F e p_C. Diante dos pequenos valores destas perdas, relativamente às potências $\mathcal{S}\cos\varphi$, os reflexos desses erros sobre os valores calculados para o rendimento ficam consideravelmente reduzidos.

5.8- Verificação da Isolação.

A isolação nas máquinas elétricas e, em particular nos transformadores, deve ser devidamente realizada visando não-somente a suportar com segurança suas tensões normais de trabalho, mas também à sua proteção contra sobretensões ocasionais, da ordem de várias vezes suas tensões nominais.

Os ensaios mais rotineiramente realizados para a verificação das condições da isolação nos transformadores podem ser resumidos nos seguintes:

1) ensaio para a medida da Resistência de Isolação;
2) ensaios em Alta Tensão, nas modalidades
   2.1) de Tensão Aplicada;
   2.2) de Tensão Induzida.

Além destes, convém que se considerem também:

3) ensaios de Impulso;
4) medida de Descargas Parciais.

Ensaio para a Medida da Resistência de Isolação.

Normalmente, este ensaio é realizado com instrumentos especiais (Megaohmímetros, também denominados Megôhmetros), por intermédio dos quais se aplicam tensões contínuas entre pares de enrolamentos diferentes e entre enrolamentos e o núcleo, este normalmente aterrado. Da aplicação destas tensões contínuas resultam pequenas correntes através dos dielétricos, cujas intensidades dão uma idéia sobre as condições da isolação. A interpretação dessas condições é dada diretamente pelo Megôhmetro que indica o valor da "Resistência de Isolação", em Megahoms, oferecida à circulação dessas pequenas correntes.

Existem megôhmetros para várias tensões: os mais freqüentes são encontrados para 500, 1.000, 2.500 e 5.000 volts.

Ensaios em Alta Tensão.

Estes ensaios são realizados em transformadores recém-construídos e, usualmente a quente, logo em seguida ao ensaio para a determinação da temperatura de regime. Eles consistem em submeter a isolação a tensões alternadas suficientemente mais elevadas do que aquelas que ela deve suportar em operação normal, de modo a se obter a garantia de que ela venha a suportar as sobretensões inerentes à própria operação do sistema de potência, do qual o transformador se tornará parte integrante. Dependendo da maneira como são aplicadas as tensões, esses ensaios podem ser realizados em duas modalidades, ditas de Tensão Aplicada e de Tensão Induzida.

As tensões a serem impostas à isolação têm seus valores eficazes fixados por normas. Uma dessas normas estabelece o seguinte:

$$\text{Tensão do Ensaio} = 1\ \text{kV} + m\mathcal{V}$$

onde

a) $\mathcal{V}$ é a tensão nominal do enrolamento, expressa em kV;

b) m é um coeficiente ditado por fatores tais como o tipo da isolação e pelas características do sistema onde o transformador será instalado. Na dependência desses fatores, esse coeficiente pode variar entre os limites de 1,5 e 3,5.

Normalmente, estes ensaios são realizados apenas uma vez num dado transformador, e as conclusões que deles se tiram são apenas duas: o transformador é aprovado (a isolação suporta o ensaio) ou recusado (a isolação não suporta a tensão aplicada, sendo danificada). Esta limitação a apenas um ensaio é decorrência de seus próprios efeitos sobre a isolação que, por ele sobressolicitada, terá sua vida útil reduzida. Por este motivo, os ensaios em alta tensão classificam-se como "Ensaios Degenerativos". Na hipótese da necessidade de repeti-los, recomenda-se realizá-los sob tensões reduzidas de 20 a 25% dos valores adotados no primeiro ensaio.

Ensaio em Alta Tensão: Modalidade "de Tensão Aplicada".

Nesta modalidade de ensaio em Alta Tensão, a isolação de um enrolamento é posta à prova aplicando-se tensões entre o cobre desse enrolamento e a estrutura do transformador (núcleo aterrado). O enrolamento em questão é curtocircuitado e todos os demais são ligados à terra. A tensão de ensaio é obtida de transformadores especiais, de alta tensão, devendo ser gradativa e continuamente aumentada, desde zero até um máximo preestabelecido, devendo este máximo ser mantido por período de tempo fixado pelas normas.

Ensaio em Alta Tensão: modalidade " de Tensão Induzida".

Neste ensaio, um dos enrolamentos do transformador é energizado por fonte de tensão e freqüência variáveis e ajustáveis nos respectivos valores previstos pelas normas. Os demais enrolamentos são mantidos em circuito aberto. A tensão aplicada aos terminais do enrolamento energizado é gradativamente elevada até o valor máximo preestabelecido, produzindo sobretensões induzidas também nos demais enrolamentos mantidos em circuito aberto. Esses valores máximos excedem, sobremaneira, os correspondentes valores nominais e, na ausência de medidas adequadas, o mesmo aconteceria com os valores máximos do fluxo mútuo, o que provocaria excessivas saturações no núcleo e indesejáveis aquecimentos. A medida adequada para evitar esses inconvenientes consiste em se aumentar, simultaneamente, a tensão e a freqüência, esta em maiores proporções que aquela.

Três são as diferenças essenciais entre este ensaio e o anteriormente considerado (de Tensão Aplicada):

a) exceto pelos valores da tensão e da freqüência, no ensaio de Tensão Induzida o transformador é energizado na forma usual (em vazio);
b) no ensaio de Tensão Aplicada, todos os pontos do enrolamento, no qual se aplica tensão, ficam sob o mesmo potencial elétrico em relação à terra. No ensaio de Tensão Induzida isto não acontece: diferentes pontos de um enrola- mento ficam submetidos a diferentes tensões em relação à terra e aos demais enrolamentos, permanecendo o transformador sob condições mais próximas daquelas encontradas em sua operação normal;
c) no ensaio de tensão induzida, também a isolação entre espiras é posta à prova.

Ensaios de Impulso.

Os transformadores operando em linhas de transmissão estão sujeitos a sobretenções que nelas podem resultar, seja de falhas, seja de chaveamentos e, mesmo, de descargas atmosféricas. Essas sobretensões manifestam-se sob a forma de ondas que se propagam ao longo de condutores das linhas, com velocidade próxima à da luz. As "frentes" dessas ondas podem se apresentar com formas pronunciadamente inclinadas, submetendo pontos dessas linhas, e transformadores a elas ligados, a variações de tensão extremamente rápidas

A Figura 5.7 representa uma onda típica, com um comprimento total de 63 km, incluindo a frente de 3 km. Propagando-se com a velocidade que lhes é própria, as sobretenções provocadas por essa onda ao longo da linha atingem seus máximos valores em intervalos de tempo da ordem de 9 μs para, em seguida, decairem gradualmente, até sua extinção, após cerca de 180 μs. Em geral, as máximas tensões têm seus valores limitados pelo rompimento de arcos elétricos para a terra, ao redor dos isoladores das linhas.

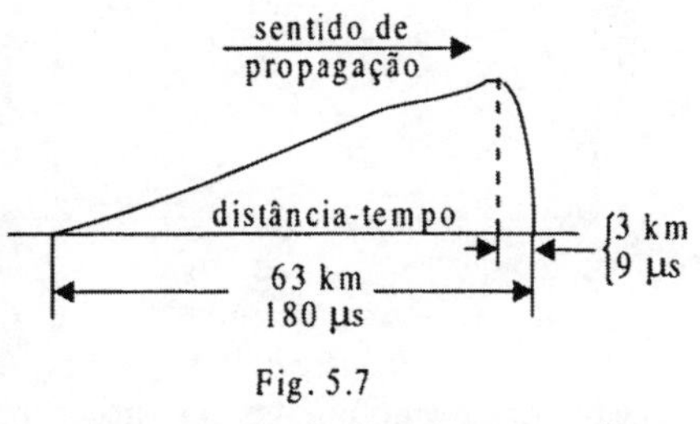

Fig. 5.7

A fim de se verificar a eficácia da isolação de transformadores, diante de sobretensões dessa natureza, pode-se recorrer aos Ensaios de Impulso. Estes ensaios consistem em submeter a isolação dos transformadores a sobretensões unidirecionais, semelhantes àquelas a que eles estão sujeitos. Estas sobretensões, com formas de onda preestabelecidas, são obtidas de Geradores de Impulso constituídos por grupos de capacitores de altas tensões, carregados em paralelo e descarregados em série. As tensões, assim obtidas, podem ascender a alguns milhões de volts.

Em decorrência do custo e, sobretudo, da natureza deste ensaio, ele não é aplicado rotineiramente, mas, tão-somente, em algumas poucas unidades de cada série de fabricação, ou quando solicitado explicitamente pelos compradores.

Um aspecto a ser ressaltado, e que diz respeito à aplicação e à ocorrência de sobretensões do tipo descrito, é a rapidez com que elas atingem seus máximos valores. Uma sobretenção, que aumente de zero a 640 kV em 10 μs, corresponde a uma taxa de 64×10^6 kV/s, taxa esta da ordem de 1000 vezes aquela que exprime o aumento de tensão para neutro, correspondente a ¼ de ciclo em linha de 460 kV, 60 Hz. Diante de tão rápidas variações de tensão, as capacitâncias entre bobinas dos enrolamentos e, em particular, entre bobinas e o núcleo aterrado, exercem acentuada influência sobre as distribuições das sobretensões ao longo dos enrolamentos da alta tensão dos transformadores. Um modelo que se presta para a interpretação desse fato está indicado na Figura 5.8 onde as capacitâncias entre bobinas de um enrolamento AB vêm representadas por (c), e as existentes entre bobinas e núcleo (aterrado) por (C).

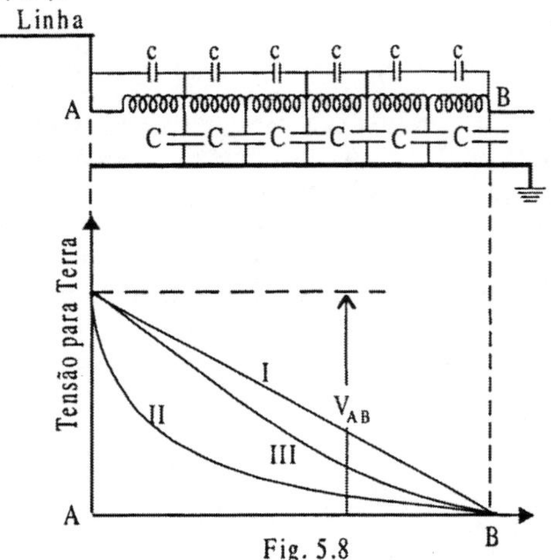

Fig. 5.8

Ignoradas essas capacitâncias, tais sobretensões na linha, ao atingirem um transformador, distribuir-se-iam uniformemente pelas bobinas ao longo de enrolamentos AB da alta tensão, conforme indica a reta I nessa figura. Entretanto, diante da presença inevitável dessas capacitâncias, a distribuição se altera, assumindo forma apresentada na curva II da mesma figura, indicando maiores quedas de tensão nas bobinas mais próximas à linha. Com tal concentração de tensões nessas bobinas, as diferenças de potencial entre o início e o fim de cada uma delas pode atingir valores acima de uma centena de vezes o valor de suas tensões normais de serviço, ao mesmo tempo que as tensões entre terminais das bobinas mais afastadas da linha ficam com valores bastante reduzidos. Essa desigual distribuição de tensões é decorrência das capacitâncias C junto às primeiras bobinas, que desviam para a terra a maior parte da carga proveniente das rápidas sobretensões.

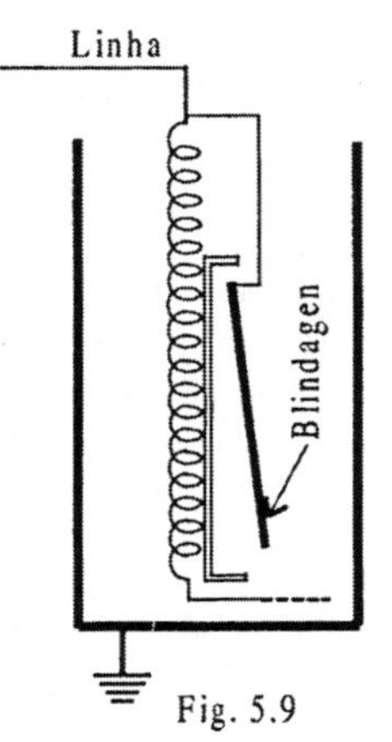

Fig. 5.9

Essa inconveniente distribuição de tensões pode ser corrigida por intermédio de alguns artifícios. Um deles consiste em uma blindagem nas proximidades do enrolamento, a ser ligada à linha (Fig. 5.9). Com ela, obtêm-se capacitâncias adicionais que permitem o desvio de parte da corrente, diretamente da linha para partes do enrolamento dela mais afastadas e, destas partes para a terra, com o que se pode uniformizar consideravelmente as distribuições das tensões por bobina (curva III da figura 5.8).

Outra possibilidade consiste em colocar, em paralelo com a parte mais solicitada do enrolamento, "varistores" de CSi (carboneto de silício), ou de OZn (óxido de zinco). Diante de sobretensões, estes varistores têm suas resistências consideravelmente reduzidas, o que assegura a limitação dessas sobretensões a valores suportáveis pela isolação.

Medida de Descargas Parciais.

Em geral, os isolantes (dielétricos) encerram descontinuidades em suas estruturas, na forma de cavidades preenchidas por fluidos (ar, óleo....) cujas constantes dielétricas são inferiores à do isolante sólido que as abrigam. Normalmente, também a rigidez dielétrica desses fluidos é menor do que a do isolante sólido. Assim sendo, quando uma tensão V_A é aplicada às superfícies de um segmento do isolante encerrando uma cavidade C (Fig. 5.10), a distribuição dessa tensão far-se-á de maneira não-uniforme através desse segmento, caracterizando-se por maiores intensidades de campo ao longo da espessura da cavidade. Este fato, aliado à menor rigidez dielétrica do fluido nela contido, favorece a ruptura da isolação proporcionada pelo fluido, dando margem a descargas elétricas através dessa cavidade.

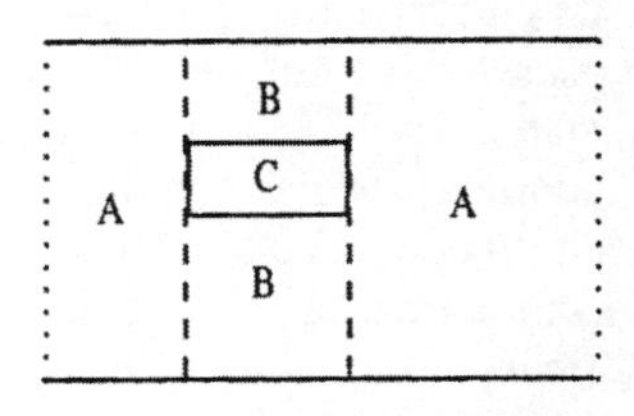

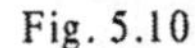

Fig. 5.10

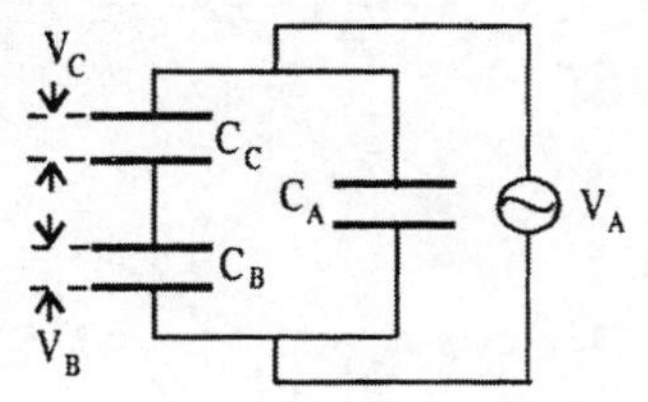

Fig. 5.11

Para a análise do comportamento e dos efeitos dessas descargas, a porção de isolante representada na Figura 5.10 pode ser substituída por um circuito equivalente constituído por três capacitâncias, C_A, C_B e C_C (Fig. 5.11). Destas, a última representa a cavidade C, e as restantes, as porções constituídas pelo material isolante.

Não fossem as rupturas mencionadas, a tensão V_C entre as superfícies da cavidade (curva C tracejada na Figura 5.12) acompanharia as variações da tensão aplicada V_A. Porém, quando, em seus valores crescentes, a tensão V_C atinge o limite V_{C2} da tensão disruptiva da cavidade, uma descarga irrompe em seu interior, provocando brusca queda de tensão até um limite inferior V_{C1}, correspondente à extinção da descarga. Caso a tensão V_A ainda se mantenha em ascensão, a tensão V_C pode atingir, novamente, o valor da tensão disruptiva V_{C2}, produzindo nova descarga, acompanhada de nova redução ao valor V_{C1}, e assim sucessivamente. Essas descargas produzem pulsos de corrente *i* através da cavidade, conforme indicados na parte inferior da Figura 5.12, fazendo com que suas superfícies comportem-se à semelhança de anodos e catodos que ficam submetidos aos impactos de elétrons e de íons positivos. Tais impactos produzem deteriorações nessas superfícies, decorrentes não apenas do aquecimento nelas produzido como, também, de erosão e alterações em sua estrutura química, que podem, inclusive, torná-las condutoras. O efeito resultante dessas descargas traduz-se por uma progressiva redução na espessura útil do isolante sólido, o qual, para a mesma tensão aplicada V_A, ficará submetido a campos elétricos gradativamente crescentes, culminando com sua ruptura sob tensões que, normalmente, seriam por ele perfeitamente suportáveis. Essa ruptura, dita "por erosão", pode ocorrer após períodos que podem variar de poucos dias a muitos anos. A duração desses períodos depende de vários fatores, entre os quais estão:

1) o valor das tensões aplicadas V_A;
2) o tipo da isolação e, particularmente....
3) a existência, em maior ou menor número, das cavidades ou vazios.

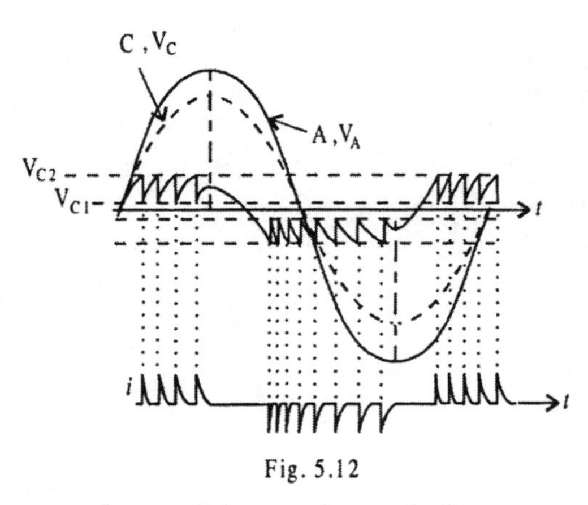

Fig. 5.12

A prevenção contra a ruptura por erosão é tanto mais difícil quanto mais difícil for a eliminação dos vazios, particularmente nos casos de isolação "a seco", o que ocorre nas máquinas rotativas e em transformadores resfriados a ar. Nestes casos, os enrolamentos são envolvidos com materiais isolantes sólidos (telas, vernizes, resinas époxi e similares) e a execução da isolação deve ser feita com cuidados especiais, necessariamente em ambiente seco e a vácuo (autoclaves), a fim de reduzir, tanto quanto possível, os vazios e a presença de materiais estranhos no isolante.

Nenhum dos ensaios anteriormente citados permite avaliar as intensidades das "descargas parciais' e, portanto, fazer um juízo a respeito de seus efeitos sobre a vida útil de um isolante. Para essa finalidade, existem métodos especiais de medida, diferindo, uns dos outros, pela natureza das variáveis detectadas que podem ser as descargas elétricas, propriamente ditas, as perdas dielétricas, ruídos e outras variáveis de diferentes naturezas. O efeito mais facilmente observável é o ruído (chiado) produzido pelas descargas, que pode ser medido, particularmente em sua faixa ultra-sônica. Entretanto, os métodos mais em voga são os baseados nas medidas das descargas propriamente ditas, através dos pulsos de corrente a elas associados. Esses pulsos são detectados por instrumental especialmente construído e traduzidos quantitativamente em termos de descargas elétricas (pico-coulombs), ou de quedas de tensão (microvolts) produzidas em resistências padronizadas.

Além de medidas dessas descargas, outro problema importante é o de suas localizações. Para essa finalidade, são adotados métodos especiais que utilizam detectores de ultra-som e de ruídos sonoros, raios X, e outros recursos.

Temperatura e Vida Útil dos Isolantes.

As propriedades dos isolantes são sensivelmente prejudicadas pelas temperaturas a que são submetidos, principalmente quando superados os máximos valores estabelecidos para cada classe de isolação. É importante salientar que a deterioração física de um isolante, sob a influência do aquecimento e do tempo de sua permanência, aumenta muito rapidamente com aumentos da temperatura. Essa deterioração, que reduz o valor de sua rigidez dielétrica, equivale a um "envelhecimento" traduzido por reduções em sua vida útil. Para se ter uma idéia sobre essa matéria, a experiência demonstrou que uma isolação de classe A, tal como empregada em transformadores imersos em óleo, tem sua vida útil reduzida à metade para cada 7 a 10^0C de aumento dentro da faixa das temperaturas observadas durante a operação usual de um transformador.

EXERCÍCIOS

Exercício 5.1- Enquanto mantido a 25^0C, um transformador monofásico, de 300 kVA, 11.000/2.300 V, 60 Hz, foi submetido a ensaios "Em Vazio" e de 'Curto-Circuito", bem como a "Medidas de Resistências", tendo apresentado os seguintes resultados:

1) no ensaio em vazio, alimentado pelo lado da baixa tensão: $V_0 = 2.300$ V, $I_0 = 3{,}57$ A e $P_0 = 2.140$ W;
2) no ensaio de curto-circuito, alimentado pela alta tensão: $V_{cc} = 231{,}5$ V, $I_{cc} = 27{,}73$ A e $P_{cc} = 1.934$ W;
3) nas medidas de resistência, em corrente contínua: $R_1 = 1{,}280\ \Omega$, $R_2 = 0{,}0467\ \Omega$.

Calcular os parâmetros de seu circuito equivalente referido ao primário (alta tensão), corrigidos para a temperatura padrão de 75^0 C.

A seqüência de cálculos pode ser a seguinte:

a) sendo a relação de transformação $a = 11.000/2.300 = 4{,}783$, então $a^2 = 22{,}87$ e a resistência ôhmica equivalente, referida à alta tensão, e a 25^0C, será $R'_{\Omega 25} = R_1 + a^2R_2 = = 1{,}280 + 1{,}068 = 2{,}348\ \Omega$. A 75^0C, ela assume o valor

$$R'_{\Omega 75} = R'_{\Omega 25}\frac{234{,}5 + 75}{234{,}5+25} = 2{,}348\times 1{,}193 = 2{,}801\ \Omega.$$

b) para se determinar R_p e X_m , referidas à baixa tensão, pode-se recorrer à potência absorvida em vazio $P_0 = V_0\, I_0 \cos\varphi_0$, donde decorrem

$$\cos\varphi_0 = \frac{P_0}{V_0 I_0} = \frac{2.140}{2.300\times 3{,}57} = 0{,}2606, \quad \varphi_0 = 74{,}89^0 \ \text{ e } \ \operatorname{sen}\varphi_0 = 0{,}9654$$

As componentes ativa e reativa de I_0 serão, então, e respectivamente,

$$I_p = I_0 \cos\varphi_0 = 3{,}57\times 0{,}2606 = 0{,}9304 \text{ A e } I_m = I_0 \operatorname{sen}\varphi_0 = 3{,}75\times 0{,}9654 = 3{,}447 \text{ A}.$$

Portanto,

$$R_p = \frac{V_0}{I_p} = \frac{2.300}{0{,}9304} = 2{,}472\,\Omega \quad \text{e} \quad X_m = \frac{V_0}{I_m} = \frac{2.300}{3{,}4466} = 667{,}3\,\Omega$$

Referindo-se esses mesmos parâmetros ao lado da alta tensão, eles passam a valer

$$R_p = a^2\times 2.472 = 56.542\ \Omega \ \text{ e } X_m = a^2\times 667{,}3 = 15.264\ \Omega;$$

c) a impedância equivalente, referida à alta tensão, e a 25^0C , vale

$$Z'_{25} = \frac{V_{cc}}{I_{cc}} = \frac{231{,}5}{27{,}73} = 8{,}349\ \Omega;$$

d) para se obter a resistência efetiva equivalente a 25^0C, pode-se valer da potência $P_{cc}=V_{cc}I_{cc}\cos\varphi_{cc}$ absorvida no ensaio de curto-circuito, donde resultam

$$\cos = \frac{P_{cc}}{V_{cc}I_{cc}} = \frac{1.934}{231{,}5\times 27{,}73} = 0{,}3014, \qquad \operatorname{sen}\varphi_{cc} = 0{,}9535 \ \text{ e}$$

$$R'_{25} = Z'_{25}\cos\varphi_{cc} = 8{,}349\times 0{,}3014 = 2{,}516\ \Omega.$$

Esta resistência R'_{25} deve ser corrigida para 75^0C, devendo-se lembrar que ela encerra duas componentes: a já citada resistência ôhmica $R'_{\Omega 25}$ e $R'_{\sigma 25}$, esta última associável às perdas suplementares. Ambas devem ser corrigidas para os 75^0C padronizados, sendo que $R'_{\Omega 75}$ já foi determinada. Resta determinar $R'_{\sigma 75}$, cujo valor (v. expressão 5.1) é dado por

$$R'_{\sigma 75} = (R'_{25} - R'_{\Omega 25})\frac{234{,}5+25}{234{,}5+75} = (2{,}516-2{,}3482)\times 0{,}8384 = 0{,}1407\ \Omega.$$

Logo, a resistência efetiva equivalente do transformador a 75^0C e referida à alta-tensão deve valer

$$R'_{75} = R'_{\Omega 75} + R'_{\sigma 75} = 2{,}801 + 0{,}1407 = 2{,}942\ \Omega;$$

e) a reatância equivalente pode ser obtida em função da impedância equivalente determinada à temperatura do ensaio, no caso, 25^0C. Seu valor será

$$X' = Z'_{25}\ \text{sen}\varphi_{cc} = 8{,}349 \times 0{,}9535 = 7{,}961\ \Omega;$$

f) a impedância equivalente, com sua componente resistiva corrigida para 75^0C será, portanto,

$$\mathbf{Z}' = 2{,}942 + j7{,}961 = 8{,}487\ e^{j69{,}72};$$

g) resumo dos parâmetros do circuito equivalente do transformador, referidos ao lado da alta tensão e corrigidos para 75^0 C:

$$R_p = 56.542\ \Omega, \qquad R' = (R_1 + a^2R_2) = 2{,}942\ \Omega$$
$$X_m = 15.264\ \Omega, \qquad X' = (X_1 + a^2X_2) = 7{,}961\ \Omega.$$

Exercício 5.2- Num ensaio de separação de perdas, ao ser alimentado por fonte de 220 V, 60 Hz, as perdas no ferro de um certo transformador foram de 60 W. Alimentado com 110 V, 30 Hz, essas perdas passam a valer de 24,4 W.

Determinar os valores de suas perdas histeréticas e Foucault, quando operando sob 220 V e 60 Hz , bem como sob 110 V e 30 Hz.

A solução deste problema está no sistema de quatro equações que se encontra na seção 5.5. Aplicando ao caso presente, resultam:

a) sob 110 V e 30 Hz : $\mathscr{P}_0 = 24{,}4\ W = (\not{p}_f + \not{p}_h)W$;
b) sob 220 V e 60 Hz :$P_0 = 60\ W = (p_f + p_h)\ W$;
c) $\dfrac{\not{p}_f}{p_f} = \left[\dfrac{30}{60}\right]^2 = 0{,}25$;
d) $\dfrac{\not{p}_h}{p_h} = \dfrac{30}{60} = 0{,}5$.

Resolvendo este sistema, obtém-se:

1) sob 220 V e 60 Hz : $p_f = 24$ W e $p_h = 36$ W;
2) sob 110 V e 30 Hz : $\not{p}_f = 6$ W e $\not{p}_h = 18{,}4$ W.

Exercício 5.3- Ao ser submetido a ensaios, um transformador de 25 kVA, 2.300/115 V, 60 Hz, apresentou os seguintes resultados:

a) ensaio em vazio, alimentação pelo lado da baixa tensão : $V_0 = 115$ V , $I_0 = 4,130$ A e $P_0 = 133$ W;
b) ensaio de curto-circuito, alimentação pelo lado da alta tensão: $V_{cc}=77,05$ V, $I_{cc}= 10,87$A, $P_{cc} = 490$ W.

Determinar os parâmetros referidos ao lado da alta tensão do circuito equivalente desse transformador (circuito do tipo indicado na Fig. 2.9).

A seqüência de cálculo pode ser a seguinte:

a) relação de transformação $a = 2.300/115 = 20$; $a^2 = 400$;
b) parâmetros do ramo ramo magnetizante, referidos à baixa tensão:
de $P_0=V_0I_0\cos\varphi_0$ resultam $\cos\varphi_0 = \frac{133}{115\times4,130} = 0,280$ e $\operatorname{sen}\varphi_0 = 0,960$, permitindo obter
$I_p= I_0\cos\varphi_0 = 4,130\times0,280 = 1,157$A e $I_m= I_0\operatorname{sen}\varphi_0 = 4,130\times0,960 =3,965$ A,
$R_p = \frac{V_0}{I_p} = \frac{115}{1,157} = 99,44\,\Omega$ e $X_m = \frac{V_0}{I_m} = \frac{115}{3,965} = 29,00\,\Omega$;
c) parâmetros do ramo magnetizante, referidos à alta tensão:
Se referidos à alta tensão, esses parâmetros passam a valer
$R_p = a^2 \times 99,44 = 39.776\,\Omega$ e $X_m = a^2 \times 29,00 = 11.600\,\Omega$;
d) impedância equivalente referida à alta tensão:
O valor dessa impedância é dado pelo quociente $Z' = \frac{V_{cc}}{I_{cc}} = \frac{77,05}{10,87} = 7,088\,\Omega$
De $P_{cc} = V_{cc}\, I_{cc} \cos\varphi_{cc}$ deduz-se $\cos\varphi_{cc} = \frac{490}{77,05\times10,87} = 0,585$ e $\operatorname{sen}\varphi_{cc} = 0,811$

que, junto com o valor calculado para Z', permitem obter suas componenrtes

$R' = (R_1+a^2R_2) = Z'\cos\varphi_{cc} = 7,088\times0,585 = 4,147\,\Omega$ e

$X' = (X_1+a^2X_2) = Z'\operatorname{sen}\varphi_{cc} = 7,088\times0,811 = 5,749\,\Omega$.

Observação- Os transformadores objeto dos exercícios 5.1 e 5.3 são os mesmos que foram considerados nos exercícios 2.4 a 2.12.

Exercício 5.4- Um transformador monofásico possui três enrolamentos, cada um com potência aparente de 75 kVA, a serem designados por (I), (II) e (III). Suas tensões nominais são, respectivamente, $V_1 = 2.400$ V, $V_2 = 600$ V e $V_3 = 240$ V.

Ao ser submetido a ensaios de curto-circuito e obedecida a notação proposta para esse tipo de ensaio em transformadores com três enrolamentos (seção 5.5) , foram obtidos os seguintes resultados:

a) alimentação pelo enrolamento (I), com enrolamento (III) em aberto:
$V_{12} = 120$ V ; $I_{12} = 31,3$ A ; $P_{12} = 750$ W;
b) alimentação pelo enrolamento (I), com enrolamento (II) em aberto:
$V_{13} = 135$ V ; $I_{13} = 31,3$ A ; $P_{13} = 810$ W;
c) alimentação pelo enrolamento (II) com enrolamento (I) em aberto:
$V_{23} = 30$ V ; $I_{23} = 125$ A ; $P_{23} = 815$ W.

De posse desses dados, calcular os parâmetros de um circuito equivalente como o da Figura 5.3 (enrolamento I como referência, ignoradas as reatâncias de magnetização).

Recorrendo-se às expressões de números 5.3 a 5.5 obtêm-se:

$$Z'_{12} = \frac{120}{31,3} = 3,834\ \Omega\ ;\ R'_{12} = \frac{750}{(31,3)^2} = 0,766\ \Omega \text{ e}$$

$$X'_{12} = \sqrt{(3,834)^2 - (0,766)^2} = 3,757\ \Omega.$$

$$Z'_{13} = \frac{135}{31,3} = 4,313\ \Omega\ ;\ R'_{13} = \frac{810}{(31,3)^2} = 0,827\ \Omega \text{ e}$$

$$X'_{13} = \sqrt{(4,313)^2 - (0,827)^2} = 4,233\ \Omega.$$

$$Z'_{23} = \frac{30}{125} = 0,240\ \Omega\ ;\ R'_{23} = \frac{815}{(125)^2} = 0,0522\ \Omega \text{ e}$$

$$X'_{23} = \sqrt{(0,240)^2 - (0,0522)^2} = 0,234\ \Omega.$$

Resta converter estes valores de R'_{23} e X'_{23}, que estão referidos ao enrolamento (II), para o enrolamento (I). Sabendo-se que a relação de transformação $a_{12} = \mathcal{V}_1/\mathcal{V}_2$ = 2.400/600 = 4,00 e $a_{12}^2 = 16$, então:

$$R'_{123} = 16 \times 0,0522 = 0,835\Omega \text{ e } X'_{123} = 16 \times 0,234 = 3,744\Omega\ .$$

Finalmente, introduzindo os valores assim calculados para as resistências e reatâncias equivalentes nas equações dos sistemas 5.8 e 5.9, chega-se à solução do problema:

$$R_1 = 0,5\ [0,766 + 0,827 - 0,835] = 0,379\ \Omega$$
$$R'_2 = 0,5\ [0,766 + 0,835 - 0,827] = 0,387\ \Omega$$
$$R'_3 = 0,5\ [0,827 + 0,835 - 0,766] = 0,448\ \Omega$$

$$X_1 = 0,5\ [3,757 + 4,233 - 3,744] = 2,123\ \Omega$$
$$X'_2 = 0,5\ [3,757 + 3,744 - 4,233] = 1,634\ \Omega$$
$$X'_3 = 0,5\ [4,233 + 3,744 - 3,757] = 2,110\ \Omega$$

Exercício 5.5- O transformador do exercício 5.4 fornece energia com as cargas adiante especificadas:

a) pelo enrolamento (II) : 50 ampères sob fator de potência 0,8 indutivo;
b) pelo enrolamento (III) :100 ampères a receptor resistivo.

Calcular

1) a tensão a ser aplicada ao enrolamento (I), a fim de manter 600 V nos terminais do enrolamento (II);
2) a tensão resultante nos terminais do enrolamento (III);
3) a potência P_1 absorvida pelo enrolamento (primário) (I) e as potências P_2 e P_3 cedidas às cargas pelos enrolamentos (II) e (III);
4) as perdas no cobre do conjunto.

A seqüência dos cálculos pode ser a seguinte:

1) correntes impostas aos enrolamentos (II) e (III):
$\mathbf{I}_2 = 50\ e^{-j36,87}$ que, referida ao enrolamento (I) será
$$\mathbf{I}'_2 = 12,5\ e^{-j36,87} = (10,00 - j7,50)\ A$$
$\mathbf{I}_3 = 100\ e^{j0}$ que, referida ao enrolamento (I), será
$$\mathbf{I}'_3 = 10\ e^{j0} = (10 + j0)\ A;$$
2) corrente no enrolamento (I) : $\mathbf{I}_1 = \mathbf{I}'_2 + \mathbf{I}'_3 = 20 - j\ 7,50 = 21,36\ e^{-j20,56}\ A;$
3) impedâncias dos enrolamentos (I), (II) e (III), referidas ao enrolamento (I):
$$\mathbf{Z}_1 = 0,379 + j\ 2,123 = 2,157\ e^{j79,88}\ \Omega$$
$$\mathbf{Z}'_2 = 0,387 + j\ 1,634 = 1,679\ e^{j76,68}\ \Omega$$
$$\mathbf{Z}'_3 = 0,448 + j\ 2,110 = 2,157\ e^{j78,01}\ \Omega;$$
4) queda no enrolamento (I) : $\mathbf{Z}_1\mathbf{I}_1 = 2,157\ e^{j79,88} \times 21,36\ e^{-j20,55} = 46,074\ e^{j59,33}$
$= (23,502 + j\ 39,629)\ V$

queda no enrolamento (II):
$$\mathbf{Z}'_2\mathbf{I}'_2 = 1,679\ e^{j76,68} \times 12,5 e^{-j36,87} = 20,988 e^{j39,80} =$$
$$= (16,124 + j13,436\ )\ V$$
queda no enrolamento (III):
$$\mathbf{Z}'_3\mathbf{I}'_3 = 2,157 e^{j78,01} \times 10 = 21,57 e^{j78,01} = (4,480 + j21,100) V;$$

5) tensão $\mathbf{V}_1$ a ser aplicada ao enrolamento (I) para obter $\mathbf{V}_2 = (600+j0)$ V nos terminais do enrolamento (II).
Referindo-se esta tensão ao enrolamento (I), resulta $\mathbf{V}'_2 = a_{12}\,\mathbf{V}_2 = 4\mathbf{V}_2 =$ $(2.400 + j0)$V. Então,

$$\mathbf{V}_1 = \mathbf{Z}_1\mathbf{I}_1 + \mathbf{Z}'_2\mathbf{I}'_2 + \mathbf{V}'_2 = (23{,}502 + j39{,}629) + (16{,}124 + j13{,}436) + (2.400 + j0) = 2.439 + j53{,}065, \text{ donde}$$

$$\mathbf{V}_1 = 2.440\, e^{j1{,}246}\ \text{V (2.440 volts eficazes);}$$

6) tensão resultante nos terminais do enrolamento (III): $\mathbf{V}'_3 = \mathbf{V}_1 - \mathbf{Z}_1\mathbf{I}_1 - \mathbf{Z}'_3\mathbf{I}'_3 =$

$$= (2.439 + j53{,}065) - (23{,}502 + j39{,}629 - (4{,}480 + j21{,}100) = 2.411{,}6 - j7{,}664 =$$
$$= 2.411\, e^{-j0{,}182}\ \text{V}$$ referidos ao enrolamento (I).

Portanto, a tensão eficaz a ser observada nos terminais do enrolamento (III) será:

$$V_3 = V'_3/a_{13} = 2.411/10 = 241{,}1\ \text{V};$$

7) a potência absorvida pelo primário pode ser obtida do produto $P_1 = \mathcal{R}(\mathbf{V}_1\,\mathbf{I}_1^*) =$

$$= \mathcal{R}(2.440\, e^{j1{,}246} \times 21{,}36\, e^{+j20{,}56}) = \mathcal{R}(52.118\, e^{j21{,}81}) = \mathcal{R}(48.389 + j19.360) = 48.389\ \text{W}.$$

A potência cedida pelo enrolamento (II) será $P_2 = \mathcal{R}(\mathbf{V}'_2\,\mathbf{I}'^*_2) =$

$$= \mathcal{R}(2.400\, e^{j0} \times 12{,}5\, e^{+j36{,}87}) = \mathcal{R}(30.000\, e^{j36{,}87}) = \mathcal{R}(24.000 + j18.000) = 24.000\ \text{W}.$$

A potência cedida pelo enrolamento (III) será $P_3 = \mathcal{R}(\mathbf{V}'_3\,\mathbf{I}'^*_3) =$

$$= \mathcal{R}(2.411\, e^{-j0{,}182} \times 10\, e^{j0}) = \mathcal{R}(24.110\, e^{-j0{,}182}) = \mathcal{R}(24.110 - j\,76{,}6) = 24.110\ \text{W};$$

8) as perdas no cobre do transformador são dadas por $\Sigma p_c = R_1\,I_1^2 + R'_2\,I'^2_2 +$

$$+ R'_3\,I'^2_3 = 0{,}379 \times 21{,}36^2 + 0{,}387 \times 12{,}5^2 + 0{,}448 \times 10^2 = 278\ \text{W}.$$

Observação: A soma $P_2 + P_3 + \Sigma p_c$ deve ser igual a P_1.

Exercício 5.6 - Repetir o Problema 5.4, recorrendo a variáveis e parâmetros expressos em valores por unidade em circuito equivalente como o da Figura 5.3.

Para a solução deste problema convém que, inicialmente, sejam definidos os valores-base para variáveis e parâmetros dos enrolamentos I e II adotados como primários nos ensaios de curto-circuito. Esses valores-base são:

a) para o enrolamento (I): $\mathcal{S} = 75.000$V VA, $\mathcal{V}_1 = 2.400$ V, $\mathcal{I}_1 = 75.000/2.400 = 31{,}25$ A e $\mathcal{Z}_1 = 2.400/31{,}25 = 76{,}80\ \Omega$;

b) para o enrolamento (II): $\mathcal{S} = 75.000$ VA, $\mathcal{V}_2 = 600$ V , $\mathcal{I}_2 = 75.000/600 =$ 125,0 A e $\mathcal{Z}_2 = 600/125 = 4{,}800\ \Omega$;

c) para o enrolamento (III): $\mathcal{S} = 75.000$ VA, $\mathcal{V}_3 = 240$ V , $\mathcal{I}_3 = 75.000/240 =$ 312,5 A e $\mathcal{Z}_3 = 240/312{,}5 = 0{,}768\Omega$.

Para se obter os parâmetros em valores por unidade, pode-se recorrer aos seus valores expressos em ohms, já calculados no problema 5.4, efetuando os quocientes:

a) das impedâncias equivalentes $\mathbf{Z}'_{12}$ e $\mathbf{Z}'_{13}$, e respectivas componentes resistivas e reativas, pela impedância-base $\mathcal{Z}_1 = 76{,}80\ \Omega$ do enrolamento I (primário dos pares de enrolamentos I-II e I-III);

b) da impedância equivalente $\mathbf{Z}'_{23}$, e de suas componentes resistiva e reativa, pela impedância-base $\mathcal{Z}_2 = 4{,}800\ \Omega$ do enrolamento II (primário do par II-III no ensaio de curto-circuito).

Efetuados esses quocientes, obtêm-se:

$$Z'_{12} = \frac{3{,}834}{76{,}80} = 0{,}0499 \text{ pu}, \quad R'_{12} = \frac{0{,}766}{76{,}80} = 0{,}00997 \text{ pu}, \quad X'_{12} = \frac{3{,}757}{76{,}80} = 0{,}04892 \text{ pu.}$$

$$Z'_{13} = \frac{4{,}313}{76{,}80} = 0{,}05616 \text{ pu}, \quad R'_{13} = \frac{0{,}827}{76{,}80} = 0{,}01077 \text{ pu},$$

$$X'_{13} = \frac{4{,}233}{76{,}80} = 0{,}05512 \text{ pu.}$$

$$Z'_{23} = \frac{0{,}240}{4{,}80} = 0{,}0500 \text{ pu}, \quad R'_{23} = \frac{0{,}0522}{4{,}80} = 0{,}01087 \text{ pu},$$

$$X'_{23} = \frac{0{,}234}{4{,}80} = 0{,}04875 \text{ pu.}$$

Aplicando-se esses valores em equações como as dos sistemas 5.8 e 5.9 e notando-se que, no caso de valores por unidade, não há que se referir parâmetros dos enrolamentos II e III ao enrolamento I , obtêm-se os valores por unidade dos parâmetros de um circuito como o da Figura 5.3.

$$R_1 = 0{,}5[0{,}00997 + 0{,}01077 - 0{,}01087] = 0{,}0493 \text{ pu}$$
$$R'_2 = 0{,}5[0{,}00997 + 0{,}01087 - 0{,}01077] = 0{,}00504 \text{ pu}$$
$$R'_3 = 0{,}5[0{,}01077 + 0{,}01087 - 0{,}00997] = 0{,}00584 \text{ pu}$$

$$X_1 = 0{,}5[0{,}04892 + 0{,}05512 - 0{,}04875] = 0{,}02765 \text{ pu}$$
$$X'_2 = 0{,}5[0{,}04892 + 0{,}04875 - 0{,}05512] = 0{,}02128 \text{ pu}$$
$$X'_3 = 0{,}5[0{,}05512 + 0{,}04875 - 0{,}04892] = 0{,}02748 \text{ pu.}$$

Exercício 5.7- Resolver o problema 5.5, recorrendo a variáveis e parâmetros expressos em valores por unidade.

Observação: tal como definido, o valor por unidade $\boldsymbol{Z}'_q$ de uma impedância $\mathbf{Z}'_q$ (referida a outro enrolamento de transformador) coincide com o valor por unidade $\boldsymbol{Z}_q$ da mesma impedância quando referida ao próprio enrolamento q, conforme demonstrado no Apêndice I.

Demonstração semelhante mostrará que o mesmo acontece com as variáveis do transformador, o que permite simplificar a notação a ser adotada na solução deste problema (substituir, em seu equacionamento e na Figura 5.3, R'_q por R_q, X'_q por X_q, $\boldsymbol{I}'_q$ por $\boldsymbol{I}_q$, $\boldsymbol{V}'_q$ por $\boldsymbol{V}_q$, ...)

Isto posto, pode-se proceder como segue:

1) correntes em cada um dos enrolamentos:

$$\boldsymbol{I}_2 = \frac{\mathbf{I}_2}{\mathscr{I}_2} = \frac{50}{125}\, e^{-j36,87} = 0,400\, e^{-j36,87} = (0,3200 - j0,2400)\text{ pu}$$

$$\boldsymbol{I}_3 = \frac{\mathbf{I}_3}{\mathscr{I}_3} = \frac{100}{312,5} = e^{j0} = 0,3200\, e^{j0} = (0,3200 + j0)\text{ pu}$$

$$\boldsymbol{I}_1 = \boldsymbol{I}_2 + \boldsymbol{I}_3 = 0,6400 - j0,2400 = 0,6835\, e^{-j20,56}\text{ pu;}$$

2) impedâncias de cada um dos enrolamentos:

$$\boldsymbol{Z}_1 = R_1 + jX_1 = 0,00493 + j0,02765 = 0,02809\, e^{j79,89}\text{ pu}$$
$$\boldsymbol{Z}_2 = R_2 + jX_2 = 0,00504 + j0,02128 = 0,02187\, e^{j76,68}\text{ pu}$$
$$\boldsymbol{Z}_3 = R_3 + jX_3 = 0,00584 + j0,02748 = 0,02809\, e^{j78,00}\text{ pu;}$$

3) quedas de tensão em cada um dos ramos de circuito como o da figura 5.3:

$$\boldsymbol{Z}_1\boldsymbol{I}_1 = 0,02809\, e^{j79,89} \times 0,06835\, e^{-j20,56} = 0,01920\, e^{j59,33} = (0,00979 + j0,01651)\text{ pu}$$
$$\boldsymbol{Z}_2\boldsymbol{I}_2 = 0,02187\, e^{j76,68} \times 0,400\, e^{-j36,87} = 0,008748\, e^{j39,81} = (0,00672 + j0,00560)\text{ pu}$$
$$\boldsymbol{Z}_3\boldsymbol{I}_3 = 0,02809\, e^{j78,00} \times 0,320\, e^{j0} = 0,00899\, e^{j78,00} = (0,00187 + j0,00879)\text{ pu;}$$

4) tensão a ser aplicada no enrolamento (I):

$$\boldsymbol{V}_1 = \boldsymbol{Z}_1\boldsymbol{I}_1 + \boldsymbol{Z}_2\boldsymbol{I}_2 + \boldsymbol{V}_2 = (0,00979 + j0,01651) + (0,00672 + j0,00560) + 1 =$$
$$= 1,01651 + j0,02211) = 1,01675\, e^{j1,246}\text{ pu;}$$

5) tensão resultante nos terminais do enrolamento (III) :

$$V_3 = V_1 - Z_1 I_1 - Z_3 I_3 = (1{,}01651 + j0{,}002211) - (0{,}00979 + j0{,}01651) - (0{,}00187 + j0{,}00879) = {,}00485 - j0{,}02309 = 1{,}00512\ e^{-j1{,}316}\ \text{pu;}$$

6) potências desenvolvidas nos enrolamentos:

$$p_1 = \mathcal{R}\ (V_1 I_1^*) = R\ (1{,}01677\ e^{j1{,}246} \times 0{,}6835\ e^{+j20{,}556}) = R\ (0{,}6950\ e^{j21{,}81}) = 0{,}6453\ \text{pu}$$

$$p_2 = \mathcal{R}\ (V_2 I_2^*) = R\ (1 \times 0{,}400\ e^{+j36{,}89}) = 0{,}3199\ \text{pu}$$

$$p_3 = \mathcal{R}\ (V_3 I_3^*) = R\ (1{,}00512\ e^{-j1{,}316} \times 0{,}320\ e^{j0}) = 0{,}3216\ e^{-j1{,}316} = 0{,}3215\ \text{pu;}$$

7) perdas no cobre dos enrolamentos:

$$\Sigma p_c = R_1 I_1^2 + R_2 I_2^2 + R_3 I_3^2 = 0{,}00493 \times 0{,}6835^2 + 0{,}00504 \times 0{,}400^2 + 0{,}00584 \times 0{,}320^2 = 0{,}00371\ \text{pu.}$$

Sugestão: converter os valores por unidade, obtidos neste problema para as tensões e potências, nos seus correspondentes em Volts e Watts, confrontando-os com os resultados obtidos no problema 5.5.

CAPÍTULO VI
AUTOTRANSFORMADORES.

6.1- Introdução.

A figura Figura 6.1a representa um transformador com N_1 espiras no enrolamento primário (alta tensão) e N_2 espiras no secundário (baixa tensão). Quando aplicada uma tensão V_1 em seu primário, com o secundário em circuito aberto e ignorada sua corrente em vazio, resulta $I_1=I_2=0$ e uma tensão $V_2=V_1/a$ nos terminais secundários, sendo $a = N_1/N_2$ a relação de transformação do transformador.

O mesmo resultado é obtido com uma construção como a indicada na Figura 6.1b, resultante da Figura 6.1a, cujo enrolamento secundário foi eliminado, tendo sido substituído por igual número $N_c= N_2$ espiras da seção BC do próprio enrolamento primário. Essa Figura 6.1b representa um Autotransformador que, a despeito de exigir menos cobre e menos ferro, pode transferir a mesma potência do transformador que lhe deu origem, fazendo-o com melhor rendimento e regulação. Porém, ele apresenta um inconveniente que o exclui de aplicações que, seja por conveniência, seja por necessidade, devem manter o secundário eletricamente isolado do primário.

O ramo AC do enrolamento do autotransformador, que encerra $N_s= N_1–N_c$ espiras e mantém a carga em série com a fonte, é denominado Enrolamento Série; o ramo BC, com $N_c=N_2$ espiras, é chamado Enrolamento Comum.

Assim como o transformador da Figura 6.1a pode ser utilizado como elevador de tensão quando a fonte é ligada aos terminais de seu enrolamento da baixa tensão,

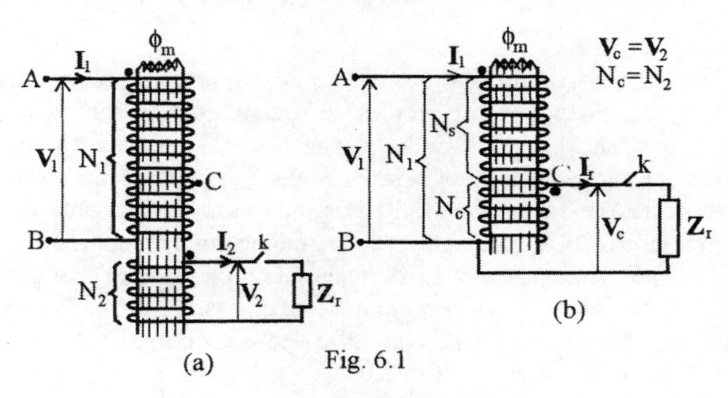

Fig. 6.1

também o autotransformador pode ser utilizado com essa finalidade, alimentando-o pelos seus terminais B e C, para suprir energia através dos terminais A e B.

6.2- Tensões, Correntes e Potências no Autotransformador.

Recorrendo ao que já foi exposto sobre os transformadores, e com base na representação esquemática da Figura 6.2, a análise do comportamento de um autotransformador pode ser resumida no seguinte. Preliminarmente, suponha-se o autotransformador em vazio (chave k aberta, resultando $\mathbf{I}_1 = \mathbf{I}_0$ e $\mathbf{I}_S = \mathbf{I}_c = \mathbf{I}_r = 0$). Nesta condição, a única corrente a ser considerada será a corrente em vazio $\mathbf{I}_0$ que, como já se sabe, é a resultante da soma das componentes magnetizante $\mathbf{I}_m$ e de perdas no ferro $\mathbf{I}_p$. Entretanto, na grande maioria dos casos, as quedas de tensão produzidas por $\mathbf{I}_0$ podem ser ignoradas, sendo válido assumir que é a tensão aplicada $\mathbf{V}_1$ que dita o valor máximo ϕ_{max} do fluxo mútuo no autotransformador, tal que

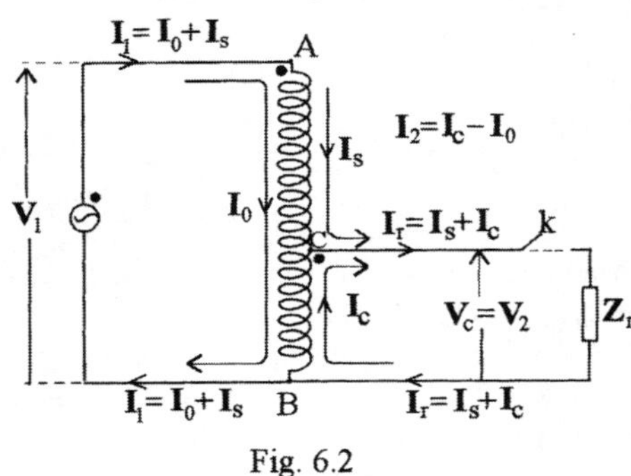

Fig. 6.2

$$\mathbf{V}_1 = -\mathbf{E}_1 = j\frac{\omega}{\sqrt{2}} N_1 \phi_{max} \quad \text{......} \quad 6.1$$

O mesmo fluxo mútuo ϕ_{max} manterá, no enrolamento comum, uma tensão

$$-\mathbf{E}_c = j\frac{\omega}{\sqrt{2}} N_c \, \phi_{max} \quad \text{......} \quad 6.2$$

ficando definida a relação de transformação do autotransformador, que é a mesma do transformador que lhe deu origem (Fig. 6.1a), isto é

$$a = \frac{E_1}{E_c} = \frac{N_1}{N_c} = \frac{N_1}{N_2}$$

Fechada a chave k, e deixando para ocasião mais oportuna a consideração das quedas de tensão produzidas pelas correntes de carga que passam a circular no autotransformador, a tensão $\mathbf{V}_c = \mathbf{V}_2$ induzida nas $N_c = N_2$ espiras do enrolamento comum BC imporá, à carga de impedância $\mathbf{Z}_r$, uma componente de corrente $\mathbf{I}_c$. A exemplo do que ocorre em transformadores comuns, essa componente de corrente gera força magnetomotriz $N_2\mathbf{I}_c$ francamente desmagnetizante sobre o núcleo do autotransformador, cujo enrolamento série responde como outra componente de corrente $\mathbf{I}_s$ tal que $N_s\,\mathbf{I}_s = N_2\,\mathbf{I}_c$. Essa componente $\mathbf{I}_s$, que, ao circular no enrolamento série, mantém-se em franca oposição de fase com a corrente $\mathbf{I}_c$ presente no enrolamento comum, passa a ser com ela francamente concordante no circuito da carga onde, então, resulta para o receptor de impedância $\mathbf{Z}_r$ a corrente $\mathbf{I}_r = \mathbf{I}_s + \mathbf{I}_c$, definida por

$$\mathbf{I}_r = \frac{\mathbf{V}_2}{\mathbf{Z}_r} \qquad 6.4$$

Portanto, as correntes a serem consideradas no tratamento do autotransformador são as seguintes: $\mathbf{I}_1$, $\mathbf{I}_0$, $\mathbf{I}_s$, $\mathbf{I}_c$, $\mathbf{I}_2$ e $\mathbf{I}_r$, sendo $\mathbf{I}_2$ a corrente resultante no enrolamento comum. Entre essas correntes subsistem as seguintes relações:

$$\mathbf{I}_1 = \mathbf{I}_0 + \mathbf{I}_s$$
$$\mathbf{I}_2 = \mathbf{I}_c - \mathbf{I}_0$$
$$\mathbf{I}_r = \mathbf{I}_s + \mathbf{I}_c$$
$$N_2\,\mathbf{I}_c = N_s\,\mathbf{I}_s$$

donde

$$\frac{\mathbf{I}_c}{\mathbf{I}_s} = \frac{N_s}{N_2} = \frac{N_1 - N_2}{N_2} = a - 1 = \alpha.$$

Note-se que a relação de transformação $a = N_1/N_2 = N_1/N_c$ é comum ao autotransformador e ao transformador das Figuras 6.1. Todavia, ignoradas as correntes $\mathbf{I}_0$, as relações entre correntes, num e no outro, são diferentes; no transformador (v. Fig. 2.3) verifica-se $\mathbf{I}_2/\mathbf{I}_1 \approx \mathbf{I}_2/\mathbf{I}_c = N_1/N_2 = a$, enquanto no autotransformador ocorre $\mathbf{I}_2/\mathbf{I}_1 \approx \mathbf{I}_c/\mathbf{I}_s = N_s / N_2 = a-1 = \alpha$ (α seria a relação de transformação de um transformador comum, com $N_s = N_1 - N_2$ espiras no primário e N_2 no secundário).

Observação: devido às suas peculiaridades, a notação aqui adotada para os autotransformadores nem sempre coincide com a notação utilizada para os transformadores. A título de esclarecimentos, merecem destaques:

a) $\mathbf{I}_c$ que, em transformadores representa a componente de carga da corrente primária $\mathbf{I}_1$, enquanto nos autotransformadores é uma componente da corrente resultante $\mathbf{I}_2$ no enrolamento comum;
b) $\mathbf{I}_2$ que, em transformadores representa a corrente no enrolamento secundário e na carga, enquanto nos autotransformadores passa a ser a corrente resultante unicamente no enrolamento comum;
c) $\mathbf{I}_r$ que, em autotransformadores, representa a corrente secundária no circuito da carga.

Como decorrência do fato de se ter $\mathbf{I}_2 / \mathbf{I}_1 \approx a$ para transformadores, e $\mathbf{I}_2 / \mathbf{I}_1 \approx (a-1)$ para autotransformadores, deduz-se, por exemplo, que na transferência de energia de uma linha primária de 220 V para uma secundária de 110 V, caso em que $a = 2$, a corrente $\mathbf{I}_2$ no enrolamento secundário do transformador será praticamente o dobro da corrente $\mathbf{I}_1$ em seu primário. No caso de a mesma transferência ser realizada com o autotransformador, a corrente $\mathbf{I}_2 \approx \mathbf{I}_c$ em seu ramo secundário BC será simplesmente igual à mesma corrente primária $\mathbf{I}_1$. Em suma, quanto mais próxima de 1 for a relação de transformação a, menor será a corrente $\mathbf{I}_2$ no enrolamento comum do autotransformador. Portanto, a economia de cobre que se obtém com o emprego de um autotransformador, relativamente a um transformador de mesma potência, não se resume apenas na supressão do enrolamento secundário deste, mas, também na possibilidade de redução da seção do condutor de cobre do enrolamento comum BC do autotransformador, redução esta tanto mais acentuada quanto mais próxima de 1 for a relação de transformação a. No caso limite de a = 1 ocorreria $\mathbf{I}_2 \approx \mathbf{I}_c = 0$, o que se traduz por um simples acoplamento elétrico entre a linha primária e a secundária, dispensando-se o autotransformador.

Quanto às potências, e ainda ignorados os efeitos da corrente em vazio $\mathbf{I}_0$, pode-se escrever:

a) para a potência absorvida pelo primário, no caso a alta tensão: $P_1 = V_1 I_s \cos\varphi$, onde $\cos\varphi$ é o fator de potência da carga;
b) para a potência cedida à carga: $P_2 = V_2 I_r \cos\varphi = V_2 (I_s + I_c) \cos\varphi$, onde distinguem-se duas parcelas: $P_S = V_2 I_s \cos\varphi$ e $P_c = V_2 I_c \cos\varphi$. A primeira delas corresponde à potência transferida pelo acoplamento elétrico entre o enrolamento série e o circuito secundário; a segunda resulta do acoplamento magnético entre os enrolamentos série e comum, enrolamentos estes que se comportam à semelhança de um simples transformador, de relação de transformação $\alpha = (a - 1)$.

6.3- Um Diagrama Fasorial para o Autotransformador.

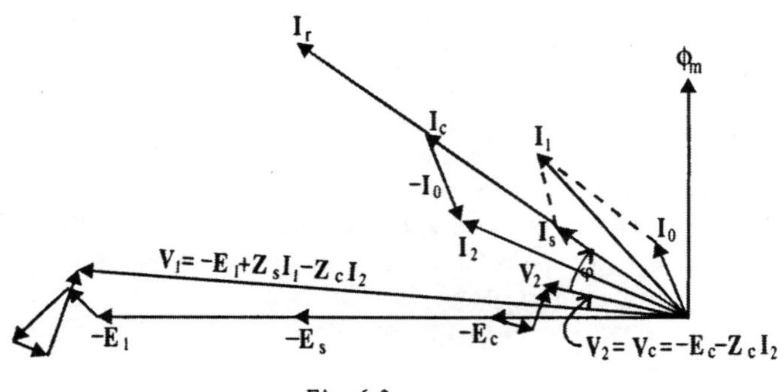

Fig. 6.3

Adotando-se $\mathbf{Z}_s = R_s + jX_s$ para designar a impedância do enrolamento série, e $\mathbf{Z}_c = R_c + jX_c$ para a impedância do enrolamento comum, a observação das Figuras 6.1b e 6.2 permite escrever:

$$\left.\begin{aligned} V_1 &= -(E_S + E_C) + Z_S(I_S + I_0) - Z_C(I_C - I_0) = -E_1 + Z_S I_1 - Z_C I_2 \\ V_2 &= -E_C - Z_C(I_C - I_0) = -E_C - Z_C I_2 \end{aligned}\right\} \quad \text{.................} \quad 6.5$$

Obedecidas convenções adequadas para os sentidos positivos dos fasores das tensões e das correntes, chega-se, então, à Figura 6.3, representativa de um diagrama fasorial para um autotransformador alimentando carga indutiva ($\mathbf{I}_c$ algo atrasada em relação à tensão secundária $\mathbf{V}_2$).

6.4- Parâmetros do Autotransformador

As resistências, reatâncias e impedâncias de um autotransformador podem ser determinadas em ensaios em vazio e de curto-circuito, tais como realizados nos transformadores (v. Capítulo 5).

O procedimento para a realização de um ensaio em vazio em autotransformador é idêntico ao adotado para os transformadores : mantendo seu secundário em circuito aberto, aplicar ao seu primário a tensão nominal $\mathcal{V}_1$ sob freqüência também nominal, medindo a corrente e a potência absorvidas, respectivamente I_0 e P_0. De posse destes dados, calculam-se sua resistência R_p de perdas no ferro e sua reatância X_m de magnetização.

A realização do ensaio de curto-circuito e o artifício adotado para justificar o método de cálculo utilizado para se chegar à sua impedância equivalente estão resumidos na seqüência das Figuras 6.4 (a,b,c). A primeira delas mostra o primário alimentado por uma tensão eficaz reduzida V_{cc}, na medida necessária para impor, preferivelmente em seus valores nominais, as correntes nos enrolamentos série e comum, este mantido em curto-circuito. Nesta situação, a tensão entre seus terminais B e C é nula, caso em que toda a força eletromotriz induzida nesse enrolamento comum é absorvida pela queda de tensão produzida em sua impedância $\mathbf{Z}_c$. Diante dos baixos valores de V_{cc} , a componente em vazio da corrente primária pode ser ignorada, podendo-se assumir $\mathbf{I}_1$=$\mathbf{I}_s$ e $\mathbf{I}_2$=$\mathbf{I}_c$, tais que $\mathbf{I}_s + \mathbf{I}_c = \mathbf{I}_r$ (Fig. 6.4a).

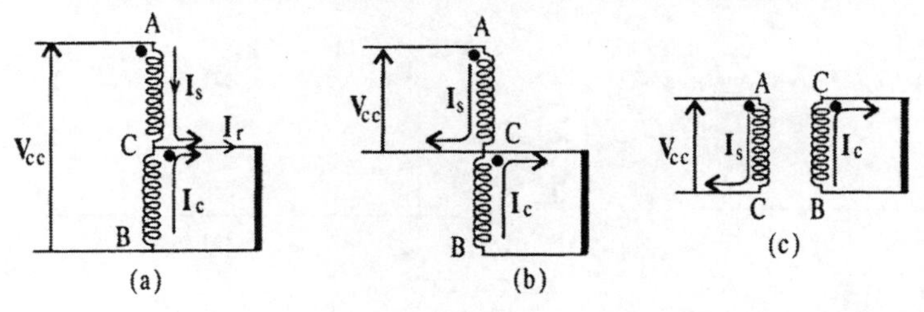

Fig. 6.4

Para todos os efeitos de ordem prática, as mesmas correntes $\mathbf{I}_s$ e $\mathbf{I}_c$ circularão nos respectivos enrolamentos quando a mesma tensão eficaz V_{cc} for aplicada com as ligações indicadas nas Figuras 6.4 (b,c), sendo que a última delas mostra a ligação para o ensaio de curto-circuito em um transformador comum, de relação de transformação $\alpha = N_s/N_2 = (N_1 - N_2)/N_1 = a-1$, cujo primário resume-se no enrolamento série do autotransformador. Portanto, realizando-se um ensaio de curto-circuito com as ligações indicadas em 6.4c, e na forma descrita no Capítulo 5, pode-se determinar a impedância equivalente $\mathbf{Z}' = \mathbf{Z}_s + \mathbf{Z}'_C = (R_s + jX_s) + (\alpha^2 R_C + j\alpha^2 X_C)$, referida ao enrolamento primário do transformador da Figura 6.4c, impedância essa que encerra os pa- râmetros das duas seções do enrolamento do autotransformador.

6.5- Um Circuito Equivalente para o Autotransformador.

Um circuito equivalente para o autotransformador em carga, alimentando um receptor de impedância $\mathbf{Z}_r$, pode ser obtido a partir do circuito equivalente do transformador de relação de transformação $\alpha = N_s/N_2$ (Fig. 6.4c), derivado do autotransfomador. Esse circuito, cujos parâmetros e variáveis estão referidos ao enrolamento série, está indicado na Figura 6.5 onde o ramo magnetizante foi ignorado. Para esse circuito, pode-se escrever:

$$\mathbf{V}_S = (R_S + jX_S)\mathbf{I}_S + (\alpha^2 R_C + j\alpha^2 X_C)\mathbf{I}_S + \alpha^2 \mathbf{Z}_r \mathbf{I}_S = \mathbf{Z}_s \mathbf{I}_s + \alpha^2 \mathbf{Z}_c \mathbf{I}_s + \alpha \mathbf{V}_2 \quad \text{.......... } 6.6$$

Adicionando-se $\mathbf{V}_2$ aos dois membros da equação 6.6, e considerando-se que $\mathbf{V}_s + \mathbf{V}_2 = \mathbf{V}_1$ e $\alpha\mathbf{V}_2 + \mathbf{V}_2 = (\alpha+1)\mathbf{V}_2 = a\mathbf{V}_2$, obtém-se

$$\mathbf{V}_1 = \mathbf{Z}_s \mathbf{I}_s + \alpha^2 \mathbf{Z}_c \mathbf{I}_s + a\mathbf{V}_2 \quad \text{.......... } 6.7$$

donde resulta o circuito da Figura 6.6. Trata-se de um circuito equivalente referido ao primário de um transformador de relação de transformação $a = N_1/N_2$, com parâmetros secundários alterados de $a^2\mathbf{Z}_c$ para $\alpha^2\mathbf{Z}_c$ e tal que, salvo a omissão da corrente $\mathbf{I}_0$, quando "visto" do primário comporta-se como o autotransformador da Figura 6.1b, derivado do transformador da Figura 6.1a e dotado da mesma potência, tensão e corrente nominais.

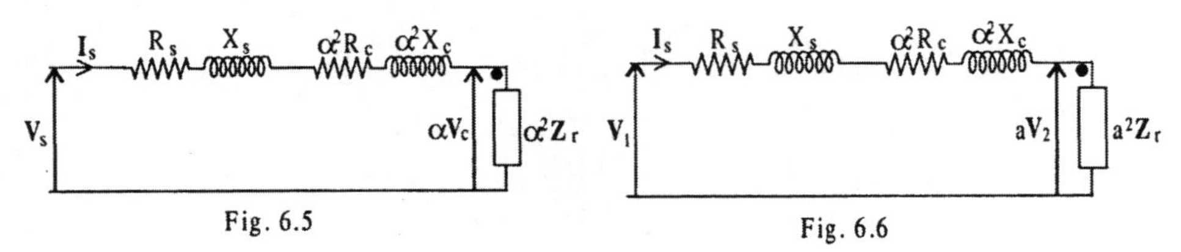

Fig. 6.5 Fig. 6.6

Em se desejando considerar os efeitos de $\mathbf{I}_0$, o ensaio em vazio permite obter seu valor, assim como R_p e X_m, a fim de que, compondo-a com $\mathbf{I}_s$, se possa obter $\mathbf{I}_1 = \mathbf{I}_0 + \mathbf{I}_s$ e chegar a um circuito como o da Figura 6.7.

O conhecimento de $\mathbf{I}_s$ permite obter $\mathbf{I}_c=\alpha\mathbf{I}_s$ para se chegar ao valor da corrente $\mathbf{I}_r=\mathbf{I}_s+\mathbf{I}_c$ que vai suprir a impedância de carga $\mathbf{Z}_r$ sob a tensão $\mathbf{V}_2$, tensão esta cujo valor fica definido pelo próprio circuito da Figura 6.7.

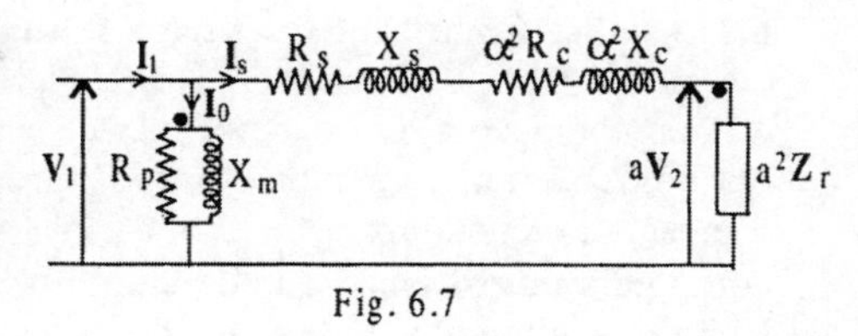

Fig. 6.7

6.6- Regulação.

Na seção 3.4 foram deduzidas expressões (eqs. 3.14 a 3.16) para o cálculo da regulação de transformador, a primeira delas para o caso de variáveis e parâmetros referidos ao seu secundário (circuito equivalente da Fig. 3.2), e as restantes para o caso de parâmetros e variáveis expressos em valores por unidade. Como ponto de partida adotou-se, então, a definição de regulação expressa pela equação 3.12. Obviamente, o mesmo resultado seria obtido recorrendo-se a um circuito equivalente referido ao primário (Fig. 2.9), partindo-se da expressão correspondente,

$$\mathcal{Reg}=\frac{V_1-a\mathcal{V}_2}{a\mathcal{V}_2} \qquad \text{6.8}$$

Conforme já demonstrado, a Figura 6.7 representa o circuito equivalente referido ao primário de autotranformador de relação de transformação $a = (\alpha+1) = N_1/N_2$. Sua regulação pode ser calculada por intermédio de equações como as de números 3.14 a 3.16, desde que adaptadas ao circuito referido ao primário. Para tanto, basta adotar $R'=R_s+\alpha^2R_c$ para a resistência equivalente, $X'=X_s+\alpha^2X_c$ para a reatância equivalente e substituir $\mathcal{V}_2$ e $\mathcal{I}_2$ por $\mathcal{V}_1$ e $\mathcal{I}_1$, respectivamente. Isto feito, aquelas equações assumem as formas seguintes:

$$\mathcal{Reg}=\frac{R'\mathcal{I}_1\cos\varphi+X'\mathcal{I}_1\operatorname{sen}\varphi}{\mathcal{V}_1}+\frac{1}{2}\left[\frac{R'\mathcal{I}_1\operatorname{sen}\varphi-X'\mathcal{I}_1\cos\varphi}{\mathcal{V}_1}\right]^2 \qquad \text{6.9}$$

$$\mathcal{Reg}=R'\cos\varphi+X'\operatorname{sen}\varphi+\frac{1}{2}\left(R'\operatorname{sen}\varphi-X'\cos\varphi\right)^2 \qquad \text{6.10}$$

$$\mathcal{Reg}=R'\cos\varphi+X'\operatorname{sen}\varphi \qquad \text{6.11}$$

Observação: em suas formas, as duas últimas destas equações mantêm-se idênticas às suas correspondentes 3.15 e 3.16, visto que R' e X' representam valores por unidade.

6.7- Análise Comparativa entre o Transformador e o Autotransformador.

A comparação a ser estabelecida será entre um transformador e o autotransformador obtido desse transformador, conforme proposto nas Figuras 6.1a e 6.1b, caso em que a mesma potência aparente $\mathcal{S} = \mathcal{V}_1 \mathcal{I}_1 = \mathcal{V}_2 \mathcal{I}_2$ poderá ser transferida, tanto por um como pelo outro, sendo que o autotransformador poderá fazê-lo com melhores regulação e rendimento, a despeito de necessitar de menos material (cobre e ferro) e, portanto, custar preço mais baixo.

Obviamente, para a realização dessa comparação, pressupõe-se que os dois deverão operar à plena carga com a mesma temperatura de regime, apresentando a mesma densidade de corrente em seus enrolamentos e a mesma indução máxima no ferro.

Volume de Cobre.

A economia de cobre obtida com o autotranformador fica evidenciada pela maneira como ele foi concebido, qual seja, pela eliminação das N_2 espiras do enrolamento secundário do transformador, a serem substituídas por $N_c = N_2$ espiras do seu próprio enrolamento primário. Uma avaliação do quanto representa essa economia vem apresentada a seguir.

Na seção 2.9 foi demonstrado que, mantendo-se a mesma densidade δ de corrente nos enrolamentos primário e secundário de um transformador, seus volumes individuais podem ser considerados aproximadamente iguais, o que permite considerar o volume total dos dois igual ao dobro do volume de cada um deles. Baseando-se nessa propriedade, e adotando-se o primário do transformador e o enrolamento série do autotransformador das Figuras 6.1 para definir seus volumes de cobre, pode-se escrever $V_t = 2N_1 \ell_m A_1$ e $V_{at} = 2N_s \ell_m A_s$, respectivamente para o transformador e para o autotransformador, onde ℓ_m representa o comprimento de suas espiras médias. Ademais, considerando-se que, para operar com a mesma potência (absorvendo a mesma corrente $\mathbf{I}_1$, tanto no enrolamento primário do transformador como no série do autotransformador), e mantida a mesma densidade de corrente δ em seus enrolamentos, as áreas A_1 e A_s devem ser iguais, conclui-se que

$$\frac{\mathcal{V}_{at}}{\mathcal{V}_t} = \frac{N_s}{N_1} = \frac{a-1}{a} \qquad \text{6.12}$$

A expressão 6.12 mostra que, para transferir energia com relação de transformação a = 2 (por exemplo, de 220 para 110 volts), o autotransformador pode fazê-lo com a metade do cobre exigido por um transformador e, quanto mais próxima da unidade for a relação de transformação a, menor será a quantidade de cobre requerida pelo autotransformador. No caso limite de a = 1, a transferência pode ser feita sem o autotransformador (interligação direta dos circuitos primário e secundário).

Volume de Ferro.

Obviamente, com a supressão do enrolamento secundário do transformador e a redução demonstrada nos volumes de cobre do autotransformador, as janelas do núcleo do autotransformador poderão ter áreas menores. e, conseqüentemente, menores poderão ser os comprimentos médios de seus núcleos e, portanto, menores serão seus volumes, o que implica em economia também de ferro.

Perdas no Cobre e Perdas no Ferro.

Mantida a mesma densidade de corrente δ no cobre e a mesma indução máxima B_{max} no ferro, a relação entre as correspondentes perdas no autotransformador e no transformador será a mesma que existe entre os respectivos volumes. Portanto, para as mesmas correntes (mesma potência), a relação entre as perdas no cobre do autotransformador e as correspondentes no transformador também será numericamente igual a $(a-1)/a$.

Embora em outras proporções, as perdas no ferro também serão menores no autotransformador.

Rendimento.

Diante do que ocorre com as perdas conclui-se que, para uma dada potência, o rendimento do autotransformador será melhor (maior) que o do transformador, e tanto melhor quanto mais próximo da unidade for a relação de transformação a .

Regulação.

A regulação do autotransformador também será tanto melhor que a do transformador, quanto mais próxima da unidade for a relação de transformação a. No caso limite de $a = 1$, a regulação do autotransformador seria zero (supressão do autotransformador, com simples acoplamento elétrico entre primário e secundário).

6.8-Restrições ao Emprego do Autotransformador.

Autotransformadores com relações de transformação relativamente elevadas não são empregados em linhas que envolvam altas tensões, principalmente em virtude da inexistência de isolação entre seus enrolamentos da alta e da baixa tensão, pois, além dos riscos decorrentes do acoplamento elétrico que eles mantêm entre os circuitos primário e secundário, as vantagens que lhes são próprias (economia de material e melhor desempenho) tendem a se tornar insignificantes diante de valores crescentes da relação de transformação.

6.9-Autotransformadores Trifásicos.

A exemplo do que ocorre com os transformadores comuns, a energia trifásica pode ser transferida com bancos trifásicos de autotransformadores monofásicos, bem como com unidades de autotransformadores trifásicos, em ambos os casos podendo fazê-lo com enrolamentos ligados em estrela ou em triângulo. Eles gozam das mesmas vantagens e estão sujeitos às mesmas restrições já enunciadas para os autotransformadores monofásicos.

Unidades de grandes potências são freqüentemente utilizadas para interligar sistemas de altas tensões, tais como de 460 kV para 345 kV; unidades menores, de pequenas e médias potências, prestam-se para inúmeras aplicações, podendo-se citar, entre elas, os compensadores de partida para motores de indução do tipo de gaiola de esquilo.

Ligação em Estrela.

As ligações de autotransformadores em estrela (Fig. 6.8) gozam das mesmas propriedades apresentadas pelos transformadores com essas ligações, e estão sujeitos aos mesmos problemas diante de cargas desbalanceadas (seç. 8.8) e de harmônicas "triplas" (seç. 9.3).

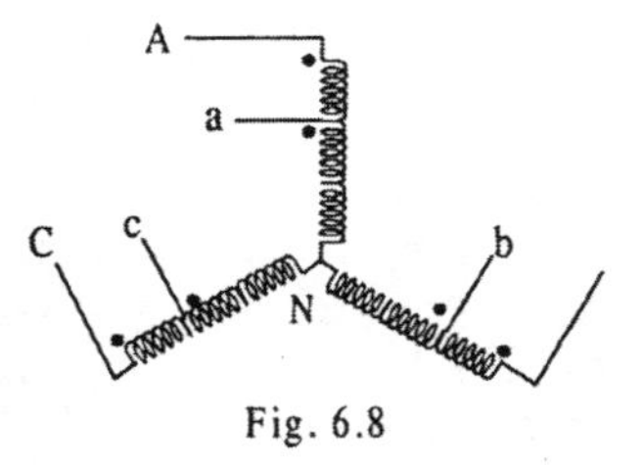

Fig. 6.8

A exemplo do que ocorre com transformadores comuns, as tensões induzidas por fase, no primário e no secundário, podem manter-se em concordância, permanecendo proporcionais aos respectivos números de espiras. Embora não havendo interesse em empregá-los no caso de relações de transformação elevadas, esse tipo de ligação é exeqüível para qualquer valor da relação de transformação.

Ligação em Triângulo.

Em suas linhas gerais, diante de harmônicas e de cargas desbalanceadas, o comportamento dos autotransformadores operando com ligação em triângulo assemelha-se ao dos transformadores comuns. Esse tipo de ligação é mostrado na Figura 6.9, da qual pode-se concluir, entre outras coisas, que:

a) a relação de transformação a não pode ser maior do que 2 . Este valor máximo é obtido quando, por exemplo, os terminais a e b encontram-se no meio das respectivas fases, caso em que $V_{AB} = 2V_{ab}$;

b) as tensões induzidas por fase, no primário e no secundário, mantêm-se defasadas, e essa defasagem depende da relação de transformação ditada pela situação dos terminais, intermediários (a,b,c) nas respectivas fases, conforme indica o diagrama na Figura 6.9.

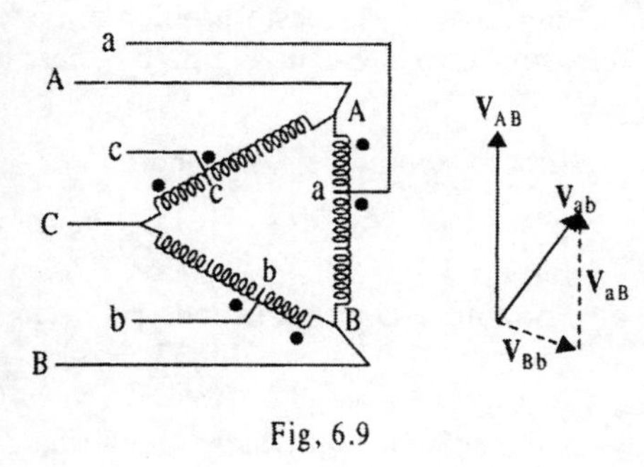

Fig, 6.9

Ligação em Triângulo "Estendido".

Trata-se de outra modalidade de ligação em triângulo, tal como indicada na Figura 6.10. Na realidade, apenas os enrolamentos "comuns" de cada fase é que se mantêm ligados em triângulo. Este tipo de ligação, contrariamente ao que ocorre com o anterior, não impõe restrições quanto ao valor máximo da relação de transformação, mas, a exemplo do anterior, apresenta defasagens entre as tensões primária e secundária de cada fase. Exemplificando: a tensão V_{AB}, entre terminais A e B, não se encontra em fase com a tensão V_{ab} entre os terminais a e b.

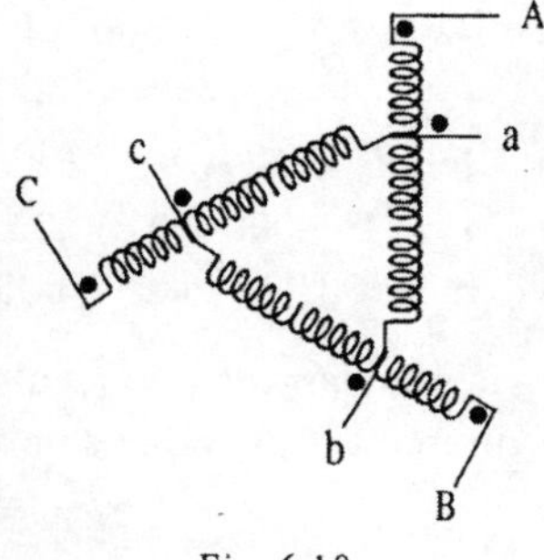

Fig. 6.10

EXERCÍCIOS

Exercício 6.1- A potência nominal de um autotransformador de 600/480 V, 60 Hz, é de 100 kVA. As resistências e reatâncias de seus enrolamentos série e comum são, respectivamente, R_s=0,00533 Ω , X_s=0,00900 Ω, R_c=0,0852 Ω e X_c=0,1440 Ω. Ignorando a corrente em vazio, assumir o autotransformador em plena carga no lado da baixa tensão, alimentando receptor de fator de potência indutivo 0,8, e calcular:

a) a tensão $\mathbf{V}_1$ a ser aplicada no lado da alta tensão e a corrente $\mathbf{I}_1$ a ser absorvida;
b) a potência P_1 a ser fornecida pela fonte de alimentação;
c) o rendimento η;
d) a regulação $\mathscr{R}$.

Para a solução deste problema, pode-se recorrer diretamente à equação 6.7 e ao circuito equivalente da Figura 6.6, para o qual há que se determinar a corrente $\mathbf{I}_1$. Esse valor é dado por $\mathbf{I}_1 = \frac{\mathbf{I}_r}{a}$ onde

$$I_r = \frac{\mathscr{S}}{\mathscr{V}_2} e^{-j36,87} = \frac{100.000}{480} e^{-j36,87} = 208,33\ e^{-j36,87}\ A \quad e \quad a = \frac{600}{480} = 1,25.$$

Portanto, a corrente no lado primário será

$$\mathbf{I}_1 = \frac{208,33}{1,25} e^{-j36,87} = 166,6 e^{-j36,87}\ A.$$

A impedância equivalente, referida à alta tensão, é

$$\mathbf{Z}' = (R_S + \alpha^2 R_C) + j(X_S + \alpha^2 X_C) \text{ onde } \alpha = (a-1) = 0,25. \text{ Portanto,}$$

$$\mathbf{Z}' = R' + jX' = [(0,533+0,5325)+j(0,900+0,900)]\ 10^{-2} = 0,01066+j0,0180 = 0,02092\ e^{j59,37}\ \Omega.$$

De posse destes dados, obtêm-se:

1) $V_1 = a\mathbf{V}_2 + \mathbf{Z}'\mathbf{I}_1 = (600+j0)+(0,02092\ e^{j59,37} \times 166,6\ e^{-j36,87}) = 600 + 3,487\ e^{j22,50} = $
$= 600 + (3,222 + j1,334) = 603,2 + j1,334 = 603,2\ e^{j0,127}$ V.
2) $P_1 = \mathscr{R}(\mathbf{V}_1 \times \mathbf{I}_1^*) = R\ (603,2\ e^{j0,127} \times 166,6\ e^{j36,87}) = R\ (100.533\ e^{j37,00}) = 80.289$ W.
3) $\eta = (100.000 \times 0,8)/80.289 = 0,996$ (99,6%).
4) $\mathscr{R} = (603,2 - 600) \div 600 = 0,00533$ ($\approx$ 0,53%).

Alternativamente, a regulação pode ser obtida diretamente da expressão 6.10, recorrendo-se aos valores por unidade de R' e X'. Sendo

$$\mathscr{Z} = \frac{\mathscr{V}_1}{\mathscr{I}_1} = \frac{\mathscr{V}_1^2}{\mathscr{S}} = \frac{(600)^2}{100.000} = 3,6\Omega$$

a impedância base referida ao lado da alta tensão, os valores por unidade desses parâmetros serão

$$R' = \frac{0,01066}{3,6} = 2,96 \times 10^{-3}\,\text{pu e } X' = \frac{0,0180}{3,6} = 5,00 \times 10^{-3}\,\text{pu.}$$

Portanto, a regulação será

$$\mathscr{R} = (2,96 \times 0,8 + 5,0 \times 0,6)10^{-3} + 0,5\ [(2,96 \times 0,6 - 5,0 \times 0,8)10^{-3}]^2 = 0,00537\ (\approx 0,53\%).$$

<u>Observação</u>: merecem serem notados o alto rendimento η e o pequeno valor da regulação $\mathscr{R}$, que se caracterizam como propriedades típicas de Autotransformadores com baixas relações de transformação.

Exercício 6.2- Em se utilizando o autotransformador do problema 6.1 como elevador de tensão, calcular a tensão necessária a lhe ser aplicada no lado da baixa tensão, a fim de que ele mantenha os 600 V em receptor de fator de potência indutivo 0,8.

Recorrendo, ainda uma vez, ao circuito da Figura 6.6, cuja impedância equivalente $\mathbf{Z}'$ já é conhecida, pode-se escrever:

$$a\mathbf{V}_2 = (600+j0) + \mathbf{Z}'\mathbf{I}_1 = 600 + 0{,}02092\, e^{j59{,}37} \times 166{,}6\, e^{-36{,}87} = 600 + 3{,}485\, e^{j22{,}50} = 600 + (3{,}220 + j1{,}334) = 603{,}2 + j1{,}334 = 603{,}2\, e^{j0{,}127}\, V$$

Portanto, a tensão eficaz a ser aplicada no lado da baixa tensão será $V_2 = 603{,}2/a = 603{,}2 / 1{,}25 = 482{,}6$ V.

CAPÍTULO VII
TRANSFORMADORES EM PARALELO

7.1- Preliminares.

Na operação de transformadores em paralelo, pode-se considerar duas diferentes situações:

a) afastados uns dos outros, atuando em locais distantes num sistema;
b) agrupados em um mesmo local do sistema (situados em usinas geradoras, subestações, cabinas de força, etc...).

Neste capítulo, a análise da operação de transformadores em paralelo será restrita a apenas duas unidades monofásicas vizinhas, caso em que a impedância do circuito (barramento) que estabelece seu paralelismo pode ser ignorada. Com as devidas considerações, essa análise poderá ser estendida a unidades trifásicas ou bancos trifásicos de transformadores monofásicos, caso em que essa análise pode se resumir a apenas uma das fases de sistema trifásico equilibrado.

7.2- Razões do Paralelismo.

A colocação de transformadores em paralelo pode decorrer de várias razões, entre as quais podem ser citadas:

1) necessidade de ampliação de instalações;
2) limitação das potências unitárias;
3) confiabilidade e reserva mais econômica;
4) operação sob condições mais adequadas de carga.

A primeira dessas razões é facilmente compreensível: havendo necessidade de se ampliar a potência de uma instalação (de uma subestação, por exemplo), a solução lógica é a de se acrescentar mais um transformador ao banco de transformadores em paralelo, em vez de substituir o(s) existente(s) por unidade(s) maior(es).

A limitação das potências unitárias, no caso de potências elevadas, pode decorrer de imposições de projeto, ocasionadas por dificuldades com o arrefecimento, bem como oriundas de problemas com o transporte de cargas com peso e dimensões acima de determinados limites.

Quanto à confiabilidade, a explicação está na possibilidade de avarias que, no caso da existência de duas ou mais unidades em paralelo, a avaria em uma delas não impede a continuidade do suprimento de energia pela(s) restante(s), embora o faça(m) com potência reduzida. Ainda a respeito da eventualidade de avaria, existindo um transformador de reserva, a potência total poderá ser mantida recorrendo-se a esse transformador, cuja potência nominal resume-se, tão-somente, numa fração da potência total instalada. Isto não aconteceria se toda a potência fosse concentrada em uma única unidade, caso em que um transformador de reserva implicaria em custo muito mais elevado.

Finalmente, diante das variações de carga a que uma determinada região está sujeita durante as 24 horas de cada dia, os transformadores (de potência) em atividade numa subestação podem permanecer operando sob condições próximas às de máximo rendimento, retirando-se ou introduzindo-se unidades, a fim de manter as que permanecem em atividade sob condições próximas às de plena carga.

7.3- Condições para o Paralelismo.

As condições para a ligação de transformadores em paralelo envolvem questões referentes:

a) às polaridades de transformadores monofásicos e das fases nos polifásicos, neste capítulo restritos aos trifásicos ou bancos trifásicos de transformadores monofásicos;
b) aos deslocamentos de fase entre primários e secundários de transformadores trifásicos (seção 8.11);
c) às relações de transformação e às tensões nominais;
d) aos valores das impedâncias equivalentes dos transformadores.

Polaridade.

Em corrente alternada, a definição de polaridade de um enrolamento de transformador monofásico, em relação à polaridade do outro enrolamento desse mesmo transformador, resume-se em saber se as tensões neles induzidas pelo fluxo mútuo, e observadas entre seus terminais, estão em plena concordância ou plena oposição de fases. Entretanto, o fato de elas estarem ou não em fase será decorrência, única e exclusivamente, da maneira como se aplica a tensão em um deles e como se utiliza da tensão induzida entre terminais do outro.

Para se definir essa maneira, deve-se, preliminarmente, identificar de modo conveniente (marcar) os terminais dos dois enrolamentos do transformador. Em se tratando de enrolamentos com apenas dois terminais cada um (não subdivididos em seções), dois da alta e dois da baixa tensão, pode-se identificar os terminais do primeiro por A1 e A2 (as Normas especificam H1 e H2) e os da baixa tensão por a1 e a2 (X1 e X2, segundo as normas), reservando os terminais com índices 2 para os terminais <u>convencionados</u> como positivos.

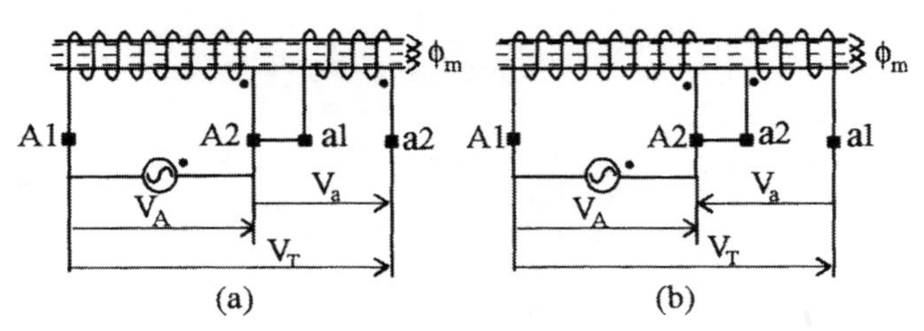

Fig. 7.1

A identificação desses terminais positivos pode ser efetuada com o auxílio de um osciloscópio, fazendo-se contatos de suas pontas de prova com os pares de terminais de cada um dos dois enrolamentos, um deles energizado, de modo a obter a concordância das semi-ondas de suas tensões induzidas. Obtida essa concordância, os dois terminais que estiveram em contato com a mesma ponta de prova terão a mesma polaridade, podendo ser convencionados como positivos e identificados por A2 e a2.

As Figuras 7.1a e 7.1b representam dois transformadores com polaridades diferentes: o primeiro, com os terminais intermediários A2 e a1 interligados, é dito de polaridade positiva porque a tensão eficaz V_T entre os terminais extremos é a resultante da soma das tensões V_A e V_a. O segundo, com os terminais intermediários A2 e a2 interligados, é de polaridade negativa porque $V_T = V_A - V_a$.

<u>Observação</u>. A marcação dos terminais também pode ser realizada com voltômetros, aplicando-se tensão eficaz (reduzida) V_A na alta tensão, interligando-se um terminal da alta tensão com um da baixa e medindo-se, em seguida, as tensões eficazes V_a e resultante V_T.

Uma vez obedecidos os critérios descritos para a identificação dos terminais, a ligação em paralelo de dois transformadores poderá ser feita, simplesmente, interligando-se os terminais igualmente identificados nesses dois transformadores. No caso da Figura 7.1, que encerra um transformador de polaridade positiva e um de polaridade negativa, o paralelismo poderá ser efetuado "cruzando-se" as ligações de seus terminais da baixa tensão.

Nos transformadores monofásicos, é de praxe dispor os quatro terminais de seus enrolamentos (buchas) como os vértices de um retângulo e de tal modo que, no caso de polaridade positiva, os terminais com o mesmo índice permaneçam diagonalmente opostos (Fig. 7.2a). Em se tratando de polaridade negativa, a marcação deve obedecer à disposição indicada na Figura 7.2b.

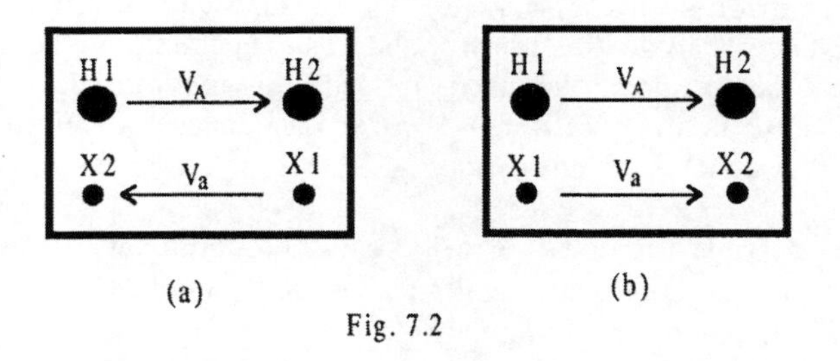

(a) (b)

Fig. 7.2

Deslocamentos de Fases.

No caso de transformadores polifásicos e, em particular trifásicos, à questão da polaridade que é afeta aos enrolamentos (primário e secundário) de cada uma das fases de um mesmo transformador, há que se acrescentar o problema das defasagens que podem ocorrer com as tensões entre terminais das ligações (estrela, triângulo, ziguezague) adotadas nos transformadores. Trata-se de assunto que será examinado oportunamente (seç. 8.11), podendo-se adiantar que a ocorrência, ou não, dessas defasagens depende dos tipos de combinações de ligações empregadas nos transformadores.

Dois ou mais transformadores polifásicos podem ser ligados em paralelo somente quando seus deslocamentos de fase forem iguais. Em caso contrário, desse paralelismo poderão resultar inaceitáveis correntes de circulação entre eles.

Relações de Transformação e Tensões Nominais.

Obviamente, para que dois transformadores possam ser ligados em paralelo é necessário que, além de possuírem a mesma relação de transformação, suas tensões nominais sejam iguais. Diferenças sensíveis nas relações de transformação provocariam inaceitáveis correntes de circulação nos transformadores; iguais relações de transformação com diferentes tensões nominais podem causar problemas em transformador com tensões nominais inferiores às da linha onde opere, particularmente no que se refere a aumentos na saturação e nas perdas no ferro. Prejuízos na isolação também ocorreriam diante de sensíveis diferenças entre as tensões nominais das linhas e desse transformador.

Valores das Impedâncias Equivalentes.

A análise a seguir aplica-se a dois transformadores monofásicos, α e β, com a mesma relação de transformação ($a_\alpha = a_\beta = a$). Dessa análise, concluir-se-á que a condição ideal para a operação de dois transformadores em paralelo é a da igualdade dos argumentos, bem como dos valores por unidade dos módulos de suas impedâncias complexas equivalentes. Verificadas essas igualdades, ao suprirem uma potência total S (em VA ou kVA) a uma carga:

a) as contribuições de cada um deles (S_α e S_β) serão proporcionais às respectivas potências nominais($\mathcal{S}_\alpha$ e $\mathcal{S}_\beta$), o que significa a possibilidade de ambos operarem, simultaneamente, em plena carga. Ademais,
b) as potências totais S serão numericamente iguais às somas das potências individuais S_α e S_β, fato que resulta da concordância de fases das correntes $\mathbf{I}_\alpha$ e $\mathbf{I}_\beta$ fornecidas pelos transformadores α e β, respectivamente.

Sejam, pois, α e β os transformadores e

$$\mathbf{Z}'_\alpha = R'_\alpha + jX'_\alpha = Z'_\alpha e^{j\theta_\alpha} \quad \text{e} \quad \mathbf{Z}'_\beta = R'_\beta + jX'_\beta = Z'_\beta e^{j\theta_\beta}$$

as respectivas impedâncias equivalentes referidas aos secundários. Sejam, ainda,

1) $\mathcal{V}_1$ e $\mathcal{V}_2$ suas tensões nominais, primária e secundária, e $\underline{a} = \mathcal{V}_1/\mathcal{V}_2$ a relação de transformação comum aos dois;
2) $\mathcal{S}_\alpha = \mathcal{V}_2 \mathcal{I}_\alpha$ e $\mathcal{S}_\beta = \mathcal{V}_2 \mathcal{I}_\beta$ as potências nominais (em VA ou kVA), sendo $\mathcal{I}_\alpha$ e $\mathcal{I}_\beta$ as correntes nominais dos secundários dos transformadores α e β.

Ignorando as componentes em vazio das correntes primárias, e com base no que já foi exposto em relação a circuitos equivalentes, os dois transformadores ligados em paralelo podem ser representados pelo circuito da Figura 7.3, cujos parâmetros e variáveis encontram-se referidos ao secundário. Desse circuito, pode-se deduzir as duas equações que definirão a contribuição de cada transformador ($\mathbf{I}_\alpha$e $\mathbf{I}_\beta$) para totalizar a corrente resultante $\mathbf{I}$ que o conjunto dos dois fornece à carga. Essas equações são:

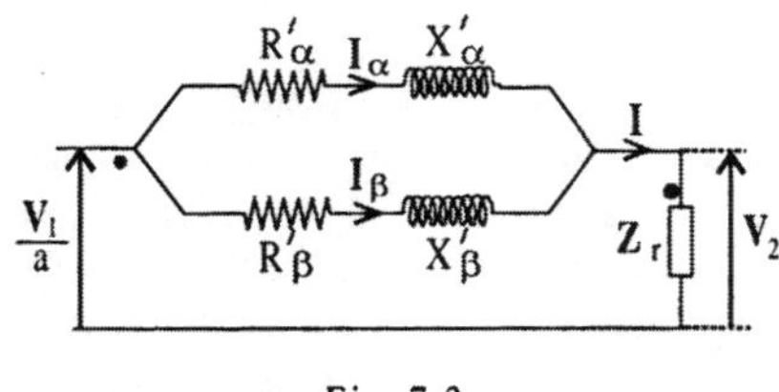

Fig. 7.3

$$\mathbf{I}_\alpha + \mathbf{I}_\beta = \mathbf{I} \quad \text{......} \quad 7.1$$
$$\mathbf{Z}'_\alpha \mathbf{I}_\alpha = \mathbf{Z}'_\beta \mathbf{I}_\beta \quad \text{......} \quad 7.2$$

donde se obtêm $\mathbf{I}_\alpha$ e $\mathbf{I}_\beta$ em função de $\mathbf{I}$, $\mathbf{Z}'_\alpha$ e $\mathbf{Z}'_\beta$. Essas correntes serão:

$$\left.\begin{aligned} \mathbf{I}_\alpha &= \mathbf{I}\frac{\mathbf{Z}'_\beta}{\mathbf{Z}'_\alpha+\mathbf{Z}'_\beta} \\ \mathbf{I}_\beta &= \mathbf{I}\frac{\mathbf{Z}'_\alpha}{\mathbf{Z}'_\alpha+\mathbf{Z}'_\beta} \end{aligned}\right\} \qquad 7.3$$

Resta demonstrar o interesse em se ter $\mathbf{Z}'_\alpha$ e $\mathbf{Z}'_\beta$ com iguais argumentos e iguais módulos, estes expressos em valores por unidade, caso em que essas impedâncias complexas, e seus módulos, serão representados por letras do tipo *Itálico*: $\mathbf{Z}_\alpha = Z_\alpha e^{j\theta_\alpha}$ e $\mathbf{Z}_\beta = Z_\beta e^{j\theta_\beta}$. Para demonstrar esse interesse, inicialmente pode-se recorrer à igualdade 7.2, imposta pelo paralelismo, da qual resulta

$$\frac{\mathbf{I}_\alpha}{\mathbf{I}_\beta} = \frac{\mathbf{Z}'_\beta}{\mathbf{Z}'_\alpha} = \frac{Z'_\beta}{Z'_\alpha}\frac{e^{j\theta_\beta}}{e^{j\theta_\alpha}} = \frac{Z'_\beta}{Z'_\alpha}e^{j(\theta_\beta-\theta_\alpha)} \qquad 7.4$$

Com base na definição de valor por unidade pode-se, então, escrever

$$Z_\alpha = \frac{Z'_\alpha}{\mathcal{Z}_\alpha} = \frac{Z'_\alpha \mathcal{S}_\alpha}{\mathcal{V}_2^2} \quad \text{e} \quad Z_\beta = \frac{Z'_\beta}{\mathcal{Z}_\beta} = \frac{Z'_\beta \mathcal{S}_\beta}{\mathcal{V}_2^2}$$

o que permite exprimir os valores ôhmicos (Z'_α e Z'_β) das impedâncias equivalentes dos transformadores em termos dos valores por unidade (Z_α e Z_β). Esses valores serão

$$Z'_\alpha = \frac{Z_\alpha \mathcal{V}_2^2}{\mathcal{S}_\alpha} \quad \text{e} \quad Z'_\beta = \frac{Z_\beta \mathcal{V}_2^2}{\mathcal{S}_\beta}$$

que, substituídos em 7.4, resultam em

$$\frac{\mathbf{I}_\alpha}{\mathbf{I}_\beta} = \frac{Z_\beta}{Z_\alpha}\frac{\mathcal{S}_\alpha}{\mathcal{S}_\beta}e^{j(\theta_\beta-\theta_\alpha)} \qquad 7.5$$

Esta equação 7.5 presta-se para analisar o comportamento das componentes $\mathbf{I}_\alpha$ e $\mathbf{I}_\beta$ da corrente total $\mathbf{I}$ fornecida à carga pelos dois transformadores, quando a relação entre elas é expressa em função dos valores por unidade Z_α e Z_β dos módulos de suas impedâncias complexas $\mathbf{Z}'_\alpha$ e $\mathbf{Z}'_\beta$, e dos respectivos argumentos, θ_α e θ_β.

Uma análise das conseqüências de se ter, ou não ter, a igualdade das impedâncias complexas expressas em valores por unidade ($\mathbf{Z}_\alpha = \mathbf{Z}_\beta$ ou $\mathbf{Z}_\alpha \neq \mathbf{Z}_\beta$) vem a seguir.

Hipótese $Z_\alpha = Z_\beta$, em seus módulos e em seus argumentos ($Z_\alpha = Z_\beta$ e $\theta_\alpha = \theta_\beta$).

Neste caso, a equação 7.5 resume-se em

$$\frac{\mathbf{I}_\alpha}{\mathbf{I}_\beta} = \frac{\mathcal{I}_\alpha}{\mathcal{I}_\beta} = \text{Número Real} = \frac{I_\alpha}{I_\beta} \quad \ldots\ldots\ldots\ldots 7.6$$

donde se conclui que as correntes $\mathbf{I}_\alpha$ e $\mathbf{I}_\beta$ mantêm-se em concordâncias de fase ($\theta_\alpha = \theta_\beta$), e suas intensidades (seus módulos) permanecem proporcionais às correspondentes correntes nominais $\mathcal{I}_\alpha$ e $\mathcal{I}_\beta$. Trata-se da condição ideal para o paralelismo de dois transformadores com diferentes potências nominais (diferentes correntes nominais $\mathcal{I}_\alpha$ e $\mathcal{I}_\beta$), porquanto, diante de cargas crescentes, os dois transformadores podem entrar, simultaneamente, em plena carga, e assim permanecerem indefinidamente. Ademais, mantendo-se $\mathbf{I}_\alpha$ e $\mathbf{I}_\beta$ em fase, o módulo de uma corrente resultante $\mathbf{I} = \mathbf{I}_\alpha + I_\beta$ será igual à soma dos módulos de suas componentes, o que permite a obtenção da máxima corrente resultante $\mathbf{I}$ com os dois transformadores operando à plena carga.

A Figura 7.4 mostra um diagrama fasorial que se presta para ilustrar essa propriedade do paralelismo de dois transformadores com impedâncias tais como ora definidas, e diferentes potências nominais $\mathcal{S}_\alpha = \mathcal{V}_2 \mathcal{I}_\alpha \neq \mathcal{S}_\beta = \mathcal{V}_2 \mathcal{I}_\beta$.

Hipótese $Z_\alpha \neq Z_\beta$, apenas em seus argumentos ($\theta_\alpha \neq \theta_\beta$, mas $Z_\alpha = Z_\beta$).

Neste caso, conforme indica a equação 7.5, ainda subsiste a proporcionalidade entre as correntes de carga $\mathbf{I}_\alpha$ e $\mathbf{I}_\beta$ e as correspondentes correntes nominais, o que vale dizer que permanece a possibilidade de os dois transformadores operarem, simultaneamente, à plena carga. Entretanto, o fato se ter $\theta_\alpha \neq \theta_\beta$ implica em defasagens entre as correntes $\mathbf{I}_\alpha$ e $\mathbf{I}_\beta$ e, conseqüentemente, em se ter $|\mathbf{I}| < |\mathbf{I}_\alpha + \mathbf{I}_\beta|$.

A Figura 7.5 esclarece o comportamento dos dois transformadores operando nas condições ora propostas.

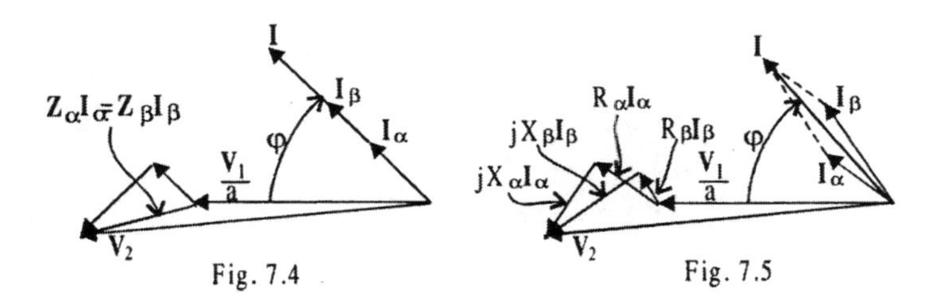

Fig. 7.4

Fig. 7.5

Hipótese $Z_\alpha \neq Z_\beta$, apenas em seus módulos ($Z_\alpha \neq Z_\beta$ mas $\theta_\alpha = \theta_\beta$).

Neste caso, as correntes de carga $\mathbf{I}_\alpha$ e $\mathbf{I}_\beta$ não serão proporcionais às correspondentes correntes nominais, e os transformadores não dividirão a carga total proporcionalmente às correspondentes potências nominais. Isto significa a impossibilidade dos dois transformadores operarem, simultaneamente, à plena carga; entrará primeiro em plena carga o de menor impedância por unidade, permanecendo o outro aquém da plena carga. Caso o transformador de maior impedância por unidade atinja sua plena carga, o outro já estará em sobrecarga. Entretanto, a potência aparente total S fornecida pelo conjunto ainda é igual à soma aritmética (S_α+S_β) das potências aparentes individuais porque, sendo $\theta_\alpha = \theta_\beta$, as correntes $\mathbf{I}_\alpha$ e $\mathbf{I}_\beta$ mantêm-se em fase .

A Figura 7.4 presta-se, também, para representar os transformadores operando sob as condições ora sugeridas.

Hipótese $Z_\alpha \neq Z_\beta$, em seus módulos e em seus argumentos ($Z_\alpha \neq Z_\beta$ e $\theta_\alpha \neq \theta_\beta$).

Neste caso, além de se apresentarem defasadas, $\mathbf{I}_\alpha$ e $\mathbf{I}_\beta$ não mantêm proporcionalidade com $\mathcal{I}_\alpha$ e $\mathcal{I}_\beta$. Conseqüentemente, os transformadores não poderão operar simultaneamente à plena carga, e a diferença $|\mathbf{I}| < |\mathbf{I}_\alpha| + |\mathbf{I}_\beta|$ mostra-se mais pronunciada do que nos dois casos anteriores. O diagrama da Figura 7.5 também se presta para representar as condições de carga nos dois transformadores.

7.4- Transformadores com Diferentes Relações de Transformação.

Em princípio, dois transformadores com diferentes tensões nominais, e diferentes relações de transformação, não devem ser postos a operar em paralelo. Contudo, o fato de dois transformadores com tensões nominais declaradas iguais não implica, obrigatoriamente, na identidade de suas relações de transformação. Pequenas divergências podem ocorrer em seus valores, mormente entre transformadores provenientes de diferentes projetos. Nestes casos, em geral essas diferenças não são de molde a tornar impraticável a ligação em paralelo desses transformadores.

Sejam, pois, dois transformadores, α e β, com relações de transformação bem diferentes ($a_\alpha \neq a_\beta$), ligados em paralelo e "observados" pelo lado da carga (parâmetros e variáveis referidos ao secundário). Obviamente, a tensão $\mathbf{V}_2$ nos terminais da carga, suposta próxima dos transformadores interligados por barramento de impedância desprezível, será a mesma tensão $\mathbf{V}_2$ comum aos seus secundários. Todavia, a tensão primária não será a mesma quando "vista" através dos transformadores (quando referida ao secundário); para o transformador α ela será $\mathbf{V}_1/a_\alpha$ e para o transformador β, $\mathbf{V}_1/a_\beta$.

O fato, ora apontado, sugere o circuito da Figura 7.6 para representar os dois transformadores em paralelo, circuito esse com variáveis e parâmetros referidos ao

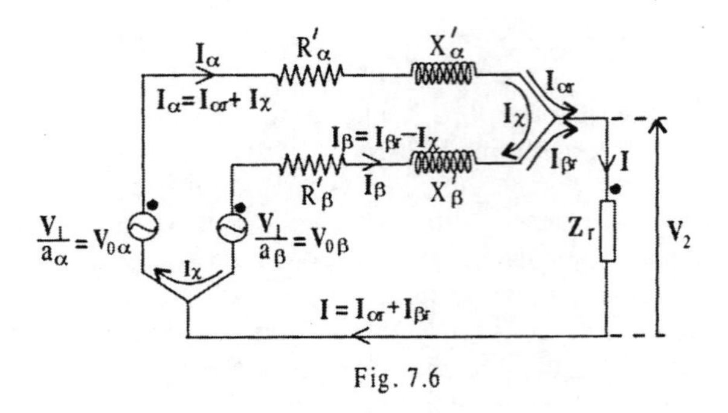

Fig. 7.6

secundário. Note-se que $\mathbf{V}_1/a_\alpha$ e $\mathbf{V}_1/a_\beta$ representarão, também, as tensões $\mathbf{V}_{0\alpha}$ e $\mathbf{V}_{0\beta}$ a serem observadas nos terminais secundários dos respectivos transformadores, quando mantidos individualmente em circuito aberto e alimentados pela mesma tensão $\mathbf{V}_1$. Portanto, designando $\mathbf{V}_1/a_\alpha$ por $\mathbf{V}_{0\alpha}$ e $\mathbf{V}_1/a_\beta$ por $\mathbf{V}_{0\beta}$, pode-se escrever as equações que ditarão a divisão de uma carga (de uma corrente resultante **I**) entre os dois transformadores:

$$\left.\begin{aligned} &\mathbf{V}_{0\alpha} - \mathbf{Z}'_\alpha \mathbf{I}_\alpha = \mathbf{V}_{0\beta} - \mathbf{Z}'_\beta \mathbf{I}_\beta \\ &\mathbf{I}_\alpha + \mathbf{I}_\beta = \mathbf{I} \end{aligned}\right\} \quad \ldots\ldots\ldots\ldots\ldots\ldots 7.7$$

Deste sistema 7.7, deduzem-se $\mathbf{I}_\alpha$ e $\mathbf{I}_\beta$ em termos de **I**. O resultado será:

$$\left.\begin{aligned} &\mathbf{I}_\alpha = \mathbf{I}\frac{\mathbf{Z}'_\beta}{\mathbf{Z}'_\alpha+\mathbf{Z}'_\beta} + \frac{\mathbf{V}_{0\alpha}-\mathbf{V}_{0\beta}}{\mathbf{Z}'_\alpha+\mathbf{Z}'_\beta} = \mathbf{I}_{\alpha r} + \mathbf{I}_\chi \\ &\mathbf{I}_\beta = \mathbf{I}\frac{\mathbf{Z}'_\alpha}{\mathbf{Z}'_\alpha+\mathbf{Z}'_\beta} - \frac{\mathbf{V}_{0\alpha}-\mathbf{V}_{0\beta}}{\mathbf{Z}'_\alpha+\mathbf{Z}'_\beta} = \mathbf{I}_{\beta r} - \mathbf{I}_\chi \end{aligned}\right\} \quad \ldots\ldots\ldots\ldots 7.8$$

Conclui-se, portanto, que a corrente em cada um dos transformadores possui duas componentes: uma que vai à carga ($\mathbf{I}_{\alpha r}$ do transformador α e $\mathbf{I}_{\beta r}$ do transformador β), e uma segunda, que não contribui para a corrente resultante **I** ; trata-se de $\mathbf{I}_\chi$ que se resume numa corrente de circulação, resultante da diferença $\mathbf{V}_{0\alpha}-\mathbf{V}_{0\beta}$, cujo valor se anula quando $a_\alpha = a_\beta$.

Na maioria dos problemas que se oferecem na prática, a corrente resultante **I** não é conhecida de antemão, porém o conhecimento da impedância $\mathbf{Z}_r$ da carga permitirá obter a solução desses problemas. Para tanto, basta que se acrescentem às equações anteriores as duas que vêm a seguir:

$$\mathbf{V}_{0\alpha} = \mathbf{Z}'_\alpha \mathbf{I}_\alpha + \mathbf{Z}_r \mathbf{I}$$
$$\mathbf{V}_{0\beta} = \mathbf{Z}'_\beta \mathbf{I}_\beta + \mathbf{Z}_r \mathbf{I}$$

Destas equações, obtêm-se

$$\mathbf{I} = \frac{\mathbf{V}_{0\alpha} - \mathbf{Z}'_\alpha \mathbf{I}_\alpha}{\mathbf{Z}_r} \quad \text{e} \quad \mathbf{I} = \frac{\mathbf{V}_{0\beta} - \mathbf{Z}'_\beta \mathbf{I}_\beta}{\mathbf{Z}_r}$$

que, substituídas, respectivamente, na primeira e na segunda das equações 7.8, resultam nas equações 7.9 que definem os valores de $\mathbf{I}_\alpha$ e $\mathbf{I}_\beta$, evidenciando ainda uma vez, a existência das componentes de carga $\mathbf{I}_{\alpha r}$ e $\mathbf{I}_{\beta r}$, bem como da componente de circulação $\mathbf{I}_\chi$.

As equações 7.9 permitem calcular as correntes em cada um dos transformadores, em função das impedâncias equivalentes $\mathbf{Z}'_\alpha$ e $\mathbf{Z}'_\beta$, da impedância de carga $\mathbf{Z}_r$, da tensão primária $\mathbf{V}_1$ e das relações de transformação a_α e a_β (ou das tensões secundárias em vazio, $\mathbf{V}_{0\alpha}$ e $\mathbf{V}_{0\beta}$).

$$\left.\begin{aligned} \mathbf{I}_\alpha &= \mathbf{V}_{0\alpha} \frac{\mathbf{Z}'_\beta}{\mathbf{Z}'_\alpha \mathbf{Z}'_\beta + \mathbf{Z}_r(\mathbf{Z}'_\alpha + \mathbf{Z}'_\beta)} + (\mathbf{V}_{0\alpha} - \mathbf{V}_{0\beta}) \frac{\mathbf{Z}_r}{\mathbf{Z}'_\alpha \mathbf{Z}'_\beta + \mathbf{Z}_r(\mathbf{Z}'_\alpha + \mathbf{Z}'_\beta)} = \mathbf{I}_{\alpha r} + \mathbf{I}_\chi \\ \mathbf{I}_\beta &= \mathbf{V}_{0\beta} \frac{\mathbf{Z}'_\alpha}{\mathbf{Z}'_\alpha \mathbf{Z}'_\beta + \mathbf{Z}_r(\mathbf{Z}'_\alpha + \mathbf{Z}''_\beta)} - (\mathbf{V}_{0\alpha} - \mathbf{V}_{0\beta}) \frac{\mathbf{Z}_r}{\mathbf{Z}'_\alpha \mathbf{Z}'_\beta + \mathbf{Z}_r(\mathbf{Z}'_\alpha + \mathbf{Z}'_\beta)} = \mathbf{I}_{\beta r} - \mathbf{I}_\chi \end{aligned}\right\} \quad \ldots\ldots\ldots 7.9$$

Outro tipo de problema que pode ocorrer consiste em se determinar $\mathbf{I}_\alpha$ e $\mathbf{I}_\beta$ quando não se conhece a tensão $\mathbf{V}_1$, mas é imposta a condição de o conjunto manter uma tensão $\mathbf{V}_2$ em receptor que absorva uma corrente especificada $\mathbf{I}$ (uma potência especificada $\mathbf{S}$, em kVA). Neste caso, partindo-se do sistema 7.10, de três equações a três incógnitas, $\mathbf{V}_1$, $\mathbf{I}_\alpha$ e $\mathbf{I}_\beta$,

$$\left.\begin{aligned} \frac{\mathbf{V}_1}{a_\alpha} &= \mathbf{Z}'_\alpha \mathbf{I}_\alpha + \mathbf{V}_2 \\ \frac{\mathbf{V}_1}{a_\beta} &= \mathbf{Z}'_\beta \mathbf{I}_\beta + \mathbf{V}_2 \\ \mathbf{I}_\alpha + \mathbf{I}_\beta &= \mathbf{I} \end{aligned}\right\} \quad \ldots\ldots\ldots\ldots\ldots\ldots\ldots\ldots\ldots\ldots\ldots\ldots 7.10$$

pode-se chegar às expressões

$$\left.\begin{aligned} \mathbf{I}_\alpha &= \mathbf{I}\frac{a_\beta \mathbf{Z}'_\beta}{a_\alpha \mathbf{Z}'_\alpha + a_\beta \mathbf{Z}'_\beta} + \mathbf{V}_2 \frac{(a_\beta - a_\alpha)}{a_\alpha \mathbf{Z}'_\alpha + a_\beta \mathbf{Z}'_\beta} = \mathbf{I}_{\alpha r} + \mathbf{I}_\chi \\ \mathbf{I}_\beta &= \mathbf{I}\frac{a_\alpha \mathbf{Z}'_\alpha}{a_\alpha \mathbf{Z}'_\alpha + a_\beta \mathbf{Z}'_\beta} - \mathbf{V}_2 \frac{(a_\beta - a_\alpha)}{a_\alpha \mathbf{Z}'_\alpha + a_\beta \mathbf{Z}'_\beta} = \mathbf{I}_{\beta r} - \mathbf{I}_\chi \end{aligned}\right\} \quad \ldots\ldots\ldots\ldots 7.11$$

que, fornecendo $\mathbf{I}_\alpha$ e $\mathbf{I}_\beta$, permitem calcular a tensão $\mathbf{V}_1$ e, com ela, obter as demais informações sobre o comportamento dos dois transformadores em paralelo.

As expressões 7.11 podem assumir forma mais cômoda pela adoção de um coeficiente $k = a_\alpha/a_\beta$ que, nelas introduzido convenientemente, as transforma em:

$$\left.\begin{aligned} \mathbf{I}_\alpha &= \mathbf{I}\frac{\mathbf{Z}'_\beta}{k\mathbf{Z}'_\alpha + \mathbf{Z}'_\beta} + \mathbf{V}_2 \frac{1-k}{k\mathbf{Z}'_\alpha + \mathbf{Z}'_\beta} = \mathbf{I}_{\alpha r} + \mathbf{I}_\chi \\ \mathbf{I}_\beta &= \mathbf{I}\frac{\mathbf{Z}'_\alpha}{\mathbf{Z}'_\alpha + \frac{1}{k}\mathbf{Z}'_\beta} - \mathbf{V}_2 \frac{1-k}{k\mathbf{Z}'_\alpha + \mathbf{Z}'_\beta} = \mathbf{I}_{\beta r} - \mathbf{I}_\chi \end{aligned}\right\} \quad \ldots\ldots\ldots\ldots 7.12$$

Note-se que as equações 7.8, 7.9, 7.11 e 7.12 também se aplicam ao caso de transformadores com iguais relações de transformação. Basta que se considere $a_\alpha = a_\beta$ (k=1), caso em que se anulam as segundas parcelas dos segundos membros das citadas equações e, com elas, as correntes de circulação $\mathbf{I}_\chi$.

Observação - A rigor, pequenas correntes de circulação sempre serão observadas em transformadores operando em paralelo, sem real prejuízo para seu satisfatório funcionamento. Entretanto, dependendo das circunstâncias, elas podem atingir valores proibitivos. Uma das normas a respeito estabelece que a máxima corrente de circulação admissível (medida em bancos de transformadores em vazio) é de 15% da corrente nominal do transformador de menor potência.

EXERCÍCIOS

Exercício 7.1- Os dados referentes a dois transformadores monofásicos, α e β, são os seguintes:

Transformador α: 400 kVA, 13.800/220 V, $R' = 1{,}21\times10^{-3}\ \Omega$ e $X' = 7{,}26\times10^{-3}\ \Omega$.
Transformador β: 600 kVA, 13.800/220 V, $R' = 0{,}8075\times10^{-3}\ \Omega$ e $X' = 4{,}038\times10^{-3}\ \Omega$.

Calcular as contribuições S_α e S_β de cada um dos transformadores, quando suprindo uma carga S = 1.000 kVA, de fator de potência indutivo 0,8.
Observação: as resistências e reatâncias equivalentes, R′ e X′, estão referidas aos lados da baixa tensão dos transformadores.

A solução pode ser obtida diretamente das expressões 7.3, onde se substituam **I** por **S**, $\mathbf{I}_\alpha$ por $\mathbf{S}_\alpha$ e $\mathbf{I}_\beta$ por $\mathbf{S}_\beta$.
Sendo:

$$\mathbf{Z}'_\alpha = (1,21 + j7,26)\ 10^{-3} = 7,360 \times 10^{-3}\ e^{j80,54}\ \Omega,$$

$$\mathbf{Z}'_\beta = (0,8075 + j4,038)\ 10^{-3} = 4,118 \times 10^{-3}\ e^{j78,69}\ \Omega \text{ e}$$

$$(\mathbf{Z}'_\alpha + \mathbf{Z}'_\beta) = (2,018 + j11,298)\ 10^{-3} = 11,478 \times 10^{-3}\ e^{j79,88}\ \Omega \text{ e, sendo ainda,}$$

$$S = 1.000 \times e^{-j36,87},$$

então:

$$\mathbf{S}_\alpha = 1.000\ e^{-j36,87} \frac{4,118\ e^{78,69}}{11,48\ e^{j79,88}} = 358,7\ e^{-j38,06}\ \text{kVA}$$

$$\mathbf{S}_\beta = 1.000\ e^{-j36,87} \frac{7,36\ e^{j80,54}}{11,48,\ e^{j79,88}} = 641,1\ e^{-j36,21}\ \text{kVA}$$

Observação: em virtude dos diferentes valores por unidade das impedâncias equivalentes dos dois transformadores, individualmente eles não fornecem potências proporcionais às suas potência aparentes; quando o conjunto fornece 1.000 kVA à carga, o transformador α opera aquém de sua capacidade, enquanto o transformador β trabalha em sobrecarga.

Sugestão: traçar diagrama fasorial representativo das condições de trabalho dos transformadores operando em paralelo.

Exercício 7.2- Resolver o problema 7.1 "algebricamente" (considerando apenas os módulos das impedâncias equivalentes).
Neste caso, a solução resume-se em:

$$S_\alpha = S \frac{|\mathbf{Z}'_\beta|}{|\mathbf{Z}'_\alpha| + |\mathbf{Z}'_\beta|} = 1.000 \frac{4,118}{4,118 + 7,360} = 358,8\ \text{kVA} \quad \text{e}$$

$$S_\beta = S \frac{|\mathbf{Z}'_\alpha|}{|\mathbf{Z}'_\alpha| + |\mathbf{Z}'_\beta|} = 1.000 \frac{7,360}{4,118 + 0,736} = 641,2\ \text{kVA}.$$

Observação: os resultados obtidos com os cálculos complexo (problema 7.1) e algébrico (problema 7.2) são muito próximos porque os fasores $\mathbf{S}_\alpha$ e $\mathbf{S}_\beta$ (as correntes $\mathbf{I}_\alpha$ e $\mathbf{I}_\beta$) estão praticamente em fase (as impedâncias $\mathbf{Z}'_\alpha$ e $\mathbf{Z}'_\beta$ têm argumentos θ_α e θ_β apenas ligeiramente diferentes (80,54 −78,69 =1,85^0). Cumpre observar que, excetuados os casos de transformadores projetados segundo critérios muito diferentes, em geral as simples soluções algébricas produzem resultados satisfatórios na determinação da divisão de cargas entre transformadores em paralelo.

Exercício 7.3 - Resolver o problema 7.1 com os parâmetros dos transformadores expressos em valores por unidade.

Os valores por unidade desses parâmetros são:

a) para o transformador α : sendo sua impedância base

$$\mathcal{Z}_\alpha = \frac{\mathcal{V}_\alpha^2}{\mathcal{S}_\alpha} = \frac{(220)^2}{400.000} = 0,1210\ \Omega\text{, então}$$

$$R'_\alpha = \frac{0,00121}{0,121} = 0,0100\ \text{pu} \quad \text{e} \quad X'_\alpha = \frac{0,00726}{0,121} = 0,0600\ \text{pu}\cdot$$

b) para o transformador β : sendo sua impedância base

$$\mathcal{Z}_\beta = \frac{\mathcal{V}_\beta^2}{\mathcal{S}_\beta} = \frac{(220)^2}{600.000} = 0,1807\ \Omega\text{, então}$$

$$R'_\beta = \frac{0,0008075}{0,08066...} = 0,0100\ \text{pu} \quad \text{e} \quad X'_\beta = \frac{0,004038}{0,08066...} = 0,0501\ \text{pu}\ .$$

A solução do problema ainda está nas expressões 7.3, porém agora as impedâncias nelas presentes devem ser expressas em valores por unidade. Mais explicitamente, impedâncias complexas $\mathbf{Z}'$, nelas expressas em ôhms, devem ser substituídas pelos correspondentes valores por unidade $\mathbf{Z}$ decorrentes da própria definição de valor por unidade, qual seja , $\mathbf{Z} = \mathbf{Z}' / \mathcal{Z}$. Portanto, cada impedância $\mathbf{Z}'$ referida ao secundário e presente nas expressões 6.3, deve ser substituída por um produto do tipo

$$\mathbf{Z}\mathcal{Z} = \mathbf{Z}\frac{\mathcal{V}}{\mathcal{I}} = \mathbf{Z}\frac{\mathcal{V}^2}{\mathcal{V}\mathcal{I}} = \mathbf{Z}\frac{\mathcal{V}^2}{\mathcal{S}}$$

Realizando-se essas operações para os dois transformadores, α e β, chega-se às seguintes expressões:

$$S_\alpha = S\frac{\mathbf{Z}_\beta}{\mathbf{Z}_\alpha\frac{\mathcal{S}_\beta}{\mathcal{S}_\alpha}+\mathbf{Z}_\beta} \quad \text{e} \quad S_\beta = S\frac{\mathbf{Z}_\alpha}{\mathbf{Z}_\alpha+\mathbf{Z}_\beta\frac{\mathcal{S}_\alpha}{\mathcal{S}_\beta}}$$

onde $\mathcal{S}_\alpha$ e $\mathcal{S}_\beta$ representam, respectivamente, as diferentes potências aparentes nominais dos transformadores α e β.

Sendo

$$\mathbf{Z}_\alpha = 0{,}01+j0{,}06 = 0{,}0608\ e^{j80{,}54}\ \text{pu},$$
$$\mathbf{Z}_\beta = 0{,}01+j0{,}05 = 0{,}051\ e^{j78{,}69}\ \text{pu},$$
$$\mathbf{Z}_\alpha\ (\mathcal{S}_\beta/\mathcal{S}_\alpha) = 0{,}0608\ e^{j80{,}54}\times 1{,}5 = 0{,}0912\ e^{j80{,}54} = 0{,}0150 + j0{,}0900\ \text{pu} \quad \text{e}$$
$$\mathbf{Z}_\beta\ (\mathcal{S}_\alpha/\mathcal{S}_\beta) = 0{,}051\ e^{j78{,}69}\times 0{,}666.. = 0{,}0340\ e^{j78{,}69} = 0{,}00667 + j0{,}03334\ \text{pu},$$

então

$$\mathcal{S}_\alpha = 1\ e^{-j36{,}87}\ \frac{0{,}051\ e^{j78{,}69}}{0{,}1422\ e^{j79{,}87}} = 0{,}3587\ e^{-j38{,}05}\ \text{pu} \quad \text{e}$$

$$\mathcal{S}_\beta = 1\ e^{-j36{,}87}\ \frac{0{,}0608\ e^{j80{,}54}}{0{,}09481\ e^{79{,}88}} = 0{,}6413\ e^{-j36{,}21}\ \text{pu},$$

devendo-se esclarecer que esses valores por unidade referem-se a frações da potência aparente total fornecida à carga pelos dois transformadores.

Exercício 7.4- Determinar a máxima carga S_{max}, em kVA, que os transformadores dos problemas anteriores podem fornecer ao operarem em paralelo, sem sobrecarga em qualquer das unidades.

Diante de cargas crescentes, o transformador a entrar primeiro em plena carga é o de menor impedância percentual (ou por unidade), no caso o transformado β. Portanto, a solução procurada consiste em assumir esse transformador com sua plena carga de 600 kVA, determinar a potência total S_{max} fornecida e, em seguida , calcular a parcela de carga que cabe ao de maior impedância percentual, que é o transformador α.

Os resultados obtidos no problema 7.2 indicam a possibilidade de se recorrer a simples soluções algébricas. Portanto, pode-se escrever:

$$S_{max} = S_\beta \frac{|\mathbf{Z}'_\alpha| + |\mathbf{Z}'_\beta|}{|\mathbf{Z}'_\alpha|} = 600\frac{736+411{,}8}{736} = 935{,}7\ \text{kVA}, \text{ donde}$$

$$S_\alpha = S_{max} \frac{|\mathbf{Z}'_\beta|}{|\mathbf{Z}'_\alpha| + |\mathbf{Z}'_\beta|} = 935{,}7\frac{411{,}8}{736+411{,}8} = 335{,}7\ \text{kVA}.$$

Conclui-se, portanto, que

a) a máxima potência de 935,7 kVA, a ser fornecida à carga, é inferior à soma das potências aparentes dos dois transformadores, que é de 1.000 kVA;
b) operando o transformador β com seus 600 kVA, o transformador α permanece com carga de apenas 335,7 kVA, aquém portanto de sua potência nominal, que é de 400 kVA.

Exercício 7.5 - Com os mesmos dados do problema 7.1, salvo o fato de o transformador β ter tensões nominais de 13.940 / 220 V, calcular a distribuição das correntes $\mathbf{I}_\alpha$ e $\mathbf{I}_\beta$, no lado da baixa tensão (lado da carga), quando o conjunto fornece 1.000 kVA, sob 220 V, a receptor de fator de potência indutivo 0,8. Calcular, também, a tensão primária $\mathbf{V}_1$ requerida para manter o conjunto sob a condição de carga proposta.

Neste caso, são mantidos os dados do problema 7.1, à exceção da relação de transformação que passa a ser a_β= 13.940/220 = 63,36. A solução do problema é obtida nas equações 7.12, para o que, recorrendo-se aos demais dados presentes no problema 7.1, pode-se proceder aos cálculos na seqüência sugerida a seguir:

$$k = a_\alpha / a_\beta = 62{,}73 / 63{,}36 = 0{,}990 \; ; \quad 1/k = 1{,}01 \; ; \quad 1 - k = 0{,}01;$$

$$k\,\mathbf{Z}'_\alpha = 0{,}990\times 7{,}360\, e^{j80,54}\, 10^{-3} = 7{,}286\, e^{j80,54}\, 10^{-3} = (1{,}198 + j7{,}187)\, 10^{-3}\ \Omega;$$

$$k\,\mathbf{Z}'_\alpha + \mathbf{Z}'_\beta = [(1{,}198 + j7{,}187) + (0{,}8075 + j4{,}038)]10^{-3} = 11{,}403\, e^{79,87}\, 10^{-3}\ \Omega;$$

$$(1/k)\,\mathbf{Z}'_\beta = 1{,}01\times 4{,}118\, e^{j78,69}\times 10^{-3} = (0{,}8158 + j4{,}0792)\, 10^{-3}\ \Omega;$$

$$\mathbf{Z}'_\alpha + (1/k)\,\mathbf{Z}'_\beta = [(1{,}21 + j7{,}26) + (0{,}8158 + j4{,}0792)]10^{-3} = 11{,}519\, e^{j79,87}\, 10^{-3}\ \Omega.$$

Acrescentando, a estes dados, a corrente $\mathbf{I} = \mathbf{S}/\mathbf{V}_2$ = (1.000.000/220) $e^{-j36,87}$ = 4.545 $e^{-j36,87}$ A e a tensão $\mathbf{V}_2$ = 220 e^{j0} V, ambas impostas no presente problema, resta introduzi-las nas equações 7.2 que, então, assumem as formas adiante apresentadas, com os respectivos valores resultantes:

$$\mathbf{I}_\alpha = 4.545 e^{-j36,87} \frac{4{,}118 e^{j78,69}}{11{,}403 e^{j79,87}} + 200 \frac{0{,}01}{11{,}403 e^{j79,87}} \times 10^3 =$$

$$= 1.641{,}5\, e^{-j38,05} + 192{,}9\, e^{-j79,87} = \; = \mathbf{I}_{\alpha r} + \mathbf{I}_\chi = 1.790\, e^{-j42,17}\ \text{A}.$$

$$\mathbf{I}_\beta = 4.545 e^{-j36,87} \frac{7{,}360\, e^{j80,54}}{11{,}519\, e^{j79,87}} - 200 \frac{0{,}01}{11{,}403 e^{j79,87}} \times 10^3 =$$

$$= 2.904\, e^{-j36,20} - 192{,}9\, e^{-j79,87} = \mathbf{I}_{\beta r} - \mathbf{I}_\chi = 2.768\, e^{-j33,44}\ \text{A}.$$

A tensão $\mathbf{V}_1$, a ser aplicada aos transformadores, pode ser obtida por qualquer dos produtos $\mathbf{V}_1 = a_\alpha(\mathbf{Z}'_\alpha \mathbf{I}_\alpha + \mathbf{V}_2)$ ou $\mathbf{V}_1 = a_\beta(\mathbf{Z}'_\beta \mathbf{I}_\beta + \mathbf{V}_2)$. Optando pelo primeiro, obtém--se:

$$\mathbf{V}_1 = 62{,}73\,(7{,}360\ e^{j80{,}54}\ 10^{-3} \times 1.790\ e^{-j42{,}17} + 220) = 14.457\ e^{j2{,}03}\ \text{V}.$$

Observação: A título de verificação dos resultados obtidos para as correntes, sugere--se que se efetuem as somas $(\mathbf{I}_\alpha + \mathbf{I}_\beta)$ e $(\mathbf{I}_{\alpha r} + \mathbf{I}_{\beta r})$. Os dois resultados devem ser coincidentes e iguais à corrente de carga I, visto que, nesta corrente, são nulos os efeitos das correntes de circulação I_χ.

Exercício 7.6 - Quando operando em vazio e alimentados por uma linha de tensão V_1 = 14.457 volts eficazes, as tensões induzidas nos secundários dos transformadores do problema anterior são, respectivamente, $V_{0\alpha} = V_1/a_\alpha = 14.457 \div 62{,}727 = 230{,}5$ V e $V_{0\beta} = V_1/a_\beta = 14.457 \div 63{,}364 = 228{,}2$ V. Sendo postos a operar em paralelo nessa mesma linha e alimentando receptor que deles absorva 4.545 A sob fator de potência indutivo 0,8, quais serão suas correntes $\mathbf{I}_\alpha$ e $\mathbf{I}_\beta$, e qual a tensão $\mathbf{V}_2$ que eles mantêm nos terminais da carga?

A solução para este caso encontra-se nas expressões 7.8. Assumindo as tensões secundárias em vazio como referência, pode-se escrever $\mathbf{V}_{0\alpha} = 230{,}5\ e^{j0}$ e $\mathbf{V}_{0\beta} = 227{,}2\ e^{j0}$ V. A corrente na carga será a mesma do problema anterior, $\mathbf{I} = 4.545\ e^{-j36{,}87}$ A, o mesmo sucedendo com as impedâncias equivalentes e com sua soma, expressas, respectivamente, por

$$\mathbf{Z}'_\alpha = 7{,}36 \times 10^{-3} e^{j80{,}54},\ \mathbf{Z}'_\beta = 4{,}118\ 10^{-3} e^{j78{,}69}\ \text{e}\ (\mathbf{Z}'_\alpha + \mathbf{Z}'_\beta) = 11{,}48\ 10^{-3} e^{j79{,}88}\ \Omega.$$

Portanto, as correntes $\mathbf{I}_\alpha$ e $\mathbf{I}_\beta$ serão:

$$\mathbf{I}_\alpha = 4.545 e^{-j36{,}87} \frac{4{,}118 e^{j78{,}69}}{11{,}48 e^{j79{,}87}} + \frac{(230{,}5 - 228{,}2)\ e^{j0}}{11{,}48 e^{j79{,}87}} \times 10^3 =$$
$$= 1.630\ e^{-j38{,}06} + 200{,}4\ e^{-j79{,}88} = 1.318{,}6 - j1.202{,}2 = 1.784{,}4\ e^{-j42{,}35}\ \text{A};$$

$$\mathbf{I}_\beta = 4.545 e^{-j36{,}87} \frac{7{,}360\ e^{j80{,}54}}{11{,}48\ e^{j79{,}87}} - \frac{(230{,}5 - 228{,}2)\ e^{j0}}{11{,}48 e^{j79{,}87}} \times 10^3 =$$
$$= 2.913{,}9\ e^{-j36{,}21} - 200{,}4\ e^{-j79{,}88} = 2.315{,}9 - j1.524{,}1 = 2.772{,}4\ e^{-j33{,}35}\ \text{A}.$$

A tensão V_2 pode ser obtida de

$$\mathbf{V}_2 = \frac{\mathbf{V}_1}{a_\alpha} - \mathbf{Z}'_\alpha \mathbf{I}_\alpha = \frac{14.457}{62{,}727} - 7{,}36 \times 10^{-3} e^{j80{,}54} \times 1.784 e^{-j42{,}35} =$$
$$= 220{,}1 - j8{,}1 = 220{,}2\ e^{j2{,}11}\ \text{V}.$$

CAPÍTULO VIII
TRANSFORMADORES EM SISTEMAS TRIFÁSICOS

8.1- Preliminares.

Normalmente, a produção de energia elétrica em grande escala é realizada em corrente alternada, por intermédio de geradores síncronos trifásicos. Após a geração, essa energia é transmitida e, finalmente, distribuída aos seus consumidores. Entre a sua geração e final utilização, os transformadores exercem importante papel, conforme já exposto na seção 2.1. Eles são utilizados, logo após a geração, para elevar as tensões nos pontos iniciais das linhas de transmissão, bem como nas reduções subseqüentes para as subtransmissões, distribuições e final utilização da energia elétrica trifásica. Para essas finalidades, pode-se recorrer a transformadores trifásicos ou a bancos de três transformadores monofásicos. A opção por uma ou outra destas alternativas envolve considerações, tanto de ordem econômica como de natureza técnica relacionada com o desempenho do equipamento. A respeito desse desempenho, pode-se afirmar que, exceto em se tratando de transformadores trifásicos de fluxos ligados (seç. 4.5), os demais, de fluxos livres, comportam-se praticamente como um banco de três monofásicos iguais operando no mesmo sistema e com o mesmo tipo de ligações. Porém, sob determinadas condições de operação, o comportamento dos transformadores trifásicos de fluxos ligados pode diferir sensivelmente daquele de um banco equivalente, de três monofásicos. As divergências desses comportamentos, e suas causas, serão oportunamente esclarecidas.

Quanto aos aspectos econômicos, pode-se adiantar que, normalmente, o custo de um transformador trifásico é menor do que o custo de um banco de três monofásicos totalizando a mesma potência, além de oferecer maior rendimento e ocupar menor espaço. Em compensação, a adoção de bancos de três monofásicos requer reserva menos dispendiosa para fazer frente a eventuais avarias, porquanto o custo de um transformador monofásico, de reserva, é bem menor do que o de um trifásico com o triplo de sua potência. Ademais, se um dos transformadores de um banco de três monofásicos sofrer avaria, é possível manter o suprimento de energia com apenas as duas unidades restantes, quando ligadas em Δ aberto (seç. 8.10), também ditas "Em V".

Salvo expressa observação em contrário, neste capítulo a operação dos transformadores será restrita ao caso de regime senoidal permanente, sendo alimentados por fontes trifásicas perfeitamente simétricas e alimentando cargas balanceadas, entendendo-se por esta denominação três impedâncias iguais, simetricamente distribuídas nas linhas trifásicas. A hipótese, aqui adotada, implica em ignorar algumas inevitáveis componentes harmônicas nas correntes e em tensões induzidas em transformadores alimentados por fontes de tensão senoidal, razão porque a adoção de variáveis complexas (em **negrito**), e de seus respectivos fasores, implica em admiti-las como representativas de, tão-somente, as componentes fundamentais dessas correntes e tensões (ou de correntes "senoidais equivalentes", como definidas na seção 2.5).

Obedecidos estes pressupostos, segue um exame preliminar dos principais tipos de ligações encontradas nos sistemas trifásicos, para posterior análise de suas combinações. Essas ligações são as seguintes: em Estrela ou Y (Figs. 8.1), em Triângulo ou Δ (Figs. 8.4) e em Ziguezague ou em Z (Figs. 8.7). Convém, entretanto, que sejam definidas, desde já, as convenções a serem adotadas para identificar as fases dos transforma- dores, seus terminais e as linhas em conexão com esses terminais, bem como as correntes e as tensões nas fases dos transformadores e nas linhas onde eles se encontram.

As fases e as linhas ligadas aos seus terminais convencionados como positivos (para onde afluem as correntes primárias e de onde divergem as correntes secundárias, terminais esses identificados por pequenos círculos negros), serão representadas pelos conjuntos de letras (A,B,C) e (a,b,c), respectivamente para os primários e para os secundários. As correntes nas fases dos transformadores, independentemente do tipo de ligação, serão designadas por $\mathbf{I}_A$, $\mathbf{I}_B$, $\mathbf{I}_C$ e $\mathbf{I}_a$, $\mathbf{I}_b$, $\mathbf{I}_c$, designações essas que se aplicam, também, às correntes nas linhas em conexão com enrolamentos ligados em Y e em Ziguezague (Z).

Em se tratando de ligações em Δ, as correntes nas linhas resultam de diferenças entre correntes de fase. Portanto, considerando-se que as correntes nas fases primárias estão designadas por $\mathbf{I}_A$, $\mathbf{I}_B$ e $\mathbf{I}_C$, então as correntes (convencionadas como positivas) nas linhas A, B e C serão representadas, respectivamente, por $\mathbf{I}_{AB} = (\mathbf{I}_A - \mathbf{I}_B)$, $\mathbf{I}_{BC} = (\mathbf{I}_B - \mathbf{I}_C)$ e $\mathbf{I}_{CA} = (\mathbf{I}_C - \mathbf{I}_A)$. Analogamente, para o secundário, $\mathbf{I}_{ab} = (\mathbf{I}_a - \mathbf{I}_b)$, $\mathbf{I}_{bc} = (\mathbf{I}_b - \mathbf{I}_c)$ e $\mathbf{I}_{ca} = (\mathbf{I}_c - \mathbf{I}_a)$ (v. Apêndice II).

As tensões nas fases, também independentemente do tipo de ligação, serão representadas por $\mathbf{V}_A$, $\mathbf{V}_B$, $\mathbf{V}_C$ e $\mathbf{V}_a$, $\mathbf{V}_b$, $\mathbf{V}_c$, respectivamente para os primários e para os secundários. Alternativamente, essas tensões nas fases das ligações em Y e em Z também poderão ser representadas por $\mathbf{V}_{AN}$, $\mathbf{V}_{BN}$, $\mathbf{V}_{CN}$ e $\mathbf{V}_{an}$, $\mathbf{V}_{bn}$, $\mathbf{V}_{cn}$, a serem interpretadas como as tensões entre os conjuntos de terminais (A, B, C) e (a, b, c), e os respectivos neutros N e n. Analogamente, nas ligações em Δ, caso em que as tensões de fase coincidem com as tensões de linha, deve-se entender que $\mathbf{V}_A = \mathbf{V}_{AB}$ (tensão na fase A = tensão entre terminais A e B) e, analogamente, $\mathbf{V}_B = \mathbf{V}_{BC}$, $\mathbf{V}_C = \mathbf{V}_{CA}$, adotando-se notação semelhante para as tensões secundárias. Em se tratando de ligações em Y, as tensões entre terminais resultam de diferenças entre tensões de fase, à semelhança com o que ocorre com as correntes em ligações em Δ. Essas tensões entre terminais são $\mathbf{V}_{AB} = (\mathbf{V}_A - \mathbf{V}_B)$, $\mathbf{V}_{BC} = (\mathbf{V}_B - \mathbf{V}_C)$ e $\mathbf{V}_{CA} = (\mathbf{V}_C - \mathbf{V}_A)$, adotando-se o mesmo critério para as tensões secundárias.

Observação - O presente Capítulo, e os dois seguintes, 9 e 10, são dedicados à análise do comportamento de transformadores operando em Sistemas Trifásicos. Considerando-se que:

a) um transformador trifásico de Fluxos Livres comporta-se, sempre, como um banco equivalente de três transformadores monofásicos, mas
b) diante de determinadas situações, o mesmo não ocorre com um transformador trifásico de Fluxos Ligados,

para simplicidade de redação, e sempre que as circunstâncias o permitirem, as expressões "Transformador Trifásico" e "Banco Trifásico de Transformadores Monofásicos" serão empregadas indistintamente. Em caso contrário, o fato de o transformador Trifásico ser de Fluxos Livres, ou de Fluxos Ligados, será expressamente mencionado.

8.2- Ligações em Estrela (Y).

A maneira de realizar este tipo de ligação está indicada na Figura 8.1a, onde A_1, A_2, B_1, B_2 e C_1, C_2 designam os terminais das fases; seu circuito representativo é aquele da Figura 8.1b, onde é adotada a convenção Receptor, própria para os primários dos transformadores. Note-se que os terminais convencionados como positivos também são identificados por letras que têm o número 2 como índice.

Referindo-se à Figura 8.1b, pode-se escrever, para uma das tensões entre terminais ($\mathbf{V}_{AB}$, por exemplo), $\mathbf{V}_{AB} = \mathbf{V}_{AN} + \mathbf{V}_{NB} = \mathbf{V}_{AN} - \mathbf{V}_{BN} = \mathbf{V}_A - \mathbf{V}_B$, o que conduz ao diagrama da Figura 8.2. Nesse diagrama, pode-se observar uma defasagem de $+30^0$ entre a tensão de linha $\mathbf{V}_{AB}$ e a tensão de fase $\mathbf{V}_A = \mathbf{V}_{AN}$, tal que

$$\mathbf{V}_{AB} = \sqrt{3}\,\mathbf{V}_A e^{+j30} \qquad \text{8.1}$$

Relações semelhantes aplicam-se aos demais ramos da ligação em Y.

Uma ligação em Y pode ser dotada de um $4^{\underline{o}}$ fio conectado ao seu neutro N, usualmente aterrado (Fig. 8.3). Mantida a hipótese de sistema equilibrado e operando em regime puramente senoidal, quando esse fio neutro é ligado também ao neutro de fonte, igualmente ligada em Y, ele é desprovido de qualquer corrente, o que poderia torná-lo desnecessário. Entretanto, diante da não linearidade dos circuitos magnéticos e de determinados desequilíbrios de corrente, esse fio neutro poderá passar a conduzir correntes i_N definidas pela soma de três componentes,

$$i_N = i_A + i_B + i_C \qquad \text{.......... 8.2}$$

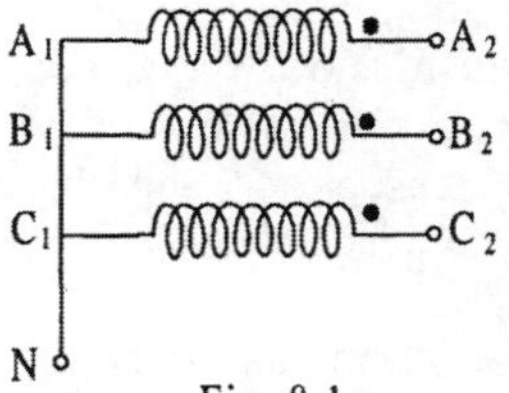

Fig. 8.1a 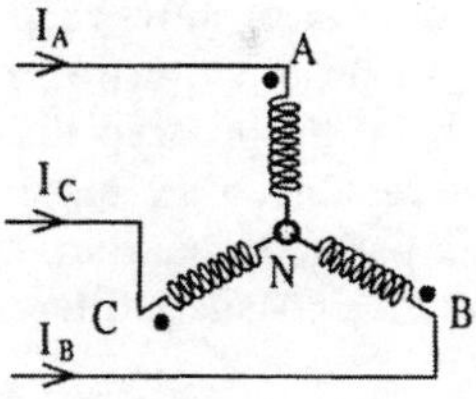 Fig.8.1b 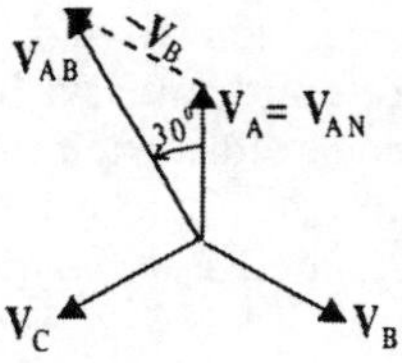 Fig. 8.2

A natureza dessas correntes no fio neutro será oportunamente esclarecida quando da análise dos efeitos de cargas desbalanceadas, bem como de componentes harmônicas, sobre o comportamento dos transformadores (variáveis de seqüência zero, Capítulos 9 e 10). Por ora, pode-se adiantar que, quando existentes, essas correntes i_N no fio neutro serão sempre as resultantes de três componentes iguais, ditas de Seqüência Zero, que se encontram em plena concordância de fase nos condutores das linhas trifásicas, razão porque elas não podem existir nessas linhas quando desprovidas de um 4º fio, seja para seu retorno à fonte, seja para alimentar cargas igualmente ligadas em Y.

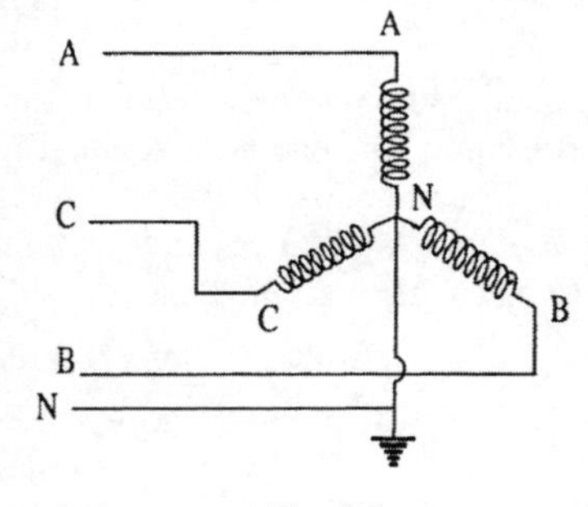

Fig. 8.3

Dispondo de fio neutro no secundário, os transformadores permitem a utilização da energia sob duas tensões diferentes: V entre terminais e neutro, e $\sqrt{3}\,V$ entre pares de terminais (127 e 220 V, por exemplo). Normalmente, o neutro da estrela é aterrado.

Na seção 2.5 (Efeitos da Histerese Magnética), foi demostrado que fluxos senoidais e, conseqüentemente, forças eletromotrizes induzidas por fase também senoidais requerem correntes magnetizantes não senoidais, encerrando toda uma gama de harmônicas ímpares, com predominância da de terceira ordem. Em linhas trifásicas com o 4º fio ativo, todas essas harmônicas de corrente podem circular livremente, permitindo a presença de fluxos e tensões induzidas por fase senoidais quando senoidais forem as tensões de alimentação. Entretanto, na ausência desse 4º fio, nenhuma das harmônicas ditas "triplas" (de terceira ordem e suas múltiplas, todas de seqüência zero) podem circular nas fases ligadas em estrela, o que implica em fluxos e tensões induzidas por fase encerrando harmônicas dessas mesmas ordens em transformadores de Fluxos Livres e, conseqüente oscilação de seus neutros, conforme vem exposto na seção 9.3. Não obstante a natureza não senoidal dessas tensões induzidas por fase, as tensões (forças eletromotrizes) resultantes entre terminais das ligações em estrela estarão isentas dessas harmônicas triplas porque, estando elas em concordância de fase nos três ramos das estrelas, suas diferenças são nulas ao longo de quaisquer dos pares desses três ramos.

Outra característica típica das ligações em estrela reside no fato de sempre se encontrarem duas fases ligadas em série entre cada par de fios da linha trifásica. Como resultado disso, a excitação de um transformador monofásico de um banco trifásico, com primário ligado em Y desprovido do 4º fio ligado à fonte, não será independente das excitações (das reatâncias de magnetização) dos demais. Este fato contribui, de modo marcante, para desequilibrar as tensões secundárias dos transformadores do banco, caso eles possuam diferentes características de excitação (seç. 8.8).

As ligações em Y são recomendáveis para circuitos de tensões mais elevadas, visto que a máxima tensão nas fases (entre enrolamentos e núcleos) de transformadores com neutros aterrados será igual a $1/\sqrt{3}$ da tensão entre terminais das estrelas, o que vale dizer, entre os condutores das linhas trifásicas. Ademais, para as mesmas potências e tensões nominais, quando comparadas com as ligações em Δ as ligações em Y requerem menores números de espiras por fase, com maiores seções de cobre, oferecendo maiores facilidades quanto à isolação dos enrolamentos.

8.3 - Ligações em Triângulo (Δ) .

Uma das maneiras de se efetuar uma ligação em Δ é mostrada na Figura 8.4a, e sua representação encontra-se na Figura 8.4b, na qual foi adotada a convenção receptor. Observando-se essas figuras conclui-se, sem mais, que as tensões de linha ($\mathbf{V}_{AB}$,$\mathbf{V}_{BC}$, $\mathbf{V}_{CA}$) coincidem com as correspondentes tensões de fase ($\mathbf{V}_A$, $\mathbf{V}_B$, $\mathbf{V}_C$). Quanto às correntes, as ditas "de linha" diferem das que circulam nas fases, sendo definidas pelas diferenças $\mathbf{I}_{AC} = (\mathbf{I}_A - \mathbf{I}_C)$, $\mathbf{I}_{BA} = (\mathbf{I}_B - \mathbf{I}_A)$ e $\mathbf{I}_{CB} = (\mathbf{I}_C - \mathbf{I}_B)$, conforme proposto no Apêndice II.

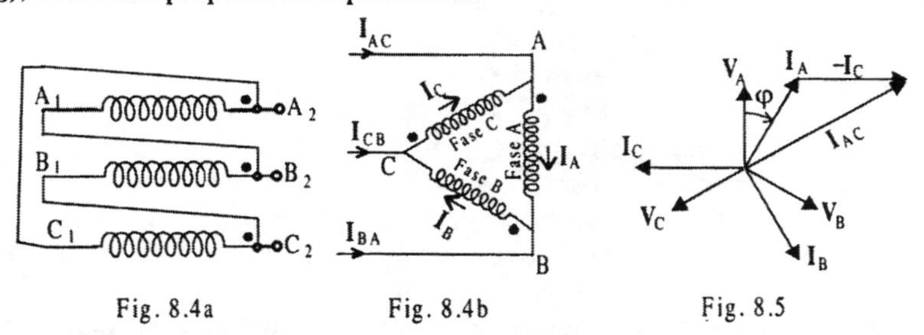

Fig. 8.4a Fig. 8.4b Fig. 8.5

A Figura 8.5 representa diagrama fasorial para o primário ligado em Δ de um transformador alimentando carga indutiva, onde pode-se observar que a corrente $\mathbf{I}_{AC}$, na linha A, mostra-se atrasada de 30^0 relativamente à corrente $\mathbf{I}_A$ na fase A, podendo ser expressa por

$$\mathbf{I}_{AC} = \sqrt{3}\,\mathbf{I}_A\, e^{-j\,30} \quad \ldots\ldots\ldots\ldots\ldots\ldots 8.3$$

Relações semelhantes aplicam-se às demais linhas e fases na ligação em triângulo.

Quando utilizadas nos secundários de transformadores de distribuição, as ligações em Δ podem ser dotadas de um 4º fio ligado a ponto intermediário a um dos pares de seus terminais, conforme indica a Figura 8.6 (neutro assimétrico, usualmente aterrado). Com a adição desse 4º fio, a distribuição da energia elétrica pode ser feita sob duas tensões, tais como 220 V para "força" trifásica e 110/220 V em energia monofásica, sendo 110 V para iluminação e utensílios domésticos e 220 V para pequenos motores, aquecimento, calefação e outras aplicações.

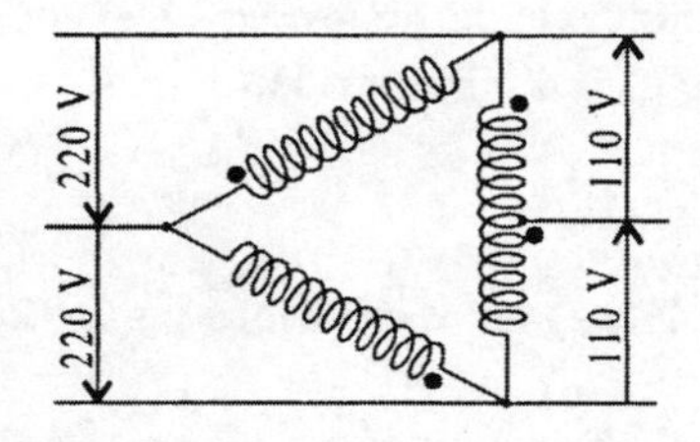

Fig. 8.6

Não obstante constituírem circuito em malha fechada, as ligações em Δ, envolvendo transformadores monofásicos iguais e operando em regime senoidal sob tensões equilibradas, não encerram correntes de circulação de freqüência fundamental, pois, assim operando, a soma das tensões induzidas no circuito em Δ fechado é constantemente nula. Porém, o mesmo não sucede fora dessas condições; indesejáveis correntes de circulação estarão presentes nos enrolamentos ligados em Δ, quando os transformadores monofásicos de um banco não tiverem a mesma relação de transformação.

Uma propriedade importante das ligações em Δ, que merece destaque especial, reside no fato de elas permitirem a circulação de componentes de correntes magnetizantes de seqüência zero em suas fases, a despeito da inexistência dessas componentes nas três linhas em conexão com os seus terminais. Essa propriedade possibilita a prática eliminação de harmônicas triplas de fluxo e de tensão em transformadores, inclusive quando essas ligações em Δ são utilizadas em combinação com ligações em Y e em Z, em linhas desprovidas do 4º fio. É nessa mesma propriedade que se baseia o emprego dos Enrolamentos Terciários (seç. 9.3) .

Pelas mesmas razões que as ligações em Δ podem permitir a circulação das <u>harmônicas</u> de correntes magnetizantes de seqüência zero, elas também podem tornar-se as sedes de correntes de seqüência zero de <u>freqüência fundamental</u>, possibilitando a presença dessas componentes nas correntes desequilibradas que resultam de falhas para a terra em linhas trifásicas (seçs. 10.1 e 10.4).

Nas ligações em Δ, cada uma de suas fases encontra-se, sempre, em paralelo com as duas restantes, fato este que lhes atribui propriedades comuns às dos circuitos encerrando impedâncias em paralelo. No caso de este tipo de ligação ser adotado em um banco de transformadores monofásicos com impedâncias equivalentes diferentes, a distribuição da potência fornecida a cargas balanceadas dependerá dos valores dessas impedâncias: assumirá a maior parcela da carga o transformador com a menor impedância, mormente no caso de a ligação em Δ ser adotada no primário e no secundário (combinação ΔΔ).

Outra característica típica, e importante das ligações em Δ, reside no fato de a excitação de cada uma de suas fases independer das excitações das demais. Assim sendo, e ao contrário do que ocorre com as ligações em Y sem fio neutro (seç. 8.8), desequilíbrios de corrente provocados por cargas desbalanceadas exercem pouca influência sobre o equilíbrio das tensões secundárias; essa influência resume-se em diferenças relativamente pequenas nas quedas de tensão produzidas por diferentes correntes circulando nas impedâncias equivalentes dos transformadores.

Quanto ao emprego das ligações em Δ, elas podem ser encontradas em linhas que não requeiram um neutro simétrico, sendo mais recomendáveis para transformadores operando em sistemas de tensões mais baixas e moderadas e, em contrapartida, que conduzem correntes mais elevadas, visto que as correntes em suas fases reduzem-se a $1/\sqrt{3}$ das correntes nas linhas.

8.4 - Ligações em Ziguezague (Z).

Embora menos freqüente, há ainda um terceiro tipo de ligação a ser considerado: trata-se da ligação "em Ziguezague", também designada "ligação em Z". Para que ela possa ser efetuada, é necessário que o enrolamento de cada uma das três fases seja constituído por duas seções iguais, conforme ilustrado na Figura 8.7a. Nessa figura, os terminais convencionados como positivos são aqueles identificados por letras que têm como índices os números pares, 2 e 4. Nela estão indicadas, também, as conexões das quais resulta uma das possíveis ligações desse tipo, cuja representação encontra-se na Figura 8.7b.

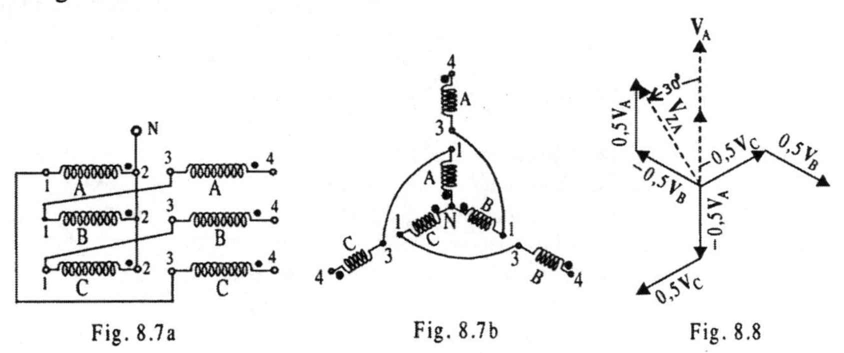

Fig. 8.7a Fig. 8.7b Fig. 8.8

Obedecidas as convenções já adotadas para definir as polaridades de cada uma das seções das fases, bem como a maneira como estão interligadas, pode-se chegar ao diagrama fasorial da ligação em Z, realizado de conformidade com as Figuras 8.7. Esse diagrama vem apresentado na Figura 8.8, donde se conclui que as tensões de fase na ligação em Z (**V**$_{ZA}$, por exemplo) reduzem-se a 0,866 das tensões que resultariam de uma simples ligação em estrela (por exemplo, 0,866 de **V**$_{A}$,), mostrando-se delas adiantadas de 30^0.

Da mesma forma que as ligações em Y, as em Z também podem ser dotadas de fio neutro, usualmente aterrado, podendo operar com duas tensões: V entre cada terminal da ligação em Z e seu neutro, e $\sqrt{3}\,V$ entre cada um dos pares de terminais dessa ligação.

Uma propriedade peculiar às ligações em Z, que não é observada nas ligações em Y, refere-se às harmônicas triplas de tensão induzida entre terminais e neutro. A exemplo do que ocorre com as ligações em Y, diante da ausência de harmônicas triplas nas correntes magnetizantes, as harmônicas triplas de tensão induzida também estarão presentes nas ligações em Z, porém exclusivamente nas tensões entre os terminais de cada uma das duas seções que compõem as fases da ligação em Z. Para justificar essa propriedade observe-se, por exemplo, o ramo NA_4 da Figura 8.7b. Esse ramo é constituído pela seção A_3A_4 da fase A, ligada em série com a seção $B_1B_2=B_1B_N$ da fase B, seção esta com polaridade invertida em relação à primeira. O resultado está indicado no diagrama da Figura 8.8 que mostra uma defasagem de 60^0 entre as tensões de freqüência fundamental induzidas nessas duas seções. Portanto, para as harmônicas de terceira ordem, e suas múltiplas, essa defasagem será, sempre, equivalente a 3 x 60 = 180^0, o que significa franca oposição de fases e, conseqüentemente, a anulação das harmônicas triplas de tensão entre o terminal A_4 e o neutro N. Essa propriedade justifica o emprego da ligação em Z nas combinações de ligações YZ desprovidas de um 4º fio ativo, caso em que contribui, também, para a melhoria das operações com cargas desbalanceadas.

Outra aplicação corrente das ligações em Z é encontrada nos "Transformadores de Aterramento" (seç. 10.4).

8.5 - Resumo das Principais Características das Ligações em Δ e em Y.

Entre as propriedades características das ligações em Δ e em Y, e que se destacam como duais, distinguem-se:

a) nas ligações em Δ, as tensões de fase coincidem com as tensões de linha; nas ligações em Y são as correntes de fase que coincidem com as de linha;
b) nas ligações em Δ, as correntes de linha resultam de diferenças entre correntes de fase; nas ligações em Y são as tensões de linha que resultam de diferenças entre as tensões de fase;
c) nas ligações em Δ, as correntes de linha são $\sqrt{3}$ vezes maiores que as correntes de fase; nas ligações em Y são as tensões de linha que são $\sqrt{3}$ vezes maiores que as tensões de fase;
d) nas ligações em Δ, as correntes de fase encontram-se adiantadas de 30^0 em relação às correspondentes correntes linha; nas ligações em Y são as tensões de

linha que se encontram adiantadas desse mesmo ângulo em relação às tensões de fase;

e) ligações em Δ possuem propriedades comuns aos circuitos ligados em paralelo porque entre qualquer par de seus terminais há, sempre, uma de suas fases em paralelo com as duas restantes; as ligações em Y possuem propriedades comuns aos circuitos série porque, entre cada par de seus terminais há, sempre, duas fases ligadas em série;

f) nos bancos de transformadores monofásicos ligados em Δ, os transformadores com menores impedâncias equivalentes assumem as maiores correntes (por fase); nas ligações em Y sem neutro, os transformadores com menores impedâncias (reatâncias) de magnetização assumem as menores tensões por fase.

No que diz respeito a correntes de seqüência zero, distinguem-se as seguintes propriedades:

a) constituindo circuitos fechados, as ligações em Δ podem abrigar correntes (de circulação) de seqüência zero, sejam elas componentes harmônicas de freqüências ditas "triplas" (seç. 9.2) , sejam de freqüência fundamental, resultantes de desequilíbrios de corrente (seçs. 10.1 e 10.4);

b) ligações em Y, sem fio neutro ativo, não podem encerrar quaisquer correntes de seqüência zero, porém, podem encerrá-las quando esse fio estiver presente.

8.6- Combinação YY.

A Figura 8.9 indica como interligar terminais das fases de transformadores para se obter uma ligação YY; a Figura 8.10 mostra sua representação em conjunto com uma fonte trifásica (ligada aos terminais primários A,B,C) e uma carga (ligada aos terminais secundários a, b, c). Os neutros N e n dessa ligação podem ser conectados aos neutros da fonte e da carga, desde que estas também estejam ligadas em estrela.

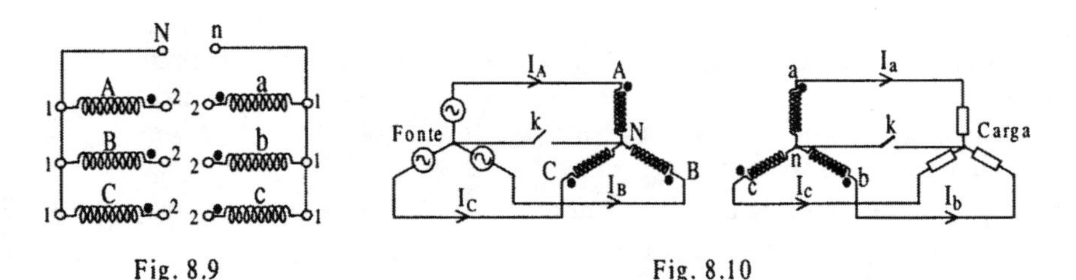

Fig. 8.9

Fig. 8.10

Mantida a hipótese inicial de alimentação por fontes de tensões equilibradas e operação em regime senoidal permanente com cargas balanceadas, a representação fasorial das tensões e correntes de fase, bem como das tensões entre terminais (V_{AB} e V_{ab}, por exemplo), é encontrada na Figura 8.11, na qual foi assumida carga indutiva.

Desprezadas as quedas internas, bem como os efeitos das componentes em vazio das correntes de carga, e adotando-se convenções adequadas, as tensões primárias e secundárias em cada fase não apresentam quaisquer defasagens, o mesmo acontecendo com as correntes, ficando as relações entre seus módulos ditadas exclusivamente pelas relações de transformação dos transformadores.

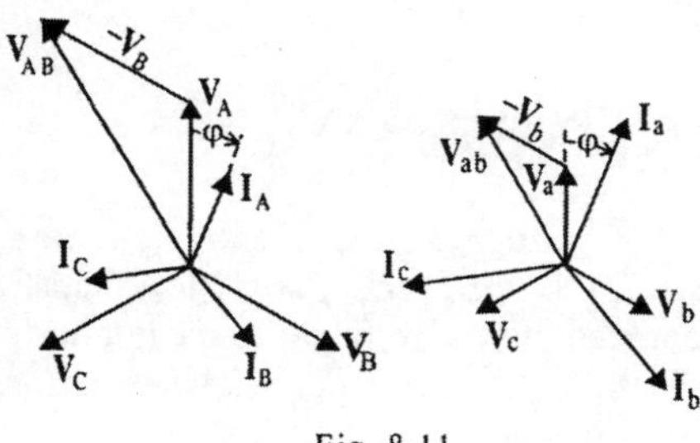

Fig. 8.11

Do exposto na seção 8.2, pode-se concluir que, havendo o quarto fio ativo (ou os dois neutros aterrados, visto que, neste caso, a terra comporta-se à semelhança do 4º fio), quer apenas na linha primária, quer somente na secundária, ou em ambas, as componentes de corrente magnetizante de seqüência zero (harmônicas triplas) em linhas e em fases dos transformadores poderão retornar pelo(s) quarto(s) fio(s) ativo(s), possibilitando fluxos senoidais e, conseqüentemente, tensões também senoidais entre terminais e neutro(s). Porém, a presença dessas harmônicas triplas nas correntes magnetizantes pode induzir ruídos indesejáveis em linhas telefônicas próximas a linhas de transmissão.

Na ausência desse 4º fio (e de neutros aterrados), tanto na linha primária como na secundária, as componentes harmônicas triplas estarão ausentes nas correntes magnetizantes, provocando fluxos e tensões por fase não senoidais nos transformadores de fluxos livres.

Ainda como conseqüência da presença de harmônicas triplas nas tensões por fase, as tensões para neutros nas ligações em YY passam a oscilar em relação às tensões entre linhas (v. seç. 9.3, Fig. 9.3). Entretanto, esses inconvenientes estarão praticamente ausentes nos transformadores trifásicos de fluxos ligados, o mesmo sucedendo no caso de fluxos livres quando aos transformadores forem adicionados "Enrolamentos Terciários" (v. seç. 9.3). Outra característica desfavorável das ligações em YY, com neutros isolados, reside na sensibilidade de suas tensões por fase, que podem se apresentar bastante desequilibradas quando em operação sob condições não balanceadas (seç. 8.8).

Quanto a componentes de correntes de seqüência zero, porém de freqüência fundamental, causadas por desequilíbrios provocados por falhas para a terra, elas poderão estar presentes nas combinações YY quando as linhas primária e secundária incluírem o quarto fio. Entretanto, no caso de transformadores com enrolamentos terciários (v. cap. 10), basta a presença do quarto fio em apenas uma das linhas, primária ou secundária, para que nela circulem correntes de seqüência zero.

As ligações YY são mais recomendáveis para transformadores de potências relativamente pequenas, destinados a operar em linhas de tensões mais elevadas em razão de suas tensões por fase serem inferiores às das linhas onde eles operam.

8.7 - Combinação ΔΔ.

A Figura 8.12 representa uma ligação ΔΔ envolvendo um primário (terminais A,B,C) e um secundário (terminais a,b,c), observado o paralelismo dos ramos representativos de fases do mesmo nome. A Figura 8.13 mostra um diagrama fasorial para suas tensões e correntes, onde também foram ignorados os efeitos das quedas nas impedâncias equivalentes, assim como das componentes magnetizantes das correntes primárias. Para maior clareza da apresentação do assunto, na Figura 8.13 também foi mantido o paralelismo dos fasores das tensões de fase com os correspondentes ramos representativos, tais como dispostos na Figura 8.12.

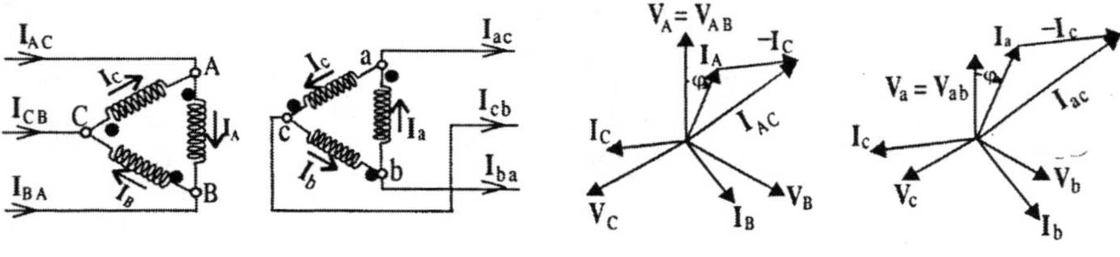

Fig. 8.12 Fig. 8.13

Obviamente, as propriedades inerentes às ligações em Δ, tais como descritas na seção 8.3, estendem-se às combinações ΔΔ, notadamente no que se refere às correntes de circulação em bancos de transformadores com diferentes relações de transformação. Estendem-se, igualmente, às componentes de seqüência zero das correntes magnetizantes, também de circulação, que decorrem da histerese magnética e contribuem para a prática supressão das harmônicas triplas de fluxo nos núcleos dos transformadores e, conseqüentemente, o mesmo sucedendo com as correspondentes harmônicas triplas em suas forças eletromotrizes induzidas.

Diante de falhas para a terra e inexistência de aterramentos em fases das ligações ΔΔ, não há que se cogitar em correntes de seqüência zero de freqüência fundamental (Cap. 10) circulando nas malhas fechadas em Δ, a despeito da existência de caminhos físicos para essas circulações.

O fato de a excitação de cada uma das fases das ligações em Δ independer das excitações das duas restantes, aliado à inexistência de fases em série (o que existe nas ligações em Y sem fio neutro), torna o equilíbrio das tensões induzidas por fase do Δ muito pouco influenciado por diferentes características de excitação de transformadores monofásicos operando em banco, o mesmo acontecendo com as tensões terminais secundárias nas operações com cargas desbalanceadas.

Outra característica favorável dessas ligações reside na possibilidade de, em caso de avaria em um dos transformadores de um banco, recorrer-se à ligação "em V", ou

"Δ aberto", a fim de possibilitar a manutenção do fornecimento da energia elétrica trifásica, embora com a potência reduzida (seç. 8.10).

As ligações em ΔΔ constituem uma opção econômica para grandes transformadores de tensões mais baixas, encerando maiores números de espiras por fase, com condutores de menores seções.

Quando utilizados em redes de distribuição, usualmente os transformadores ligados em ΔΔ têm, em uma de suas fases secundárias, um terminal intermediário para o fornecimento de energia sob duas tensões, 110 e 220V, por exemplo (seç. 8.3).

8.8 - Operação sob Condições Não Balanceadas.

Ao atuarem com ligações ΔΔ, ou YY dotadas de fio neutro ativo, as condições de operação de cada um dos transformadores monofásicos de um banco são praticamente independentes das condições de operação dos demais. Portanto, quando alimentados por tensões equilibradas e suprindo energia a cargas desbalanceadas, salvo pequenas diferenças nas quedas em suas impedâncias equivalentes, também as tensões secundárias apresentam-se praticamente equilibradas. Esta propriedade pode ser estendida inclusive a transformadores ligados em YY com fio neutro atuante apenas no primário. Entretanto, o mesmo não acontece nas ligações YY desprovidas de fios neutros; neste caso, são encontradas, sempre, duas fases ligadas em série entre quaisquer dos pares de condutores, seja das linhas primárias, seja das secundárias, o que implica em a corrente em uma das fases ser diretamente influenciada pelas correntes que circulam nas outras duas. Essa interdependência das correntes nas fases de bancos trifásicos de transformadores monofásicos, com diferentes características de excitação, constitui causa de consideráveis desequilíbrios nas tensões induzidas nos transformadores.

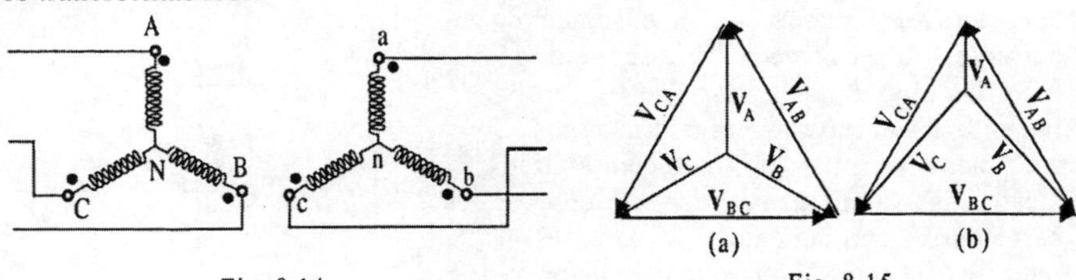

Fig. 8.14

Fig. 8.15

Primeiramente, e no que se refere às tensões induzidas entre terminais e neutros, será examinado o que ocorre em um banco de três transformadores monofásicos <u>idênticos</u>, ligados em YY sem o 4º fio de retorno à fonte (Fig. 8.14),. Sendo alimentados por fonte de tensões equilibradas, suas tensões entre terminais podem ser representadas pelo triângulo equilátero constituído pelos fasores $\mathbf{V}_{AB}$, $\mathbf{V}_{BC}$ e $\mathbf{V}_{CA}$ da Figura 8.15a. Para maior clareza, inicialmente será considerado o caso de operação em vazio, quando pode-se afirmar que as tensões entre terminais e neutro (nos transformadores) também serão iguais em módulo, podendo ser representadas pelos fasores $\mathbf{V}_A$, $\mathbf{V}_B$ e $\mathbf{V}_C$ dispostos em estrela centrada no triângulo da mesma figura.

Situações semelhantes de equilíbrio serão observadas no secundário do banco.

Em seguida, será considerado o caso de os três transformadores não serem iguais, sendo o da fase A caracterizado por uma reatância de magnetização menor do que a dos outros dois. Isto significa que também a tensão V_A entre seus terminais será menor do que as tensões V_B e V_C nos enrolamentos dos transformadores B e C, com os quais ele se mantém em série entre cada par das linhas primárias. A Figura 8.15b mostra o desequilíbrio provocado nas tensões resultantes nos primários dos transformadores, desequilíbrio esse que se transfere para as tensões induzidas em seus secundários, não obstante as tensões entre terminais das estrelas primária e secundária permaneçam equilibradas.

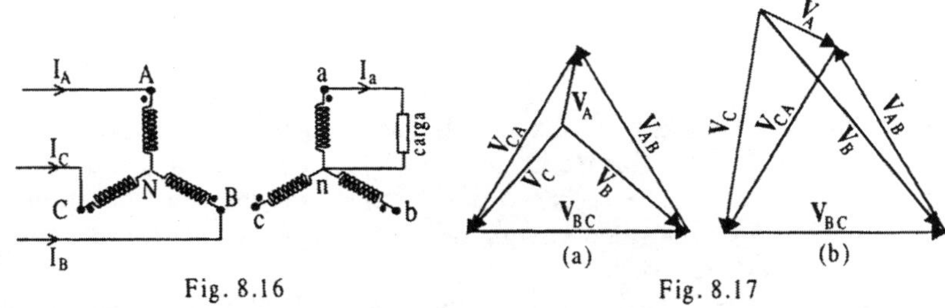

Fig. 8.16 Fig. 8.17

Outra situação de desequilíbrio, que merece destaque, é aquela de bancos de transformadores monofásicos ligados em YY, com neutros isolados e alimentando cargas desbalanceadas. Para dar mais ênfase aos efeitos de tais cargas, considere-se o caso extremo indicado na Figura 8.16, representativa de um banco alimentando carga monofásica ligada a apenas uma de suas fases, mantido o primário desprovido de fio neutro. Permanecendo as fases secundárias b e c em circuito aberto, as impedâncias das fases primárias correspondentes, A e B, assumirão o valor de suas impedâncias de magnetização, o que implica em:

a) considerável limitação da intensidade da corrente I_a a ser fornecida à carga, em virtude das altas impedâncias que os enrolamentos primários dos transformadores B e C, mantidos em vazio, oferecem à circulação das componentes da corrente de carga nesses enrolamentos;

b) reduções da impedância que o transformador da fase A oferece à linha de alimentação, relativamente à impedância dos dois restantes, reduções essas tanto mais acentuadas quanto menor for a impedância da carga alimentada pela fase a .

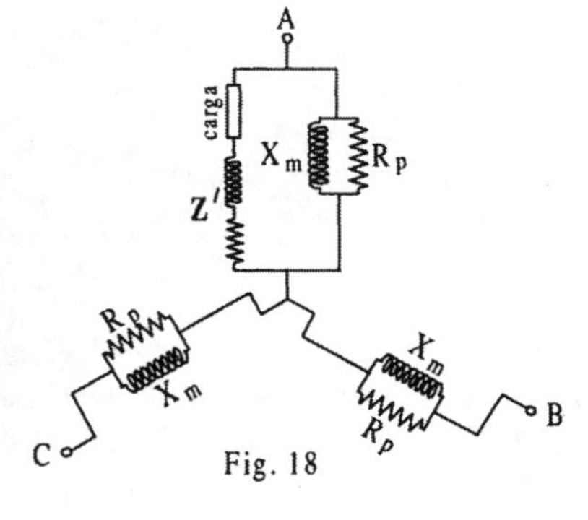

Fig. 18

Como conseqüência, desequilibram-se as tensões das fases dos transformadores, cujos fasores representativos, $\mathbf{V}_A$, $\mathbf{V}_B$ e $\mathbf{V}_C$, podem se apresentar como indica a Figura 8.17a. Diante de cargas crescentes (reduções na impedância da carga), aumenta a distância entre o centro da estrela constituída por esses fasores e a base do triângulo equilátero formado pelos fasores $\mathbf{V}_{AB}$, $\mathbf{V}_{BC}$ e $\mathbf{V}_{CA}$ que representam as tensões equilibradas de linha, fato que pode ser justificado, qualitativa e quantitativamente, por intermédio do circuito equivalente da Figura 8.18. É de se salientar que, no caso de essas cargas crescentes serem suficientemente capacitivas, o centro dessa estrela pode ultrapassar o vértice superior do referido triângulo, tornando as tensões de fase $\mathbf{V}_B$ e $\mathbf{V}_C$ maiores do que as próprias tensões de linha (Fig. 8.17b).

8.9 - Combinações ΔY e YΔ.

Em suas linhas gerais, as combinações envolvendo ligações em Y e em Δ apresentam características que, em parte, são comuns a cada um desses dois tipos de ligação. A Figura 8.19 mostra, esquematicamente, as ligações de uma combinação ΔY às respectivas linhas, observado o paralelismo das fases correspondentes no primário e no secundário. A Figura 8.20 apresenta as composições fasoriais das tensões e das correntes, pondo em evidência seus deslocamentos de fase quando observadas entre os condutores das linhas primárias e secundárias. Entre esses condutores, as tensões secundárias apresentam-se adiantadas de 30^0 em relação às suas correspondentes no primário, conforme pode-se observar nessa Figura 8.20 ($\mathbf{V}_{ab}$ e $\mathbf{V}_A$=$\mathbf{V}_{AB}$, por exemplo). Esses deslocamentos de fase podem se constituir em impedimento para o paralelismo de transformadores com diferentes combinações de ligações (seç. 8.11).

A presença da ligação em Δ em qualquer desses dois tipos de combinação garante a manutenção de fluxos senoidais no transformador e, conseqüentemente, de tensões senoidais também nas fases da ligação em Y desprovida de fio neutro, evitando oscilações na tensão de seu neutro relativamente às suas tensões entre terminais.

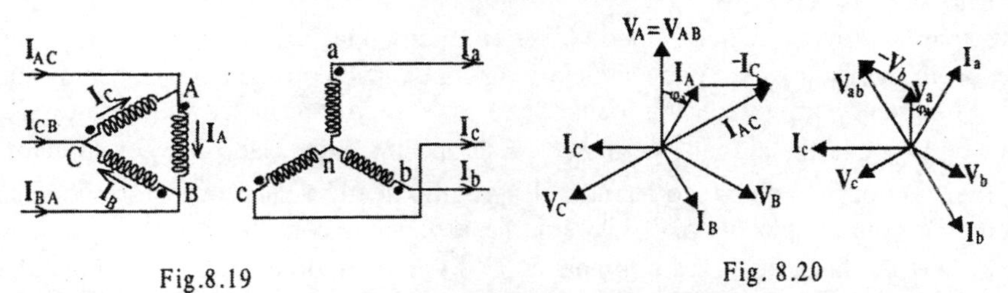

Fig.8.19

Fig. 8.20

Garante, igualmente, a circulação de correntes de seqüência zero nas linhas em conexão com a ligação em Y com neutros aterrados, quando da ocorrência de falhas para a terra.

As combinações ΔY e YΔ prestam-se bem para transformadores que operam em sistemas de alta tensão, a primeira delas sendo utilizada no início das linhas, para elevações de tensão, e a segunda para as reduções em seus pontos terminais. Pelas razões já expostas, normalmente os neutros das estrelas são aterrados.

8.10 - Ligações em Δ Aberto (em V).

Trata-se de ligação assimétrica, que utiliza apenas dois transformadores monofásicos para operarem em linhas trifásicas, conforme indica a Figura 8.21[1]. Ela pode ser utilizada em duas circunstâncias: no suprimento de energia trifásica a uma região na qual, futuramente, deverá haver aumento de consumo (caso em que um terceiro transformador monofásico será incorporado ao banco), ou em caráter emergencial, quando um dos transformadores de um banco trifásico sofrer avaria (caso em que este transformador é retirado, permanecendo os dois restantes ligados em V).

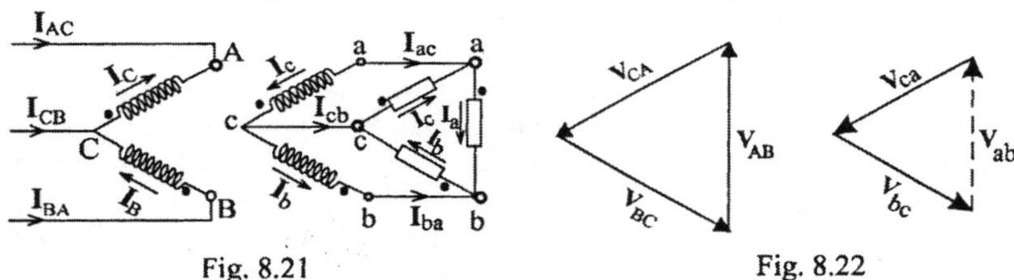

Fig. 8.21 Fig. 8.22

Salvo quedas relativamente pequenas nas impedâncias equivalentes dos dois transformadores em carga, as tensões nos terminais secundários mantêm-se equilibradas, desde que as tensões aplicadas no primário também o sejam. Tais tensões aplicadas estão representadas pelos fasores $\mathbf{V}_{AB}$, $\mathbf{V}_{BC}$ e $\mathbf{V}_{CA}$ da Figura 8.22, dispostos como os lados de um triângulo equilátero. Não obstante a ausência do terceiro transformador, a tensão $\mathbf{V}_{AB}$ subsiste pelo simples fato de ser imposta pela fonte; quanto à tensão $\mathbf{V}_{ab}$ entre os terminais secundários correspondentes, ela decorre simplesmente da composição das tensões $\mathbf{V}_{bc}$ e $\mathbf{V}_{ca}$.

Relativamente à potência que se pode obter com uma ligação em V, obviamente ela será menor do que aquela que pode ser suprida pela ligação completa em Δ. Com esta ligação, a potência nominal de um banco, expressa em volt-ampères e em termos de variáveis <u>de linha</u>, é dada por $\mathcal{S}_{\Delta} = \sqrt{3}\mathcal{V}\mathcal{I}$. Esta mesma expressão pode ser aplicada para a potência nominal do banco quando, desprovido de um de seus transformadores, passa a operar com a ligação em V. Porém, neste caso a corrente nominal passa a ser a corrente de fase, que será limitada a $\mathcal{I}/\sqrt{3}$, reduzindo a potência nominal do banco, de $\mathcal{S}_{\Delta}$ para $\mathcal{S}_{V} = \mathcal{S}_{\Delta}/\sqrt{3} = 0{,}578\ \mathcal{S}_{\Delta}$.

[1] embora fisicamente não exista a fase primária A, as correntes nas fases primárias B e C incorporam a componente $\mathbf{I}_A$ resultante da corrente secundária de carga $\mathbf{I}_a$.

8.11 -Deslocamentos Angulares de Fases.

Observando-se a Figura 8.13, referente à ligação ΔΔ, constata-se que as tensões primárias e secundárias ($\mathbf{V}_A$ e $\mathbf{V}_a$, por exemplo), que coincidem com as tensões de linha $\mathbf{V}_{ab}$ e $\mathbf{V}_{AB}$, encontram-se em plena concordância de fase. Entretanto, o mesmo não acontece no caso da ligação ΔY, conforme pode-se observar no diagrama da Figura 8.20, onde $\mathbf{V}_{ab}$ encontra-se defasada de $+30^0$ relativamente a $\mathbf{V}_{AB}$. Como conclusão imediata, resulta a incompatibilidade de ligações em paralelo de dois transformadores trifásicos, um com ligação ΔΔ e o outro com essa ligação ΔY. Caso uma ligação em paralelo fosse realizada entre esses dois transformadores, as defasagens das tensões entre os terminais secundários interligados lhes imporiam inadmissíveis correntes de circulação. Em suma: dois ou mais transformadores trifásicos (ou bancos trifásicos de transformadores monofásicos) podem ser colocados em paralelo somente quando apresentarem os mesmos deslocamentos de fases entre suas tensões terminais primárias e secundárias.

Visando à operação em paralelo de transformadores em linhas trifásicas, é de conveniência reunir em grupos os tipos de combinações compatíveis com seus paralelismos. Como será mostrado nas Tabelas 8A e 8B, os deslocamentos de fase podem ser nulos ou de 180^0, e de -30^0 e $+30^0$, dependendo das maneiras como forem realizadas as diferentes combinações entre as ligações em Y, Δ e Z.

Os principais desses grupos encontram-se listados a seguir, e as correspondentes Tabelas 8A e 8B mostram suas ligações e os respectivos diagramas fasoriais:

Grupo 1- deslocamento Nulo (Yy 0, Dd 0 e Dz 0).
Grupo 2- deslocamento de 180^0 (Yy 180, Dd 180 e Dz 180).
Grupo 3- deslocamento de -30^0 (Dy −30, Yd −30 e Yz −30).
Grupo 4- deslocamento de $+30^0$ (Dy +30, Yd +30 e Yz +30)

Para esclarecimentos a respeito dos diagramas fasoriais das tabelas 8A e 8B, convém salientar o seguinte:

a) os referidos deslocamentos angulares devem ser considerados sempre entre as tensões ditas de linha ou, mais explicitamente, entre os condutores que vão colocar os transformadores em paralelo;
b) considerando que nas ligações em Δ as tensões de fase coincidem com as tensões de linha ($\mathbf{V}_A = \mathbf{V}_{AB}$, $\mathbf{V}_B = \mathbf{V}_{BC}$, ...), a notação usualmente empregada para as tensões de linha nas ligações em Y (e em Z) será adotada também para as ligações em Δ;
c) os dois terminais de cada fase dos enrolamentos dos transformadores serão identificados pelos índices 1 e 2 (exemplificando: A_1 e A_2 para a fase A), convencionando-se como positivos aqueles identificados pelo índice 2. Nas

ligações em Z, nas quais cada fase é dividida em duas seções, há que serem considerados quatro terminais (por exemplo, A_1, A_2 e A_3, A_4), convencionando-se como positivos os terminais identificados pelos índices pares (2 e 4).

TABELA 8A

GRUPO	SÍMBOLO DESLOC. DE FASE	ENROLAMENTOS E LIGAÇÕES	FORÇAS ELETROMOTRIZES E DIAGRAMAS FASORIAIS
1	Y y 0	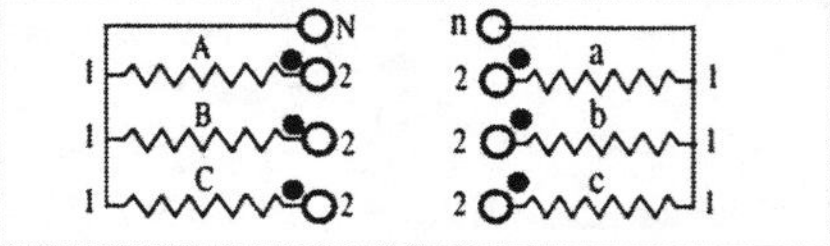	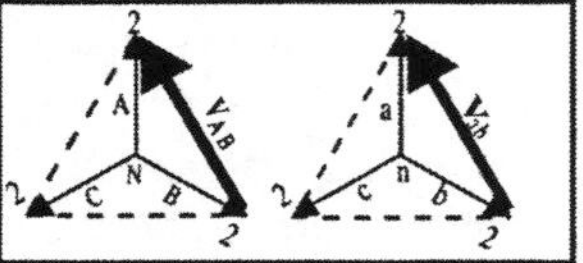
	D d 0	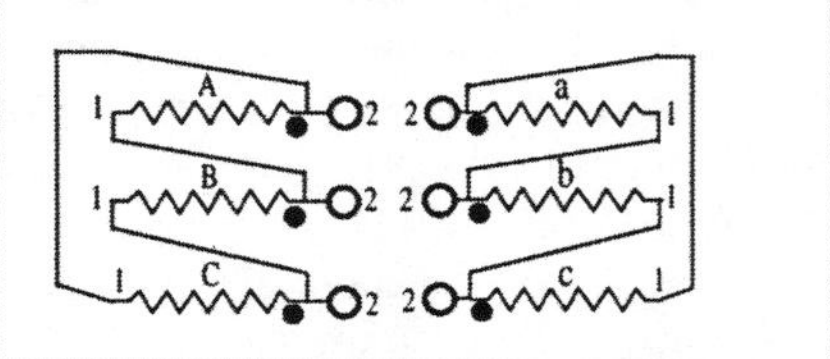	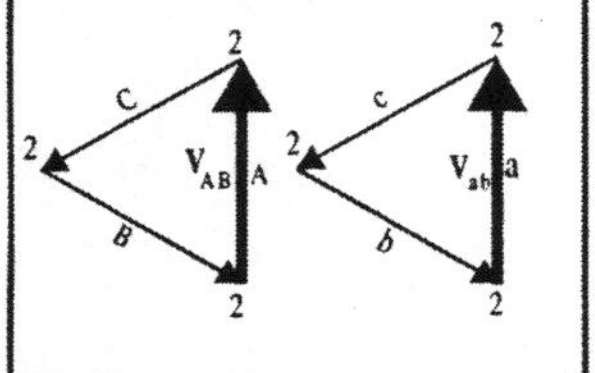
	D z 0	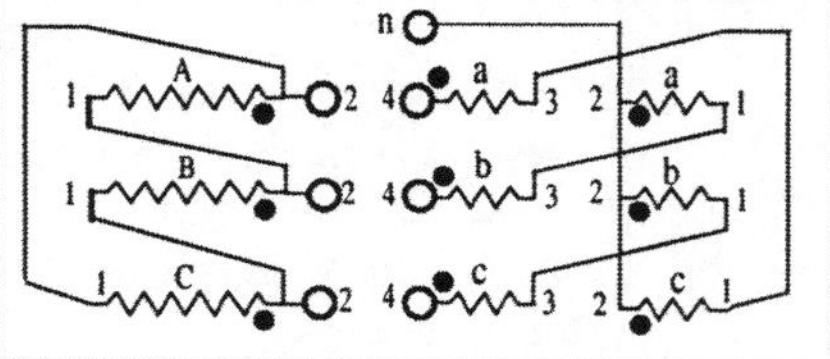	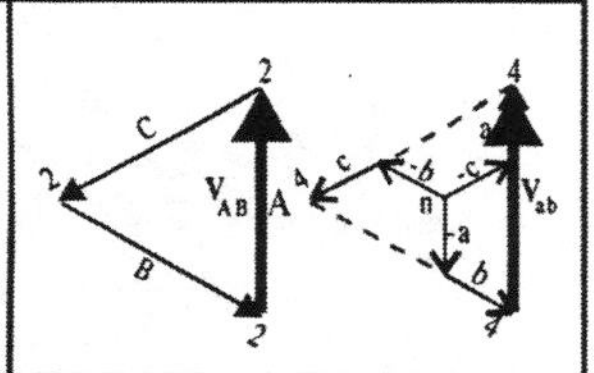
2	Y y 180	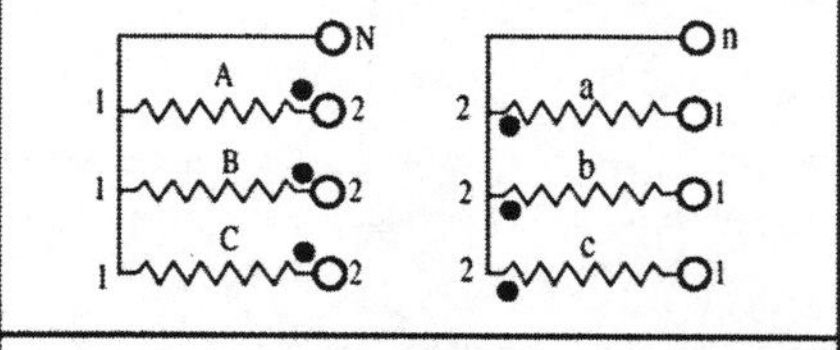	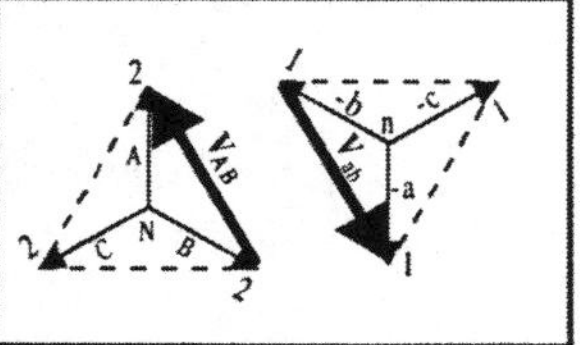
	D d 180	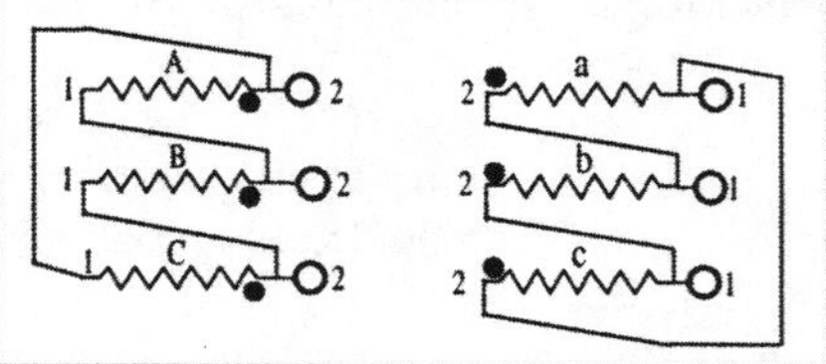	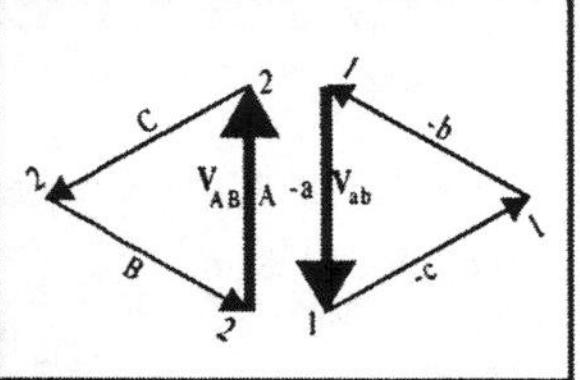
	D z 180	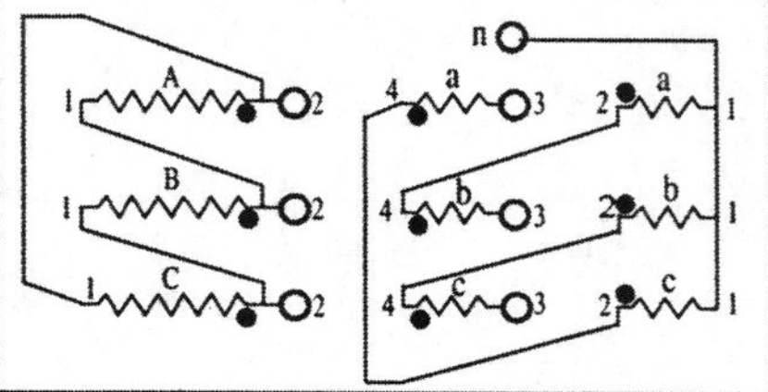	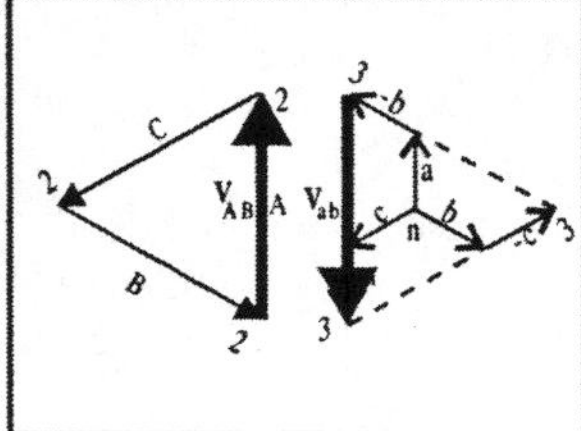

TABELA 8B

GRUPO	SÍMBOLO DESLOC. DE FASE	ENROLAMENTOS E LIGAÇÕES	FORÇAS ELETROMOTRIZES E DIAGRAMAS FASORIAIS
3	D y -30	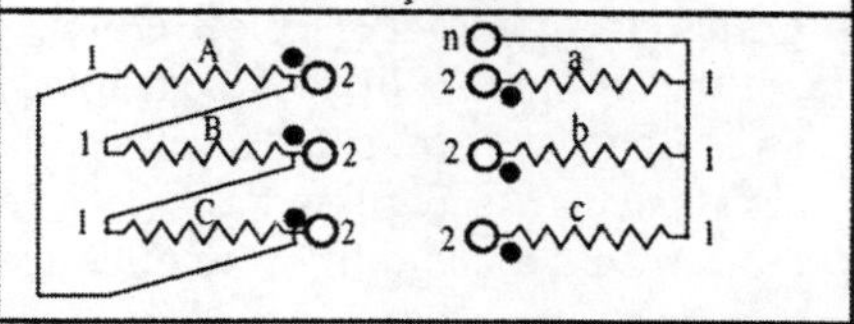	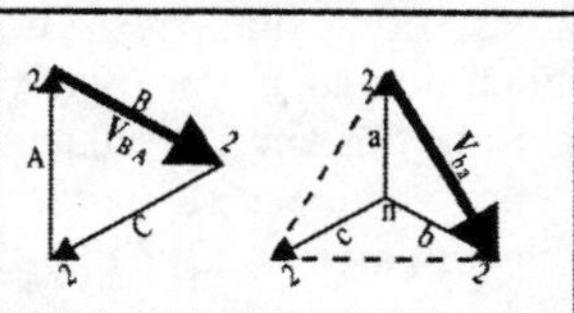
	Y d -30	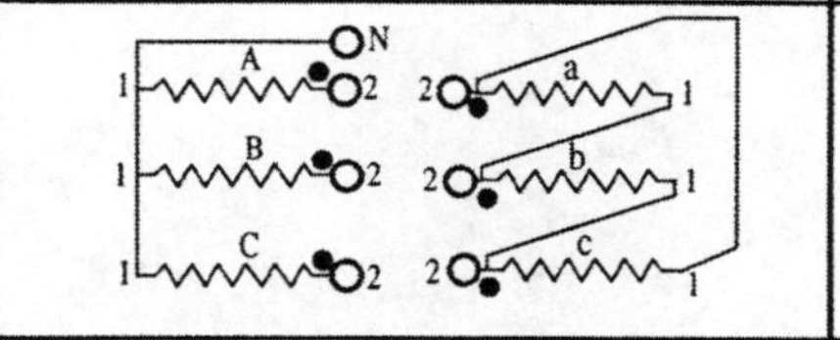	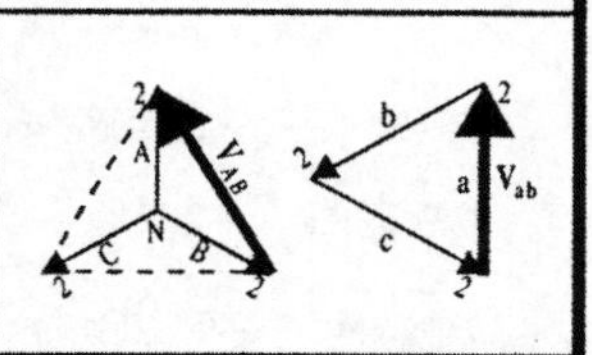
	Y z -30	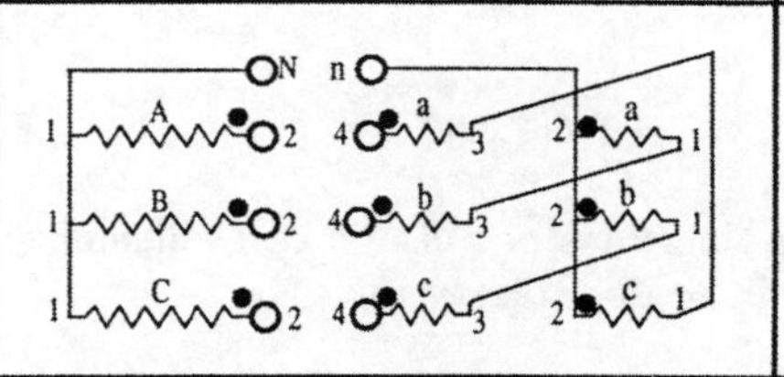	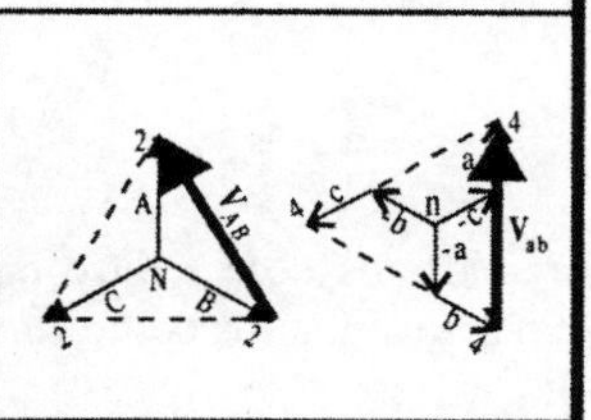
4	D y 30	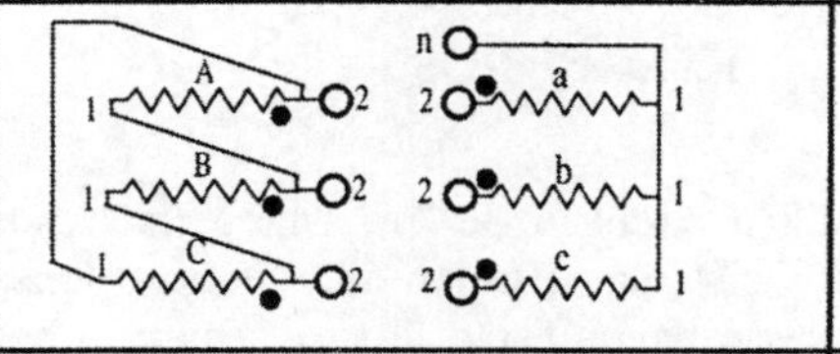	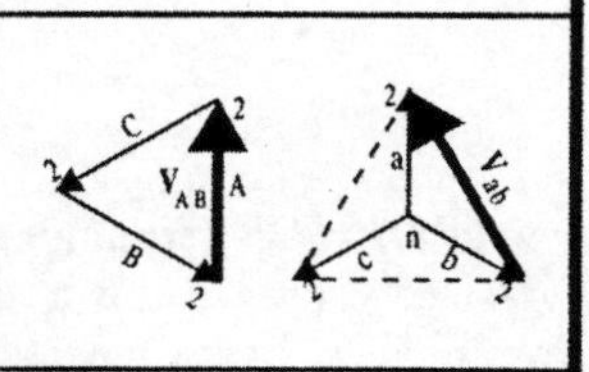
	Y d 30	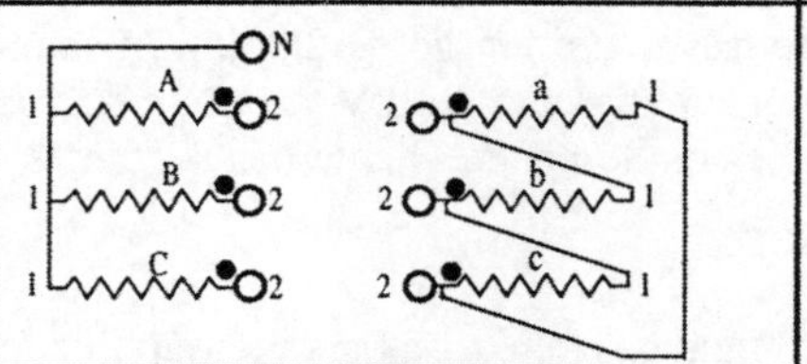	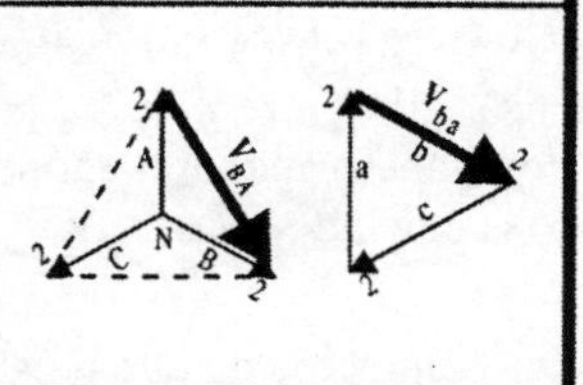
	Y z 30	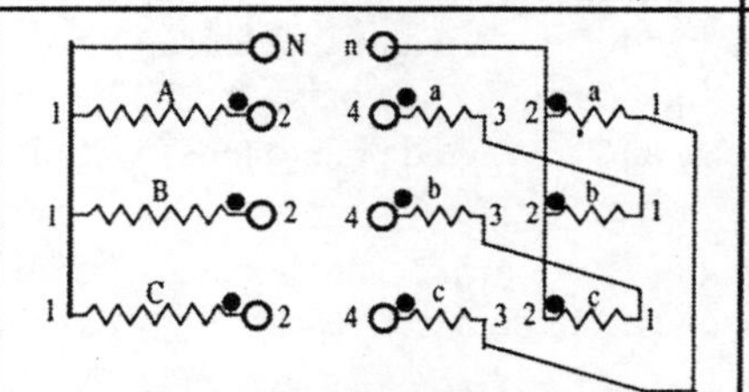	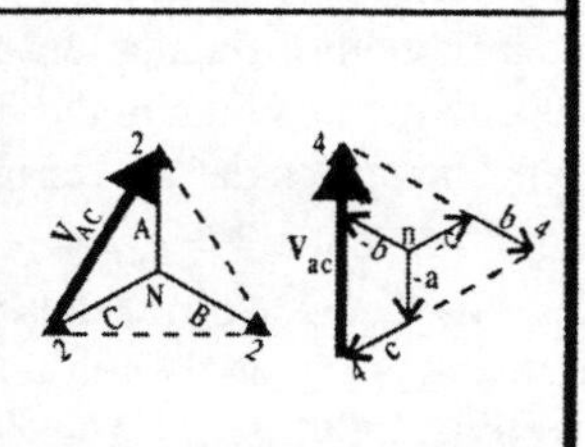

8.12 - Obtenção de Energia Hexafásica a partir de Circuitos Trifásicos.

É interessante, particularmente para a retificação, a utilização de fontes de corrente alternada com maiores números de fases. Transformadores alimentados por fontes trifásicas, com suas três fases primárias ligadas em Δ ou em Y, porém com dois enrolamentos secundários por fase (tais como os utilizados em ligações Ziguezague, seção 8-4), podem ter remanejadas as ligações entre suas fases secundárias, de modo a se obter tensões secundárias hexafásicas. As Figuras 8.23 (a,b) indicam uma das possíveis maneiras de se chegar a esse resultado com ligações em estrela.

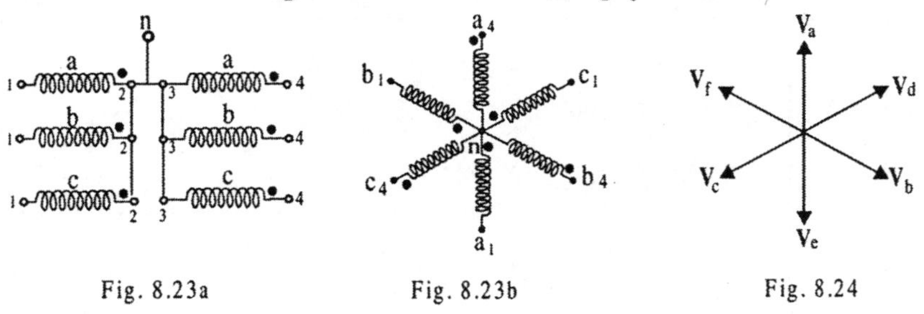

Fig. 8.23a Fig. 8.23b Fig. 8.24

Secundários com quatro enrolamentos por fase, e convenientemente interligados, podem ser utilizados como fontes de doze fases.

EXERCÍCIOS

Exercício 8.1 - Os terminais da alta tensão de um banco de três transformadores monofásicos estão ligados a um sistema trifásico de três fios, tensão de 13.800 V. Os terminais da baixa tensão desse banco estão ligados a uma subestação de 1.500 kVA por uma linha, também de três fios e tensão de 2.300 V. Especificar os valores da tensão, da corrente e da potência aparente em kVA, em ambos os lados de cada um dos transformadores monofásicos do banco, diante das seguintes combinações de ligações nele adotadas:

a) enrolamentos da alta tensão ligados em Y e da baixa tensão ligados em Δ;
b) enrolamentos da alta tensão ligados em Δ e da baixa tensão ligados em Y;
c) enrolamentos da alta tensão ligados em Y e da baixa tensão ligados em Y;
d) enrolamentos da alta tensão ligados em Δ e da baixa tensão ligados em Δ.

Com os dados fornecidos pode-se definir, desde já, quais serão os valores das correntes nas linhas da alta tensão (I_{1L}) e da baixa tensão (I_{2L}). Essas correntes serão, respectivamente:

$$I_{1L} = \frac{1.500.000}{\sqrt{3}\times 13.800} = 62{,}76\ A \quad e \quad I_{2L} = \frac{1.500.000}{\sqrt{3}\times 2.300} = 376{,}5\ A$$

Designando por V_1 e I_1 a tensão e a corrente na alta tensão de um transformador, e por V_2 e I_2 suas correspondentes no lado da baixa tensão, seus valores para cada um dos casos propostos serão os seguintes:

caso a) no primário em Y: $V_1 = \frac{V_{1L}}{\sqrt{3}} = \frac{13.800}{\sqrt{3}} = 7.967\ V$ e $I_1 = I_{1L} = 62{,}76\ A$

no secundário em Δ: $V_2 = V_{2L} = 2.300\ V$ e $I_2 = \frac{I_{2L}}{\sqrt{3}} = \frac{376{,}52}{\sqrt{3}} = 217{,}4\ A$

caso b) no primário em Δ: $V_1 = V_{1L} = 13.800\ V$ e $I_1 = \frac{I_{1L}}{\sqrt{3}} = \frac{62{,}76}{\sqrt{3}} = 36{,}23\ A$

no secundário em Y: $V_2 = \frac{V_{2L}}{\sqrt{3}} = \frac{2.300}{\sqrt{3}} = 1.329\ V$ e $I_2 = I_{2L} = 376{,}5\ A$

caso c) no primário em Y: $V_1 = \frac{V_{1L}}{\sqrt{3}} = \frac{13.800}{\sqrt{3}} = 7.967\ V$ e $I_1 = I_{1L} = 62{,}76\ A$

no secundário em Y: $V_2 = \frac{V_{2L}}{\sqrt{3}} = \frac{2.300}{\sqrt{3}} = 1.329\ V$ e $I_2 = I_{2L} = 376{,}5\ A$

Caso d) no primário em Δ: $V_1 = V_{1L} = 13.800\ V$ e $I_1 = \frac{I_{1L}}{\sqrt{3}} = \frac{62{,}76}{\sqrt{3}} = 36{,}23\ A$

no secundário em Δ: $V_2 = V_{2L} = 2.300\ V$ e $I_2 = \frac{I_{2L}}{\sqrt{3}} = \frac{376{,}52}{\sqrt{3}} = 217{,}38\ A$

Naturalmente, a potência aparente é a mesma para qualquer lado de quaisquer dos transformadores, sendo igual a 1/3 da totalidade dos 1.500 kVA.

Exercício 8.2- A tabela abaixo encerra os dados colhidos em ensaios de curto-circuito e em vazio, realizados em um transformador de distribuição, trifásico, de 200 kVA, 4.600/230 V, 60 Hz, com suas fases ligadas em YΔ.

Ensaio	Alimentação	Tensão Aplicada	Corrente Absorvida	Potência Absorvida
Curto Circuito	Alta Tensão	206,6 V	25,10 A	2.720 W
Vazio	Baixa Tensão	230 V	12,60 A	892 W

De posse desses dados, calcular:

a) a resistência de perdas no ferro R_p e a reatância de magnetização X_m, referidas à alta tensão;
b) o módulo da impedância equivalente $\mathbf{Z}' = R' + jX'$, referida ao lado da alta tensão;
c) sua resistência equivalente $R' = R_1 + a^2R_2$, sua reatância equivalente $X' = X_1 + a^2X_2$ e sua impedância equivalente $\mathbf{Z}' = R' + jX'$;
d) a tensão a ser aplicada aos terminais da estrela primária, afim de que o transformador forneça 200 kVA sob 230 V a uma carga de fator de potência 0,8 indutivo;
e) a regulação para a condição de trabalho especificada em (d);
f) o rendimento para essa mesma condição de trabalho.

Em se tratando de um transformador alimentado por tensões equilibradas e alimentando cargas balanceadas, a solução deste problema pode ser obtida considerando o que ocorre em apenas uma de suas fases. Compondo as tensões por fase obtidas em ligações em Y, pode-se obter as tensões trifásicas "de linha". Procedimento análogo pode ser adotado com as correntes nas ligações em Δ.

Preliminarmente, convém que se calcule a relação de transformação, a ser dada pelo quociente a = (tensão primária por fase) ÷ (tensão secundária por fase). Seu valor será:

$$a = \frac{V_{1L}}{\sqrt{3}}\frac{1}{V_2} = \frac{4.600}{\sqrt{3}\times 230} = 11,55$$

onde V_{1L} é a tensão primária "de linha", ou seja, entre terminais da estrela primária. Conseqüentemente, $a^2 = 133,33$.

Adotando-se o mesmo procedimento praticado no tratamento dos transformadores monofásicos, a seqüência dos cálculos pode ser a seguinte:

1) de $P_0 = \sqrt{3}\,V_0 I_0 \cos\varphi_0$, obtém-se $\cos\varphi_0 = \dfrac{P_0}{\sqrt{3}V_0 I_0} = \dfrac{892}{\sqrt{3}\times 230\times 12,6} = 0,1778$

   Então, $I_p = I_0 \cos\varphi_0 = 12,6\times 0,1778 = 2,240$ A e $I_m = I_0 \operatorname{sen}\varphi_0 = 12,6 \times 0,984 = 12,40$ A.

   Sendo I_p e I_m as componentes da corrente I_0, em seus valores "de linha", seus valores por fase serão, respectivamente, $2,240 \div \sqrt{3} = 1,293$ A e $12,40 \div \sqrt{3} = 7,159$ A. Portanto, a resistência de perdas no ferro R'_p, e a reatância de magnetização X'_m, referidas ao lado da baixa tensão, serão

$$R'_p = \frac{V_0}{I_p} = \frac{230}{1,293} = 177,9\,\Omega \quad \text{e} \quad X'_m = \frac{V_0}{I_m} = \frac{230}{7,159} = 32,13\,\Omega\cdot$$

   Referindo-se estes parâmetros à alta tensão, eles assumem os valores

$R_p = a^2 R'_p = 133{,}3 \times 177{,}9 = 23.719\ \Omega$ e $X_m = a^2 X'_m = 133{,}3 \times 32{,}13 = 4.284\ \Omega$;

2) o módulo da impedância equivalente será

$$Z' = \frac{V_{cc}}{\sqrt{3}I_{cc}} = \frac{206{,}6}{\sqrt{3}\times 25{,}10} = 4{,}752\Omega;$$

3) da expressão $P_{cc} = \sqrt{3}\, V_{cc} I_{cc} \cos\varphi_{cc}$ obtém-se

$$\cos\varphi_{cc} = \frac{P_{cc}}{\sqrt{3}V_{cc}I_{cc}} = \frac{2.720}{\sqrt{3}\times 206{,}6\times 25{,}10} = 0{,}3028,$$ donde

$R' = Z' \cos\varphi_{cc} = 4{,}752 \times 0{,}3028 = 1{,}439\ \Omega$ e $X' = Z' \operatorname{sen}\varphi_{cc} = 4{,}752 \times 0{,}9531 =$ $= 4{,}529\ \Omega$. Portanto,

$$\mathbf{Z}' = R' + jX' = (1{,}439 + j4{,}529)\ \Omega = 4{,}752\ e^{j\,72{,}37};$$

4) ignorando-se a queda de tensão produzida pela componente $\mathbf{I}_0$ de corrente, a tensão por fase a ser aplicada ao primário será $\mathbf{V}_1 = \mathbf{Z}'\mathbf{I}_1 + a\mathbf{V}_2$, onde se pode fixar $\mathbf{V}_2 = 230\ e^{j0}$, restando definir $\mathbf{I}_1$. O valor eficaz desta corrente resulta da corrente de plena carga imposta ao secundário que, em seu valor eficaz "de linha", define-se por $I_{2L} = \dfrac{S}{\sqrt{3}V_2} = \dfrac{200.000}{\sqrt{3}\times 230} = 502{,}04$ A. Exprimindo-a sob a forma complexa, e em termos de corrente "de fase", ela passa a ser $\mathbf{I}_2 = \dfrac{I_{2L}}{\sqrt{3}} e^{-j36{,}87} =$ $290{,}0\ e^{-j36{,}87}$ A.

Portanto, a corrente por fase da estrela primária será $\mathbf{I}_1 = \dfrac{\mathbf{I}_2}{a} = \dfrac{290}{11{,}55} e^{-j36{,}87} =$ $25{,}11 e^{-36{,}87}$A, resultando, para a tensão por fase a ser aplicada ao primário,

$$\mathbf{V}_1 = \mathbf{Z}'\mathbf{I}_1 + a\,\mathbf{V}_2 = 4{,}752\ e^{j72{,}37} \times 25{,}11 e^{-j36{,}87} + 2.657 = 2.755\ e^{j1{,}44}\ \text{V/fase}.$$

Finalmente, a tensão eficaz entre terminais da estrela primária deve ser $V_{1L} = \sqrt{3}\, V_1 = 4.772$ V;

5) conhecendo-se as tensões primárias de 4.772 V e de 4.600 V, necessárias para manter 230 V respectivamente no secundário do transformador à plena carga e em vazio, a regulação resulta diretamente de $\mathcal{R} = \dfrac{4.772 - 4.600}{4.600} = 0{,}0373$ (3,73%);

6) tendo os ensaios em vazio e de curto-circuito sido realizados, respectivamente sob tensão e corrente nominais, as perdas nominais no ferro e no cobre estão definidas pelas potências absorvidas nesses ensaios, a saber: $p_0 = p_F = 892$ W e $p_C = 2.720$ W. Portanto, o rendimento procurado será

$$\eta = \frac{\mathcal{S}\cos\varphi}{\mathcal{S}\cos\varphi + p_F + p_C} = \frac{200.000\times 0{,}8}{200.000\times 0{,}8 + 892 + 2.720} = 0{,}978\cdot$$

Exercício 8.3- Cada um de três transformadores monofásicos de 100 kVA, quando normalmente alimentados e operando à plena carga em banco ligado em ΔΔ (300 kVA), apresenta 780 W de perdas no ferro e 2.100 W de perdas no cobre, totalizando $3 \times (780 + 2.100) = 8.640$ W. Esses transformadores destinam-se a alimentar uma carga trifásica de 170 kVA, fator de potência 0,9 indutivo.

Calcular os novos valores das perdas totais quando fornecendo os 170 kVA, ora com ligação ΔΔ, ora com ligação em Δ aberto (em V).

Independentemente da potência fornecida e do tipo de ligação (se em ΔΔ ou em Δ aberto), as perdas no ferro em cada transformador manter-se-ão invariáveis no valor de 780 W, desde que eles mantenham-se alimentados pela mesma linha. As perdas no cobre serão proporcionais aos quadrados de suas potências aparentes. Então,

a) no caso de ligação ΔΔ, ao suprirem de 170 kVA as perdas no cobre, em cada transformador conduzindo correntes I_Δ , passam de 2.100 W para

$$2.100\left(\frac{170}{300}\right)^2 = 674,3\text{W}.$$

As perdas totais ($p_{F\Delta} + p_{C\Delta}$) nos três transformadores assumem o valor de

$$3\times(780 + 674,3) = 4.363 \quad \text{W};$$

b) no caso de ligação em Δ aberto (V), para manter os mesmos 170 kVA com apenas os dois transformadores da ligação em V, as correntes I_V nesses transformadores devem ser tais que $3VI_\Delta = 170.000$ VA $= 2VI_V$, sendo I_Δ as correntes no caso da ligação ΔΔ. Então, $I_V = 3/2\ I_\Delta$ e as perdas no cobre de cada transformador alteram-se de 674,3 W para $674,3 \times \left(\frac{3}{2}\right)^2 = 1.517,2$ W. Portanto,

as perdas totais nos dois transformadores ligados em V serão de $2 \times (780 + 1.517,2) = 4.594,4$ W.

Exercício 8.4 - O diagrama unifilar da Figura 8.25 representa um sistema trifásico balanceado onde a carga A é constituída por motores de indução que consomem 200 kVA sob fator de potência indutivo 0,707, e a carga B por lâmpadas que absorvem 200 kVA (fator de potência unitário). Ignoradas as quedas de tensão nas linhas nos transformadores, determinar:

a) as correntes, $\mathbf{I'_B}$ $\mathbf{I_B}$, $\mathbf{I_A}$ e $\mathbf{I_C}$ nos trechos indicados no sistema da Figura 8.25;

b) as potências aparentes nos transformadores α e β.

O valor de I'_B resulta da expressão da potência aparente $200.000 = \sqrt{3}\left(\sqrt{3}\times 120\right)I'_B$ VA, onde $\left(\sqrt{3}\times 120\right)$ representa a tensão entre os terminais da estrela secundária do banco de transformadores β. Efetuado o cálculo, obtém-se I'_B = 555,6 A que, posta sob a forma complexa, será $\mathbf{I}'_B = 555{,}6\ e^{j0}$ A. A esta corrente corresponderão $555{,}6\ e^{j0} = 111{,}1\ e^{j0}$ A nos enrolamentos do Δ primário desse transformador e, conseqüentemente, $\mathbf{I}_B = \sqrt{3}\times 111{,}1\ e^{j0} = (192{,}5 + j0)$ A nas linhas que alimentam o transformador β.

Por sua vez, a carga A também absorve 200 kVA, porém em linha de 600 V, fator de potência indutivo 0,707. Sendo assim, a intensidade da corrente nas linhas que alimentam essa carga será de $\dfrac{200.000}{\sqrt{3}\times 600} = 192{,}5$ A que, sob a forma complexa, resulta em

$$\mathbf{I}_A = 192{,}5\ e^{-j45{,}0} = (136{,}1 - j136{,}1)\text{A}.$$

Conhecidas $\mathbf{I}_B$ e $\mathbf{I}_A$, chega-se a $\mathbf{I}_C = \mathbf{I}_B + \mathbf{I}_A = 328{,}5 - j136{,}1 = 355{,}6\ e^{-j22{,}5}$ A.

Quanto às potências aparentes nos transformadores, em β ela foi definida em 200 kVA; no transformador α ela será de $\sqrt{3}\times 600\times 355{,}6 = 369.527$ VA (369,6 kVA), correspondendo à potência de $369{,}6\times\cos 22{,}5^0 = 369{,}6\times 0{,}924 = 341{,}5$ kW consumidos pelas cargas A e B.

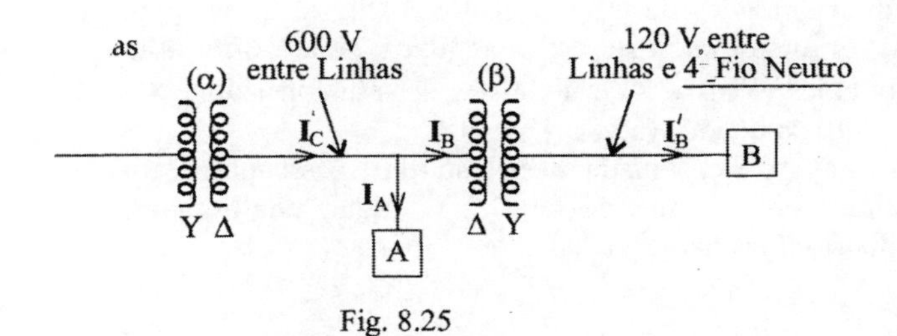

Fig. 8.25

CAPÍTULO IX
HARMÔNICAS EM CIRCUITOS TRIFÁSICOS

9.1 - Preliminares.

No Capítulo 2, seção 2.5, foi apresentada uma análise da influência da histerese magnética sobre o comportamento de um transformador monofásico alimentado por fonte monofásica de tensão senoidal. Demonstrou-se que, ao ser alimentado por fonte de tensão senoidal que lhe impõe fluxos também senoidais, as correntes magnetizantes absorvidas pelo transformador não podem ser senoidais; elas devem encerrar, obrigatoriamente, componentes harmônicas (ímpares), com predominância da de terceira ordem. No presente capítulo, a matéria é estendida aos circuitos trifásicos, onde podem ser encontrados bancos trifásicos de transformadores monofásicos e unidades de transformadores trifásicos, caso em que a presença das harmônicas oriundas da histerese magnética pode sofrer influência dos tipos de ligações adotadas (Y, Δ e Z) e dos tipos de transformadores trifásicos: se de fluxos livres ou de fluxos ligados (seção 4.5).

Em toda a análise apresentada neste capítulo, pressupõe-se que os transformadores são alimentados por fontes de tensões senoidais equilibradas, alimentando cargas lineares e distribuídas balanceadamente.

9.2- Harmônicas. Generalidades. Componentes de Seqüências Positiva, Negativa e Zero.

Em decorrência das características construtivas das máquinas elétricas em geral e, em particular dos transformadores, quando não senoidais suas variáveis encerram somente componentes harmônicas ímpares.

No tocante às correntes magnetizantes não senoidais que circulam nas três fases de um transformador trifásico, ou de um banco de três monofásicos, elas podem ser definidas por:

$i_{0A}(t) = I_{01}\,sen(\omega t+\theta_1] - I_{03}\,sen(3\omega t + \theta_3] + I_{05}\,sen(5\omega t+ \theta_5) - I_{07}\,sen(7\omega t+\theta_7) +$
$+I_{09}\,sen(9\omega t+\theta_9).....$

$i_{0B}(t) = I_{01}\,sen[(\omega t-120) + \theta_1] - I_{03}\,sen[3(\omega t-120) + \theta_3] + I_{05}\,sen[5(\omega t-120) + \theta_5] -$
$- I_{07}\,sen[(7\omega t-120)+ \theta_7].....$

$i_{0C}(t) = I_{01}\,sen[(\omega t-240) + \theta_1] - I_{03}\,sen[3(\omega t-240) + \theta_3] + I_{05}\,sen[5(\omega t-240) + \theta_5] -$
$- I_{07}..........$

Analisando-se estas equações, conclui-se que:

1) as três componentes fundamentais sucedem-se na seqüência (A,B,C), convencionada como positiva;
2) as três componentes de terceira ordem permanecem em concordância de fase, caracterizando-se como "de seqüência zero";
3) as três componentes de ordem 5 sucedem-se na seqüência (A,C,B), definida como negativa;
4) as três componentes de ordem 7 sucedem-se na mesma seqüência observada para as fundamentais, qual seja, a seqüência positiva.

Se estendida esta análise às demais harmônicas ímpares de ordens 9, 11, 13, 15...etc., chegar-se-á à conclusão resumida no quadro seguinte, onde se considere k = 0, 1, 2, 3,...etc.

Ordem da Harmônica						Seqüência
6k + 1	1	7	13	19	25....	Positiva
3k	3	9	15	21	27....	Zero
6k − 1	5	11	17	23	29....	Negativa

A ocasião é oportuna para salientar as diferentes naturezas destas Componentes Harmônicas de seqüências zero, positiva e negativa, relativamente às Componentes Simétricas, também de seqüências zero, positiva e negativa (seç. 10.1). As primeiras resultam da decomposição das correntes magnetizantes trifásicas, não senoidais, em três grupos de correntes senoidais de freqüências diferentes. Dois desses grupos são compostos por conjuntos de correntes trifásicas equilibradas, sendo um deles de seqüência positiva (harmônicas de ordens 6k+1) e o outro de seqüência negativa (harmônicas de ordens 6k−1); o terceiro grupo é constituído por diferentes trincas de correntes que, iguais em cada uma dessas trincas, mantêm-se em plena concordância de fase (harmônicas "triplas", de ordens 3k), razão porque são denominadas "de Seqüência Zero".

As chamadas Componentes Simétricas, que resultam do método de análise do mesmo nome, decorrem da decomposição de correntes senoidais trifásicas desequilibradas, de freqüência fundamental, em três conjuntos de correntes da mesma freqüência fundamental. Dois desses conjuntos são trifásicos equilibrados, sendo um de seqüência positiva e outro de seqüência negativa; o terceiro é constituído por três correntes iguais, mantidas em plena concordância de fase, razão da mesma denominação "de Seqüência Zero".

Embora de naturezas diferentes, há muito em comum entre as componentes Harmônicas de seqüências positiva, negativa e zero, e as componentes Simétricas dessas mesmas seqüências. No caso particular das correntes nas linhas trifásicas, e nas fases dos transformadores nelas presentes, todas as componentes de correntes de Seqüência Zero merecem atenções especiais, sejam elas componentes harmônicas das correntes magnetizantes, sejam componentes simétricas resultantes da decomposição de correntes trifásicas de cargas desequilibradas. Em se tratando das componentes harmônicas, sua importância relaciona-se com a presença, ou não, de harmônicas triplas nos fluxos dos transformadores e, portanto, nas tensões induzidas em seus enrolamentos; tratando-se das que se originam de desequilíbrios de carga, elas se prestam para acusar esses desequilíbrios, particularmente quando resultantes de falhas para a terra (Cap. X).

9.3 - Harmônicas em Sistemas Trifásicos.

Do já exposto, e como uma preliminar, pode-se concluir o seguinte:

1) em linhas trifásicas com os fios neutros ativos, podem circular correntes de seqüências positiva, negativa e zero, independentemente do fato de serem originadas por impedâncias desbalanceadas (freqüência fundamental) ou deformações em suas formas de onda (harmônicas). As correntes de seqüência zero retornam (circulam) pelos fios neutros. Observação: para as finalidades deste Capítulo IX, reservado a harmônicas, bem como do Capítulo X, as linhas interligando enrolamentos ligados em estrela, com fios unindo seus neutros, eqüivalem a linhas sem esses fios, porém com os neutros das estrelas aterrados;
2) em linhas trifásicas, sem fios neutros, podem circular correntes de seqüências positiva e negativa, sejam elas de freqüência fundamental, sejam harmônicas de ordens superiores. Porém, essa possibilidade não existe para as correntes de seqüência zero, de quaisquer naturezas, pelo simples fato de essas correntes manterem-se em plena concordância de fase nos três condutores de essas linhas.

Reconhecidas essas propriedades, pode-se passar à analise dos tipos de ligações adotadas nos transformadores, no que se refere aos seus comportamentos relativamentea harmônicas de correntes e de tensões. Considerando-se que transformadores trifásicos de fluxos livres e bancos trifásicos de transformadores monofásicos (iguais) operam da mesma forma em linhas trifásicas, o que for dito sobre harmônicas em bancos de três unidades monofásicas aplica-se, igualmente, a unidades trifásicas de fluxos livres. Porém, nem sempre o mesmo pode ser afirmado quando os transformadores trifásicos forem de fluxos ligados, caso em que, em havendo divergências, elas serão devidamente mencionadas.

Ligações YY com Fios Neutros.

Havendo fio neutro de retorno à fonte, as correntes magnetizantes podem encerrar todas as componentes harmônicas necessárias para manter senoidais os fluxos nos núcleos dos transformadores e, portanto, também as forças eletromotrizes por eles induzidas. Conseqüentemente, também as tensões por fase da estrela secundária serão senoidais. Todas as componentes de corrente de seqüência zero retornam à fonte pelo fio neutro.

Existindo fio neutro interligando apenas os neutros das estrelas secundária e da carga, a ausência de harmônicas triplas nas correntes magnetizantes primárias é compensada pela presença dessas harmônicas de corrente nos três circuitos fechados constituídos pelos três condutores da linha secundária e o fio neutro. A demonstração dessa possibilidade é semelhante à que será apresentada, a seguir, para o Δ secundário de uma ligação YΔ sem fio neutro no primário. Portanto, não obstante a presença de fio neutro ativo apenas na linha secundária, as deformações nas formas de onda dos fluxos e das tensões induzidas nas fases dos transformadores serão praticamente inexistentes.

Ligações YY desprovidas de Fios Neutros.

Embora podendo circular quaisquer harmônicas daquelas de seqüências positiva e negativa, a ausência das "triplas" e, principalmente, da predominante de terceira ordem, implica em deformações na forma de onda das variações dos fluxos e, portanto, também nas tensões induzidas por fase. Quanto aos fluxos, eles encerram harmônicas triplas, com predominância das de terceira ordem, que atuam no sentido de reduzir seus valores máximos, à semelhança do que ocorre no caso da Figura 2.8. Quanto às tensões induzidas nas fases, as ações das harmônicas de fluxo de terceira ordem produzem efeito oposto, aumentando os valores máximos dessas tensões (tornam suas formas de onda pontiagudas).

Em transformadores com núcleos suficientemente saturados, as terceiras harmônicas de tensão podem atingir valores de até 70% do valor da componente fundamental, porém elas surgem apenas nas tensões de fase, tensões estas que podem ter seus valores instantâneos substancialmente aumentados (v. oscilação dos neutros, Figs. 9.2 e 9.3). Entre os terminais das ligações em Y elas não se manifestam porque, em se tratando de componentes de seqüência zero, o resultado de diferenças de duas tensões iguais e em concordância de fases é constante mente nulo.

Importa salientar que, em sua totalidade, estas conclusões aplicam-se, sem restrições, a bancos trifásicos de transformadores monofásicos e a transformadores trifásicos de fluxos livres (de Núcleos Envolventes, seção 4.5), caso em que os fluxos mútuos concatenados com os enrolamentos de cada fase não se concatenam, obrigatoriamente, com os enrolamentos das demais. Contudo, o mesmo não sucede com os transformadores de fluxos ligados (de Núcleos Envolvidos); nestes, o fluxo em cada uma das colunas de seus núcleos é o resultado obrigatório da composição da ação magnetizante da fase alojada nessa coluna, com as ações magnetizantes das demais fases instaladas nas duas colunas restantes. Nessa composição, as ações magnetizantes responsáveis por fluxos de seqüência zero se anulam nas circuitações fechadas ao longo de qualquer dos pares de colunas, pelo simples fato de elas estarem em fase no tempo e em oposição no espaço .

Conclui-se, portanto, que não obstante a ausência de harmônicas triplas em suas correntes magnetizantes, não devem existir harmônicas triplas nos fluxos que se fecham ao longo de pares de colunas dos núcleos de transformadores trifásicos de fluxos ligados. Conseqüentemente, estarão praticamente ausentes as deformações nas formas de onda das tensões induzidas por fase nesses transformadores, formas de onda essas que podem ser consideradas senoidais quando senoidais forem as tensões aplicadas em seus primários.

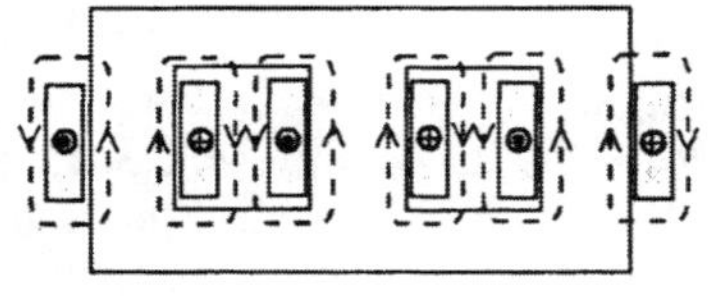

Fig. 9.1

Observação. Cumpre esclarecer que, a rigor, também os transformadores de fluxos ligados encerram harmônicas triplas em suas f.e.m. induzidas, porém de fracas intensidades; elas resultam da existência de harmônicas triplas de fluxos que, instaladas nas colunas dos núcleos, podem se fechar através dos espaços de ar à volta dos enrolamentos (Fig. 9.1), espaços esses cujas altas relutâncias reduzem esses fluxos a valores insignificantes.

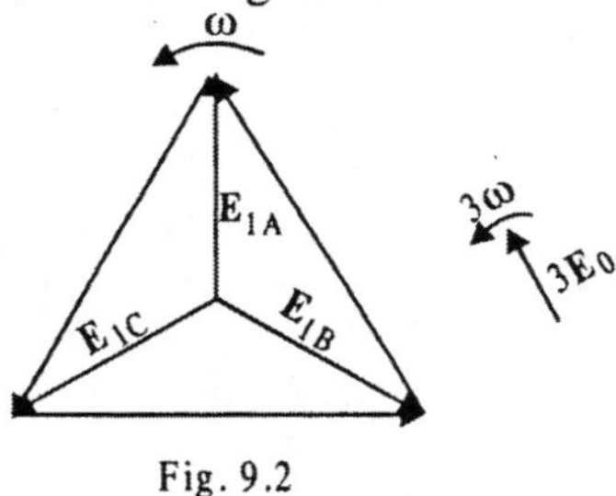

Fig. 9.2

Outro efeito digno de nota, decorrente da presença das harmônicas triplas nas tensões induzidas em transformadores de fluxos livres com ligação YY sem fios neutros, consiste na oscilação dos neutros das estrelas representativas de suas tensões por fase. Para justificar a presença dessas oscilações, pode-se recorrer às Figuras 9.2 e 9.3. A primeira mostra as componentes fundamentais $\mathbf{E}_{1A}$, $\mathbf{E}_{1B}$ e $\mathbf{E}_{1C}$ das tensões induzidas por fase, centradas no triângulo equilátero invariável das tensões de linha e, a seu lado, a soma $3\mathbf{E}_0$ das três componentes harmônicas de seqüência zero, de terceira ordem, ignoradas as demais múltiplas de três. A Figura 9.3 mostra o resultado da soma dessas componentes em quatro instantes, diferindo, um do outro, de 30^0 elétricos no tempo para as fundamentais, e de $3 \times 30 = 90^0$ para as terceiras harmônicas. Como se pode ver, dessas composições resultam deslocamentos do neutro em torno do centro do triângulo equilátero representativo das tensões de linha, evidenciando as pulsações das tensões por fase, produzidas pelas terceiras harmônicas de fluxo.

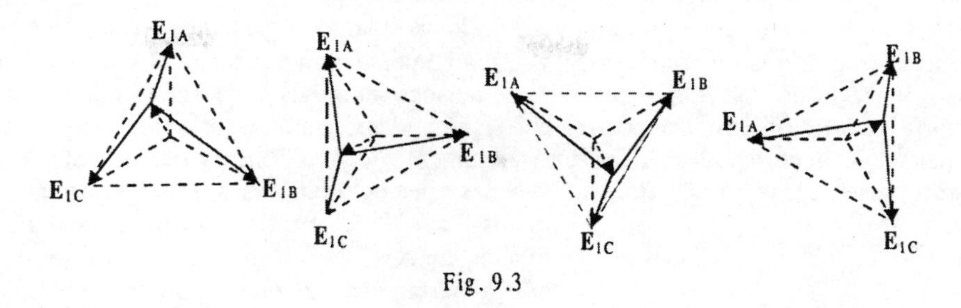

Fig. 9.3

Ligações ΔΔ.

Diante da impossibilidade de circulação de correntes de seqüência zero em linhas com apenas três condutores, seria de se supor que a ausência destas correntes deveria acarretar as já mencionadas deformações de fluxos e de tensões induzidas nas fases dos transformadores ligados em ΔΔ. Entretanto não é isso que ocorre nessas ligações, visto que, conforme exposto na seção 2.5, a própria histerese magnética encarrega-se de produzir as harmônicas triplas, e todas as demais necessárias às correntes magnetizantes, para manter senoidais os fluxos nos núcleos dos transformadores submetidos a tensões aplicadas senoidais. No caso dos monofásicos, as "triplas" podem retornar à fonte pelos dois condutores das linhas de alimentação; no caso trifásico de linhas com apenas três condutores isso é impossível, mas estando essas harmônicas em plena concordância de fase, elas se tornam presentes nos Δ fechados, sob a forma de correntes de circulação.

Em resumo: quando alimentados por tensões senoidais em linhas trifásicas, a despeito da não linearidade de seus circuitos magnéticos, os transformadores ligados em ΔΔ apresentam-se com fluxos e forças eletromotrizes induzidas (e as tensões impostas entre terminais) senoidalmente variáveis, não obstante a ausência de correntes de seqüência zero nos condutores de suas linhas. Tais correntes de seqüência zero, necessárias para a geração desses fluxos e das correspondentes forças eletromotrizes, são induzidas como correntes de circulação nos circuitos fechados constituídos pelas suas fases ligadas em Δ fechado, podendo ser observadas, tanto nos primários como nos secundários.

Combinações ΔY e YΔ, desprovidas de Fios Neutros.

Em qualquer desses dois tipos de ligações, pode-se afirmar que os fluxos nos transformadores e as tensões induzidas em suas fases (e entre os terminais de seus enrolamentos) manter-se-ão praticamente senoidais. Diante do que já ficou esclarecido sobre as combinações ΔΔ, não há necessidade de comprovação para o caso da combinação ΔY.

Para justificar a presença de correntes de seqüência zero nas fases secundárias de ligações em YΔ — o que à primeira vista pode não parecer evidente — considere-se o caso de transformador com ligação YΔ, inicialmente com o Δ secundário em aberto (chave k aberta na Fig. 9.4). Aplicando-se tensões senoidais aos terminais da estrela primária, sem fio neutro, suas correntes magnetizantes estarão isentas das componentes harmônicas de seqüência zero. Conseqüentemente, harmônicas dessa seqüência estarão presentes, tanto nos fluxos como nas tensões induzidas nas fases primárias ligadas em Y e nas três fases secundárias ligadas em série e em Δ aberto. Atendo-se, por ora, à harmônica de terceira ordem, em cada fase do Δ aberto será observada uma tensão induzida E_{03} e, entre os seus terminais, $3E_{03}$. Fechada a chave k, esta tensão induzida impõe no Δ fechado, sob a forma de corrente de circulação, a necessária harmônica de corrente de terceira ordem para amortecer consideravelmente a correspondente harmônica no fluxo mútuo. O mesmo sucede com todas as harmônicas triplas e, tendo em conta que as demais harmônicas, de seqüências positiva e negativa, fluem livremente no primário, o resultado resume-se em fluxos mútuos e tensões por fase praticamente senoidais, tanto no primário ligado em Y, como no secundário ligado em Δ. Portanto, sendo o primário alimentado por tensões senoidais, as tensões entre terminais secundários também serão senoidais.

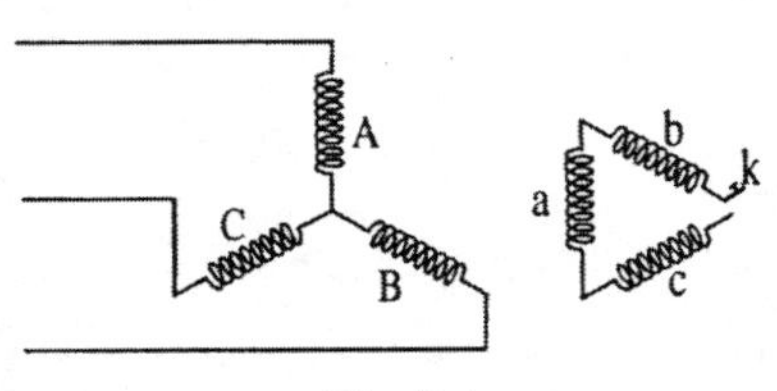

Fig. 9.4

Observação. Não obstante a aplicação de tensões rigorosamente senoidais na estrela primária, as tensões por fase, primárias e secundárias, incluem diminutas componentes de seqüência zero causadas por componentes dessa mesma seqüência nos fluxos dispersos nas fases secundárias.

Ligações YZ (Estrela-Ziguezague), sem Fios Neutros.

Transformadores com esta combinação de ligações, em linhas com apenas três condutores, apresentam fluxos com harmônicas triplas, o que implica na ocorrência dessas harmônicas também nas f.e.m. induzidas nas fases primárias. Entretanto, o mesmo não sucede nas fases secundárias da ligação em Z, onde apenas suas seções apresentam f.e.m. com as harmônicas de terceira ordem e suas múltiplas. Entre terminais e neutro das ligações em Z , isto é, em suas fases completas, elas não são encontradas porque, conforme demonstrado na seção 8.4, as harmônicas triplas de tensão anulam-se por diferença em cada par de suas seções ligadas em série.

Enrolamentos Terciários. Ligações YΔY.

Havendo necessidade de se adotar a ligação YY sem fios neutros em transformadores trifásicos de fluxos livres, pode-se recorrer ao artifício da adoção de Enrólamentos Terciários para evitar harmônicas triplas nas formas de onda dos fluxos e das tensões induzidas por fase, isto é, entre linhas e neutros. Como sugere o próprio nome, trata-se da adição de um terceiro enrolamento a cada uma das colunas que abrigam as fases do transformador trifásico, ou nos núcleos de cada um dos transformadores monofásicos de um banco trifásico, enrolamentos esses ligados em Δ. Uma vez instalados, eles constituirão o circuito fechado onde, pelas razões já expostas, serão induzidas as componentes de correntes de seqüência zero requeridas para amortecer harmônicas triplas nas ondas de fluxo e de f.e.m. induzidas.

Observação: os enrolamentos terciários também podem ser utilizados para finalidades outras que aquelas relacionadas com harmônicas, tais como:

1) alimentar cargas adicionais que, por alguma razão, devem ser mantidas isoladas do secundário (v. seção 2.11: Transformadores com Três Enrolamentos);
2) permitir suficientes correntes de seqüência zero em linhas alimentadas por transformadores ligados em YY, quando da ocorrência de falhas para a terra. Na eventualidade dessa ocorrência, essas correntes de seqüência zero podem ser detectadas por dispositivos adequados que acionam sistemas de proteção das linhas (v. Capítulo X);
3) reduzir desequilíbrios de tensões nas ligações em YY, quando os transformadores alimentam cargas desbalanceadas que acarretem a presença de correntes de seqüência zero.

EXERCÍCIOS

Exercício 9.1- O valor eficaz da tensão senoidal aplicada aos terminais de um banco de transformadores monofásicos iguais, ligados em YY e alimentados por linha de três condutores, é de 346 V. Esse banco destina-se a reduzir tensões na razão de 2 para 1. Isto posto, pergunta-se:

1) qual deve ser o valor eficaz das terceiras harmônicas de tensão por fase secundária, sabendo-se que a tensão eficaz nessas fases é de 112 V ?. Ignorar as demais harmônicas;
2) qual o máximo valor possível para a amplitude dessas tensões por fase ?

Na ausência de harmônicas, a tensão eficaz por fase secundária seria de $0{,}5\,\frac{346}{\sqrt{3}} = 99{,}88$ volts eficazes. Sendo ela de 112 V, a diferença resulta da presença das harmônicas que, ignoradas as de ordens superiores a 3, permite que se escreva

$112 = \sqrt{99,88^2 + V_3^2}$, onde V_3 representa o valor eficaz das harmônicas de terceira ordem. Portanto, $V_3 = 50,68$ volts eficazes.

Considerando-se que as amplitudes da fundamental e da terceira harmônica são, respectivamente, de $99,88\sqrt{2} = 141,25$ V e $50,68\sqrt{2} = 71,67$ V, então a máxima amplitude possível para as tensões não senoidais por fase secundária seria de 141,25 + 71,67 = 212,92 V.

Exercício 9.2 - Assumir cada um dos enrolamentos dos transformadores do problema anterior dividido em duas seções iguais e que o banco, assim modificado, passe a operar com ligação YZ (estrela zig-zag), permanecendo alimentado pela mesma fonte de tensão senoidal de 346 volts eficazes entre terminais. Isto posto, pergunta-se:

1) ignorando-se todas as harmônicas de fluxo (de tensão), quais seriam as tensões eficazes secundárias:
   1-a) entre terminais de cada uma das duas seções das fases do enrolamento ligado em Z ?
   1-b) entre terminais da ligação em Z e seu neutro ?
   1-c) entre cada par de terminais dessa ligação em Z?

2) considerando-se a presença de, tão-somente, as componentes fundamental e de terceira ordem, quais seriam as tensões eficazes secundárias:
   2-a) entre terminais de cada seção das fases do enrolamento ligado em Z?
   2-b) entre terminais da ligação em Z e seu neutro?
   2-c) entre cada par de terminais dessa ligação em Z?

I) na hipótese de ausência de todas as harmônicas, pode-se afirmar o seguinte:

I-a) sendo a relação de transformação a = 2, então as tensões entre terminais de cada seção do enrolamento secundário será, simplesmente, igual a $0,5\left(0,5\frac{346}{\sqrt{3}}\right)$ = 49,94 V;

I-b) a tensão entre terminais e neutro será de $2\times 49,94\times\cos 30^0 = 86,50$ V;

I-c) entre os terminais da ligação em Z, a tensão será de $\sqrt{3}\times 86,50 = 149,82$ V.

II) considerada a presença das harmônicas de terceira ordem, pode-se escrever o que segue:

II-a) no problema 9.1, ficou definido em 112 V eficazes o valor da tensão em cada enrolamento secundário completo da ligação em Y, neles incluídos os efeitos das terceiras harmônicas de tensão. Agora, em cada metade desses enrolamentos, a tensão deverá ser de $0,5\times 112 = 56$ volts eficazes;

II-b) as terceiras harmônicas de tensão, presentes em cada seção das fases das ligações em Z, anulam-se mutuamente nessas fases completas (entre terminais e neutro). Portanto, a tensão nessas fases permanece a mesma que seria observada no caso de inexistência de harmônicas de fluxo: 86,50 V;

II-c) sendo senoidais as tensões em cada fase, senoidais serão as tensões entre terminais, valendo $\sqrt{3} \times 86{,}50 = 149{,}82$ V.

CAPÍTULO X

CORRENTES DE SEQÜÊNCIA ZERO EM TRANSFORMADORES OPERANDO EM SISTEMAS TRIFÁSICOS.

10.1- Preliminares.

Neste capítulo são descritos e discutidos os efeitos dos tipos de ligações adotadas em transformadores trifásicos, e em bancos de três monofásicos, sobre o comportamento das linhas onde operam, efeitos esses relativos às correntes de seqüência zero, doravante designadas abreviadamente por c.s.z. A presente análise restringe-se, exclusivamente, às componentes das c.s.z. de freqüência fundamental que podem se originar em sistemas trifásicos submetidos a determinados tipos de cargas desbalanceadas e, em particular, diante de "Falhas para a Terra". Convém, entretanto, que se recapitulem sumariamente algumas das propriedades das correntes e tensões desequilibradas, quando presentes em linhas trifásicas. Para fins de análise, essas variáveis podem ser decompostas em três conjuntos de componentes simétricas. Dois deles são de componentes simétricas, propriamente ditas, sendo um de seqüência positiva e o outro de seqüência negativa; o terceiro é constituído pelas variáveis de seqüência zero, caracterizado por três componentes de mesma amplitude e que se mantêm em

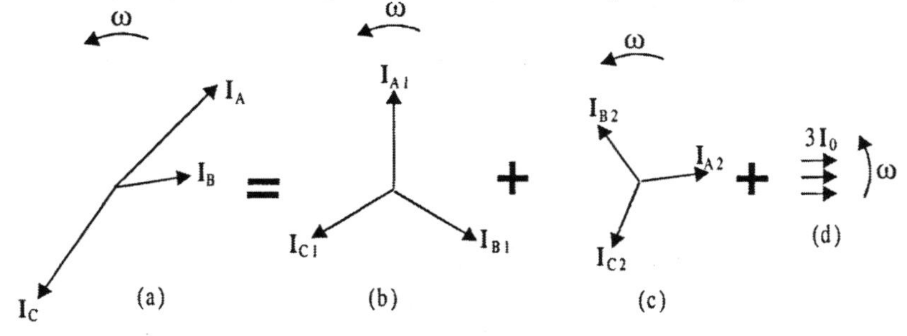

Fig. 10.1

plena concordância de fase. A Figura 10.1 ilustra uma dessas decomposições, aplicada às três correntes desequilibradas $\mathbf{I}_A$, $\mathbf{I}_B$ e $\mathbf{I}_C$ indicadas em 10.1a. Em 10.1b, 10.1c e 10.1d encontram-se, respectivamente, suas componentes de seqüências positiva, negativa e zero.

Decomposições semelhantes podem ser aplicadas a tensões desequilibradas.
A Figura 10.1 presta-se para os seguintes comentários:

a) cada um dos conjunto de correntes, de seqüências positiva e negativa, representa correntes equilibradas, cujas somas resultam em valores nulos. Conseqüentemente, as componentes de corrente de cada um desses dois conjuntos podem circular livremente em linhas trifásicas desprovidas do quarto fio;
b) compondo-se apenas os conjuntos de seqüências positiva e negativa da Figura 10.1 obtêm-se, ainda, correntes resultantes desequilibradas, conforme ilustrado na Figura 10.2a. Não obstante esse desequilíbrio, a resultante da soma das correntes desses dois conjuntos ainda permanece nula (Fig. 10.2b), o que significa a livre circulação dessas correntes resultantes em linhas trifásicas desprovidas do quarto fio;
c) quando existentes, as componentes de seqüência zero mantêm-se em plena concordância de fase nos três condutores das linhas, e sua soma $3\mathbf{I}_0$ retorna pelo quarto fio. Na falta deste quarto fio (ou retorno pela terra), elas não podem circular nas linhas trifásicas. Portanto, correntes desequilibradas, como aquelas da Figura 10.1a, cuja soma vale $3\mathbf{I}_0$ (Fig. 10.3), não podem estar presentes em linhas trifásicas com apenas três condutores (circulam apenas suas componentes de seqüências positiva e negativa). Podem, contudo, ser encontradas nas linhas providas do quarto fio (ou com retorno pela terra);
d) componentes de seqüência zero podem ocorrer em transformadores, sob a forma de correntes de circulação nas malhas fechadas constituídas por suas fases ligadas em Δ, inclusive nos enrolamentos terciários ligados dessa forma.

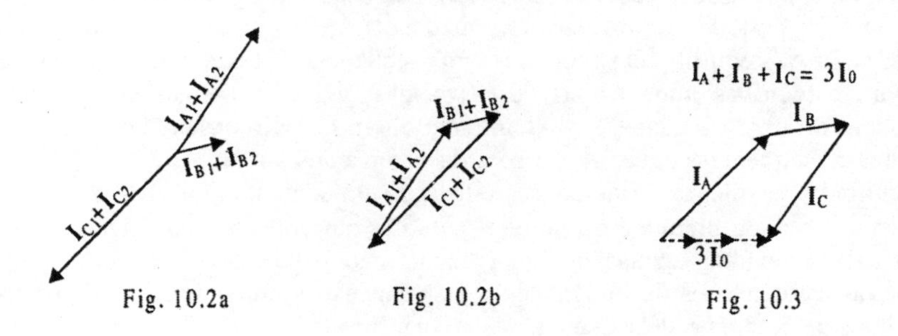

Fig. 10.2a Fig. 10.2b Fig. 10.3

10.2 - Impedâncias que Transformadores Trifásicos oferecem às Correntes de Seqüência Zero.

As impedâncias oferecidas por transformadores trifásicos (ou bancos de três monofásicos) às correntes de seqüências positiva e negativa são as mesmas, independentemente dos tipos de transformadores e das maneiras como as respectivas fases estejam ligadas. Entretanto, o mesmo não sucede quanto às c.s.z., caso em que essas impedâncias podem ser acentuadamente influenciadas pelos tipos das conexões adotadas, de aterramentos e, em certos casos, do tipo construtivo dos transformadores trifásicos (se de fluxos livres ou ligados). Finalmente, e por força da hipótese a ser adotada neste capítulo, segundo a qual as normalmente desprezíveis correntes de natureza magnetizante devem ser totalmente ignoradas, é necessário esclarecer o seguinte:

"Uma condição imprescindível para se admitir a possibilidade de circulação apreciável de correntes de seqüência zero nas fases de um dos lados de um transformador (primário ou secundário) é a possibilidade de essas correntes induzirem correntes, dessa mesma natureza, nas fases do outro lado desse transformador (secundário ou primário, respecticamente, ou terciário). Em caso contrário, elas serão bloqueadas pelas altas impedâncias de magnetização dos transformadores, assumindo a natureza das desprezíveis correntes magnetizantes".

No caso mais comum de transformador com apenas dois enrolamentos por fase (um primário e um secundário), a impedância (reatância) por fase oferecida às correntes de seqüência zero, quando existentes, será a sua reatância equivalente referida a um dos seus lados ($x_{12} = x_1 + x_2'$ ou $x_{21} = x_2 + x_1'$). Em se tratando de transformador com três enrolamentos por fase (primário, secundário e terciário), a reatância a ser considerada será aquela decorrente de um circuito equivalente semelhante ao da Figura. 5.3.

10.3- Fontes de Correntes de Seqüências Negativa e Zero.

Em operação normal, apenas correntes de seqüência positiva, na freqüência fundamental, poderão circular em um sistema trifásico, cujos geradores produzem tensões senoidais equilibradas (com a mesma seqüência de fases convencionada como positiva), e todas as impedâncias de carga, das linhas e demais componentes se distribuem de modo balanceado. Assim sendo, em que circunstâncias podem surgir correntes de seqüências negativa e zero num sistema dessa natureza?

Assumindo-se que os geradores produzam, tão-somente, tensões de seqüência positiva – o que na prática é o normal – então as correntes de seqüências negativa e zero poderão resultar apenas de impedâncias não balanceadas. É lícito, portanto, interpretar esses efeitos de impedâncias desbalanceadas como se fossem produzidos por fontes de potências de seqüência negativa e zero.

Casos extremos de impedâncias não balanceadas podem ocorrer em virtude de defeitos não balanceados, tais como um condutor interrompido em linha trifásica, ou um curto-circuito entre dois de seus condutores, um deles podendo ser o quarto fio (neutro) de ligações em Y ou, na ausência deste, entre condutores e a própria terra, no caso de ligações em Y com neutros aterrados. Este último tipo de defeito reveste-se de particular interesse no estudo dos sistemas trifásicos com neutros aterrados, quando ele é dito "Defeito para a Terra", caso em que podem surgir as correntes de ceqüência zero. Cargas desbalanceadas e quaisquer outros tipos de defeitos não balanceados em linhas trifásicas com apenas três condutores (e sem neutros aterrados) podem adicionar apenas correntes de seqüência negativa às correntes (de seqüência positiva) que normalmente circulariam nessas linhas.

Cumpre salientar, ainda, que a soma em malha fechada das tensões entre os três condutores de linhas trifásicas é sempre nula, mesmo que elas sejam desequilibradas. Portanto, essas tensões estão isentas de componentes de seqüência zero.

Finalmente, resta uma indagação: qual o interesse prático da consideração das correntes de seqüência zero? Diante do exposto, a resposta é: "a detecção , por intermédio de dispositivos adequados, de defeitos para a terra" , detecção essa a ser acompanhada pelas devidas medidas corretivas.

10.4 - Súmula dos Tipos mais Usuais de Ligações e Respectivos Circuitos Representativos de suas Impedâncias de Seqüência Zero.

As Tabelas 10.A e 10.B encerram os tipos mais comuns de ligações adotadas em transformadores com dois e com três enrolamentos por fase, acompanhadas por circuitos simplificados que podem ser adotados para definir as impedâncias (reatâncias) que esses tipos de ligações oferecem às correntes de seqüência zero. A ocorrência destas correntes, nos tipos de ligações presentes nas primeiras colunas dessas tabelas, está indicada pelas setas em suas figuras representativas. As conexões à terra dos símbolos que representam impedâncias (de enrolamentos), bem como desses símbolos com o sistema que abriga os transformadores, conforme mostradas nas segundas colunas das tabelas 10A e 10B, indicam, tão-somente, caminhos físicos existentes para eventuais correntes de seqüência zero.

Seguem esclarecimentos a respeito dos comportamentos dos transformadores, relativamente às impedâncias que eles oferecem às c.s.z., tais como indicadas nas referidas Tabelas.

Tabela 10.A

a) Caso a: Ligação YY com neutros isolados. - Na ausência de neutros aterrados (ou do 4º fio de retorno), as impedâncias oferecidas às c.s.z. podem ser consideradas infinitas; essas correntes não poderão circular, quer na linha primária, quer na secundária.

b) Caso b: Ligação YY com neutro Secundário aterrado - Impossibilidade de c.s.z. no primário. Ocorrendo falha para a terra no secundário, o resultado é praticamente o mesmo porque, embora nele existam circuitos fechados para a circulação das c.s.z., elas não poderão contar com as suas correspondentes e necessárias c.s.z. que seriam induzidas no primário. As correntes dessa natureza, no secundário, resumir-se-ão em desprezíveis correntes de natureza magnetizante.

c) Caso c: Ligação YY com neutros aterrados- Defeitos para a terra, quer ocorram somente no primário, ou somente no secundário, produzirão c.s.z. nos dois circuitos. Assim será porque, em havendo neles caminhos fechados pela terra, as c.s.z. geradas em um deles poderão induzir suas correspondentes no outro, em decorrência dos acoplamentos magnéticos mantidos pelos transformadores. Considerando-se que se pode assumir cada fase alimentada por uma fonte de potência de seqüência zero, conclui-se que as reatâncias por fase, oferecidas às c.s.z. serão as mesmas oferecidas às correntes de seqüências positiva e negativa.

d) Caso d: Ligação YΔ com neutro isolado no Y- Defeitos para a terra, seja no primário, seja no secundário, não produzem c.s.z. em quaisquer desses circuitos.

e) Caso e: Ligação YΔ com neutro primário aterrado- Defeitos para a terra no primário produzirão c.s.z. nesse circuito, porque tais correntes poderão induzir suas correspondentes no Δ fechado do secundário do transformador. Entretanto, inexistirão c.s.z na linha secundária.

f) Caso f: Ligação ΔΔ- Falhas para a terra, seja no primário, seja no secundário, não produzirão c.s.z. em quaisquer desses circuitos, tampouco nos enrolamentos fechados em Δ.

g) Caso g: Transformadores de Aterramento- Trata-se, na realidade, de reatores trifásicos, ou de bancos de três reatores monofásicos, com enrolamentos ligados em Ziguezague (seç. 8.4), com neutro aterrado. Não obstante as duas seções de enrolamentos, alojadas na mesma coluna dos núcleos, permanecerem ligadas com polaridades invertidas (Figs. 8.7), essas colunas serão normalmente magnetizadas pelas correntes de sequências positiva e negativa, visto que essas duas seções pertencem a fases diferentes. Portanto, correntes de seqüências positiva e negativa assumem a natureza das desprezíveis correntes magnetizantes dos transformadores em vazio. Porém, o mesmo não sucede com as c.s.z.; estando estas em concordância de fase, e circulando em seções de enrolamentos com polaridades invertidas em cada coluna, o resultado de seus efeitos magnetizantes nessas colunas é praticamente nulo, podendo-se considerar como existentes, tão-somente, seus fluxos dispersos. Portanto, as reatâncias por fase oferecidas por esses transformadores às c.s.z. reduzem-se aos pequenos valores próprios das reatâncias de dispersão.

Resumindo: sob condições normais de operação dos sistemas, o transformador (reator) de aterramento absorve apenas as desprezíveis correntes magnetizantes. Porém, diante de falhas para a terra, ele dá passagem às componentes de c.s.z. que, então, assumem a natureza das correntes de curto-circuito, isto é, limitadas exclusivamente pelas baixas reatâncias de dispersão. Daí o nome Transformador de Aterramento.

Tabela 10.B

A) Caso A: Ligação YΔY, sem neutros aterrados- Não havendo possibilidade de circulação de c.s.z. no primário e no secundário, elas estarão ausentes também no Δ terciário, não obstante esse Δ ofereça um caminho físico para essas c.s.z.

B) Caso B: Ligação YΔY com neutro secundário aterrado - Impossibilidade de c.s.z. no primário. Defeitos para a terra no secundário produzirão c.s.z. no secundário e no Δ terciário. A reatância para elas, refletida no secundário, será $x_{23} = x_2 + x_3'$.

C) Caso C: Ligação YΔY com ambos os neutros aterrados - Defeitos para a terra, quer ocorram apenas no primário, quer apenas no secundário, produzirão c.s.z. nos três circuitos: primário, secundário e terciário. A reatância observada em um dos lados do transformador será igual à reatância desse lado, acrescida da reatância dos dois circuitos restantes ligados em paralelo e refletida no lado de referência. Exemplificando: observada nos terminais primários, ela valerá x_1 + (x_2' em paralelo com x_3').

D) Caso D: Ligação YΔΔ sem aterramento no primário - Defeitos para a terra, quer no primário, quer no secundário, não produzirão c.s.z. em quaisquer dos três circuitos.

E) Caso E: Ligação ΔΔY com neutro secundário aterrado - Falhas para a terra no secundário acarretarão c.s.z. no circuito secundário e nas fases primárias e terciárias ligadas em Δ. A linha primária será isenta dessas correntes. A reatância refletida no secundário será x_2 + (x_1' em paralelo com x_3').

Observação: as propriedades ora descritas para os diferentes tipos de ligações aplicam-se, indistintamente, a bancos trifásicos de transformadores monofásicos e a transformadores trifásicos de Fluxos Livres (Núcleos Envolventes, seç. 4.4). Porém, em se tratando de transformadores de Fluxos Ligados (Núcleos Envolvidos), em alguns casos seus comportamentos em relação às c.s.z. podem ser sensivelmente diferentes dos mostrados nas Tabelas 10A e 10B. A razão das divergências reside na semelhança com o fato já esclarecido na seção 9.3 e ilustrado na Figura 9.1, segundo o qual, os fluxos produzidos pelas correntes de seqüência zero, de quaisquer naturezas (sejam harmônicas triplas nas correntes magnetizantes, sejam de freqüência fundamental, causadas por falhas para a terra), têm seus valores limitados pelas altas relutâncias das regiões onde se estabelecem. Por esse motivo, diante de determinados tipos de ligações, as reatâncias que se opõem às c.s.z. passam a ser sensivelmente menores nos transformadores de fluxos ligados, permitindo a circulação de c.s.z. que seriam desprezíveis nos transformadores de fluxos livres.

Um exemplo típico desse comportamento peculiar aos transformadores de fluxos ligados é encontrado para a ligação YY com secundário aterrado (Tabela 10A, caso b). Ocorrendo falha para a terra no secundário com neutro aterrado, poderão surgir apreciáveis c.s.z. em suas fases secundárias e na correspondente linha, não obstante essas correntes não possam ocorrer no primário. Porém, sendo o transformador de fluxos livres, as c.s.z no secundário serão limitadas pelo elevado valor de suas reatâncias de magnetização, conforme indicado em (b) da Tabela 10A. Neste caso, além de nulas no primário, elas também podem ser consideradas praticamente nulas no secundário.

TABELA 10A

LIGAÇÕES E CAMINHOS PARA C.S.Z.	CIRCUITOS PARA C.S.Z.
(a) 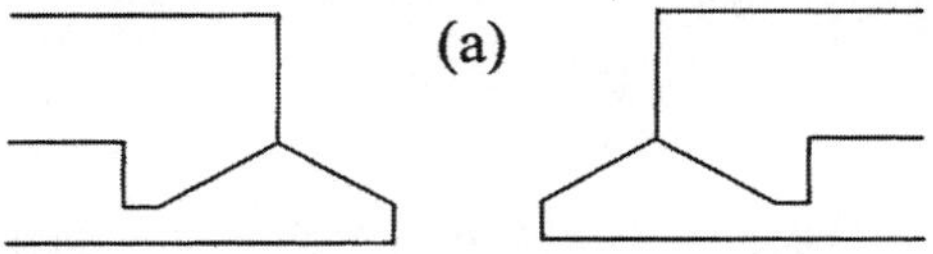	X_{12} 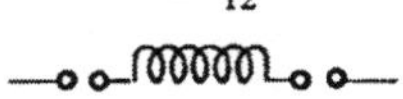
(b) 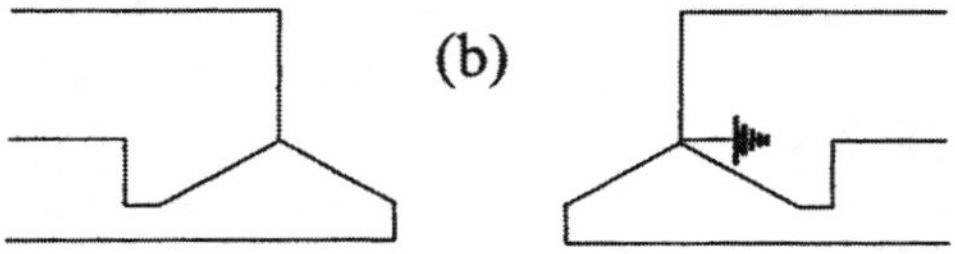	X_{12} 
(c) 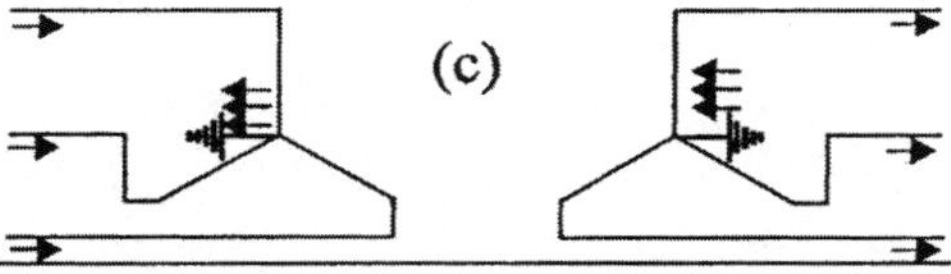	X_{12} 
(d) 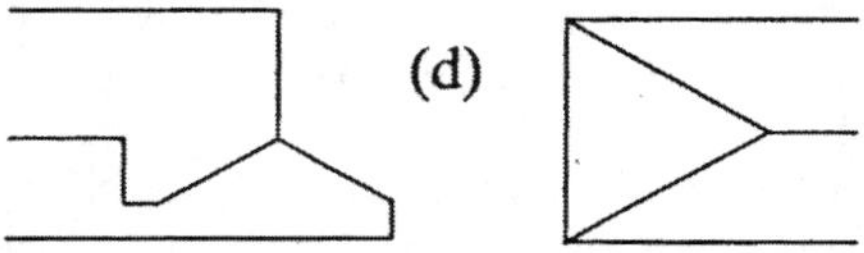	X_{12} 
(e) 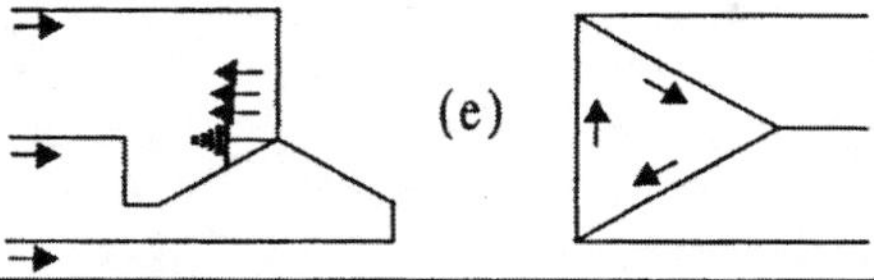	X_{12} 
(f) 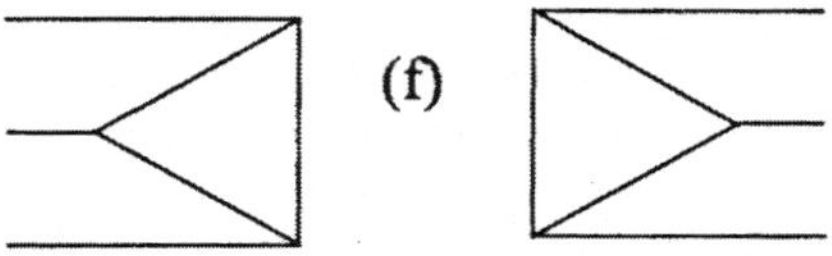	X_{12} 
(g) 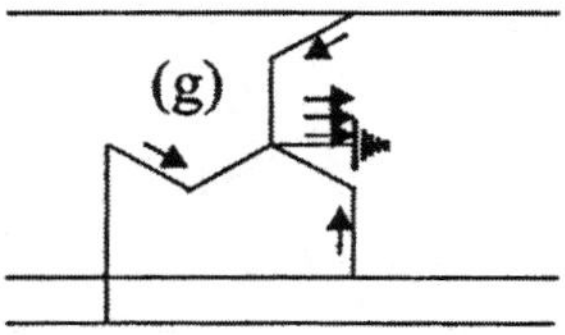	X 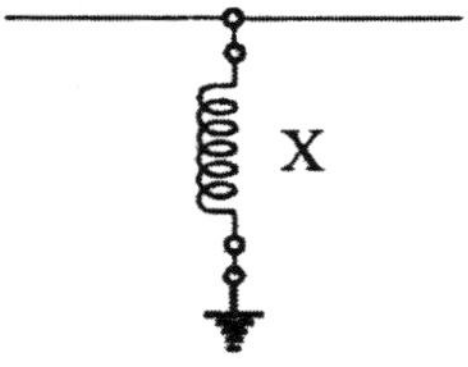

TABELA 10B

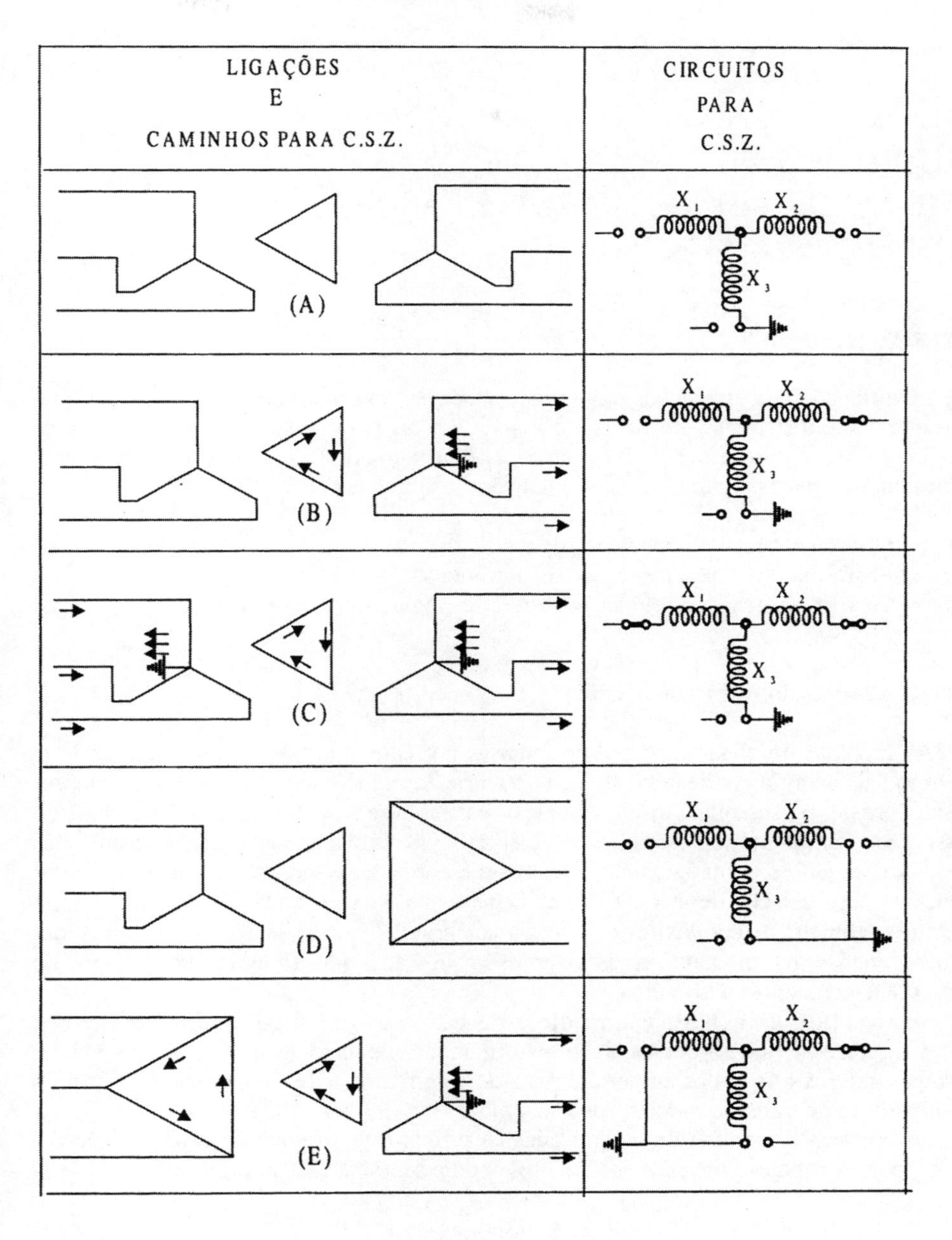
LIGAÇÕES
E
CAMINHOS PARA C.S.Z.
CIRCUITOS
PARA
C.S.Z.
(A)
(B)
(C)
(D)
(E)
X1
X2
X3

CAPÍTULO XI
TRANSFORMADORES PARA APLICAÇÕES ESPECIAIS.

11.1- Introdução.

A variedade das aplicações dos transformadores, mesmo quando restritas aos integrantes de um sistema de potência, é grande demais para poder ser contida dentro de um texto de natureza didática. Portanto, as considerações acerca desse assunto serão limitadas a apenas algumas dessas aplicações, resumidas em:

a) transformadores para medição (de medida);
b) transformadores para regulação de corrente (de corrente constante);
c) transformadores para regulação de tensão (reguladores de tensão).

11.2- Transformadores de Medida.

As medidas de altas tensões e de intensas correntes em um sistema elétrico, bem como das energias correspondentes, implicariam em incômodos, volumosos e, sobretudo, custosos instrumentos, caso eles fossem diretamente ligados às linhas do sistema. Para contornar esses inconvenientes e proporcionar segurança às instalações e aos operadores, empregam-se instrumentos comuns de medida, usualmente voltômetros para tensões de até 150 V, amperômetros para correntes de até 5 A, assim como vatômetros e contadores de energia construídos para as tensões e correntes ora mencionadas, instrumentos esses a serem ligados ao sistema elétrico por intermédio de Transformadores de Medida.

Voltômetros, e circuitos voltimétricos de vatômetros e de contadores de energia, são ligados às linhas através de transformadores de medida ditos "de Potencial"; amperômetros e circuitos amperimétricos de vatômetros e de contadores de energia o são através de transformadores "de Corrente".

As tensões V_l de uma linha, aplicadas ao primário de um transformador de potencial, com secundário ligado a voltômetro, podem ser expressas por

$$V_l = \alpha_v \times (\text{leitura do voltômetro}) = \alpha_v V_2 \qquad 11.1$$

onde α_v é um coeficiente que relaciona as tensões V_1 a medir com as tensões V_2 indicadas pelo voltômetro.

Os voltômetros "de Quadro" (também ditos "de Painel"), integrantes de instalações de cabinas de força em altas tensões e ligados às linhas através de transformadores de potencial, normalmente têm suas escalas já impressas em termos das tensões V_1 de alimentação dessas cabinas.

Analogamente, as corrente I_1 no primário de um transformador de corrente (as correntes em um condutor do sistema) com seu secundário ligado a amperômetro (ou ao cicuito amperimétrico de um vatômetro) são definidas por

$$I_1 = \alpha_i \times (\text{leitura do amperômetro}) = \alpha_i I_2 \quad \text{.......... 11.2}$$

onde α_i é um coeficiente que relaciona as correntes I_1 na linha com as correntes I_2 acusadas pelo amperômetro.

A exemplo dos voltômetros de quadro, usualmente os amperômetros de quadro, alimentados através de transformadores de corrente, já indicam, em suas próprias intensidades, as elevadas correntes I_1 que circulam nas linhas.

Os mesmos preceitos aplicam-se a vatômetros e contadores de energia.

Os transformadores de medida introduzem desvios nos verdadeiros valores que os instrumentos por eles alimentados deveriam acusar, desvios esses que devem ser devidamente considerados para efeito das necessárias correções: eles decorrem dos chamados erros "de Relação de Transformação" e "de Ângulo de Fase", a serem oportunamente analisados.

Transformadores de Potencial.

Em seus fundamentos, um transformador de potencial não difere dos transformadores comuns com núcleos de ferro. Seu enrolamento primário é projetado para operar na tensão e na freqüência próprias do sistema onde será instalado, porém, usualmente seu enrolamento secundário é previsto para tensões nominais da ordem de apenas 115 V, devendo alimentar circuitos voltimétricos apropriados para essas tensões, com impedâncias constantes e fatores de potência muito próximos da unidade.

A interpretação do funcionamento de um transformador de potencial pode ser realizada recorrendo-se a diagramas fasoriais, como aqueles mostrados nas Figuras 2.5 e 2.6, com as seguintes observações:

1) percentualmente, suas correntes em vazio são sensivelmente maiores do que as observadas nos transformadores de potência;
2) normalmente, as defasagens entre tensão e corrente secundárias são bastante pequenas, face à natureza predominantemente ôhmica das impedâncias da carga (dos instrumentos).

Conforme já mencionado, dois são os erros que advêm do emprego dos transformadores de medida. São eles:

a) erro de Relação de Transformação;
b) erro de Ângulo de Fase.

As tensões terminais $\mathbf{V}_1$ e $\mathbf{V}_2$ num Transformador de Potencial Ideal (isento de quaisquer quedas internas), com relação de transformação a_v, seriam invariavelmente iguais às correspondentes forças eletromotrizes induzidas $\mathbf{E}_1$ e $\mathbf{E}_2$, do que resultaria $|\mathbf{V}_1| = |a_v\mathbf{V}_2|$, além de se poder considerar $\mathbf{V}_1$ em fase com $\mathbf{V}_2$. Porém, diante das inevitáveis quedas internas em transformadores reais, resultam:

a) $|\mathbf{V}_1| \neq |a_v\mathbf{V}_2|$;
b) uma defasagem θ entre $\mathbf{V}_1$ e $\mathbf{V}_2$.

Na diferença entre os módulos de $\mathbf{V}_1$ e de $a_v\mathbf{V}_2$ reside o erro de Relação de Transformação, que incide nas medidas de tensão, potência e energia. O ângulo de fase θ entre essas tensões interfere somente nas medidas de potência e energia.

O erro de Relação de Transformação deve ser corrigido por intermédio de um Fator de Correção k_v tal que, multiplicado pela relação de transformação "nominal" $a_v = N_1/N_2$, define o fator α_v da expressão 11.1: $\alpha_v = k_v a_v$.

Para minimizar os dois erros citados deve-se intensificar, o tanto quanto possível, o acoplamento magnético entre os enrolamentos primário e secundário, mantendo-os tão íntimos um do outro quanto permita a garantia de uma boa isolação entre eles. Ademais, eles devem ser acomodados em núcleos altamente permeáveis[1], o que também contribui para reduzir as correntes em vazio. Naturalmente, as resistências dos enrolamentos também devem ser mantidas suficientemente baixas.

Para as devidas correções, usualmente os erros de relação de transformação e de ângulo de fase são determinados experimentalmente para diferentes tensões aplicadas ao primário do transformador de potencial, cujo secundário é mantido ligado a uma impedância igual à do instrumento de medida com o qual deverá operar.

Dependendo da precisão exigida (classe) do transformador de potencial, os erros toleráveis para a relação de transformação variam dentro dos limites de 0,25% a 5%; os erros de ângulo de fase ficam compreendidos entre 10 e 30 minutos.

[1] altas permeâncias são obtidas com materiais ferromagnéticos adequados, submetidos a muito baixas induções, da ordem de apenas 0,1 Tesla.

Transformadores de Corrente.

Diferentemente do que ocorre com os transformadores de potencial, um transformador de corrente, operando com seu primário intercalado em série com um condutor de um sistema de potência, apresenta peculiaridades que exigem algumas considerações adicionais àquelas ja tecidas em relação aos transformadores comuns, bem como aos transformadores de potencial.

Para um transformador de potencial, o sistema se lhe apresenta como uma fonte de tensão; para um transformador de corrente, esse mesmo sistema comporta-se como uma fonte de corrente. Mais explicitamente, a presença, ou não, de um transformador de corrente inserido em um condutor do sistema, como o indicado na Figura 11.1, praticamente em nada altera sua corrente I_1; ela é imposta ao transformador, independentemente de suas características e das características de <u>sua</u> carga (da impedância do instrumento ligado ao seu secundário). Esse fato será uma realidade, mesmo na hipótese de o circuito secundário do transformador de corrente apresentar-se em aberto ($I_2 = 0$), porquanto sua impedância de magnetização é insignificante quando comparada com aquelas que o sistema oferece à sua fonte de alimentação. Todavia, a existência ou não da corrente secundária I_2 constitui assunto a ser devidamente considerado na interpretação do comportamento de um transformador de corrente.

A Figura 11.2 mostra um diagrama fasorial para transformador de corrente, de relação de transformação $a_i = N_1/N_2<1$, ao qual a linha impõe uma corrente $\mathbf{I}_1$ em seu primário. Estando seu secundário ligado a um amperômetro, cuja impedância absorve a corrente $\mathbf{I}_2$, a corrente primária deverá ser expressa por $\mathbf{I}_1 = \mathbf{I}_c+\mathbf{I}_0$ onde $\mathbf{I}_c = -\mathbf{I}_2/a_i$ representa sua componente de carga e $\mathbf{I}_0=\mathbf{I}_m+\mathbf{I}_p$ a componente responsável pela magnetização e pelas perdas no núcleo.

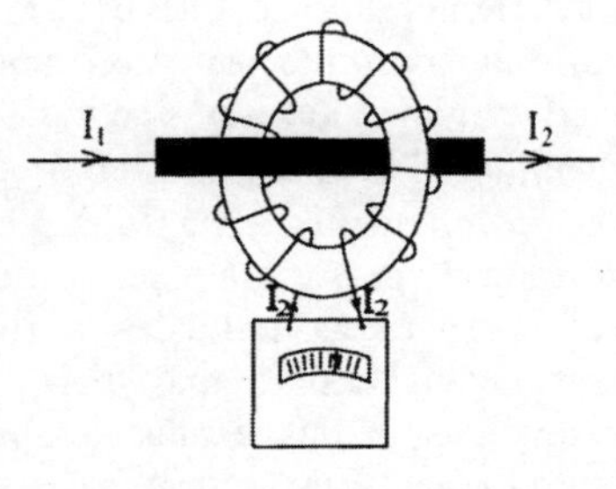

Fig.11.1

Desconsideradas as proporções relativas de seus fasores que, a bem da clareza da figura não correspondem à realidade, nesse diagrama pode-se distinguir, também:

a) a (queda total de) tensão $\mathbf{V}_1$, imposta pela corrente $\mathbf{I}_1$ na resistência e na reatância de dispersão primárias, acrescida da força contra eletromotriz primária $-\mathbf{E}_1$;
b) a força contra eletromotriz primária $-\mathbf{E}_1$ (componente da queda de tensão $\mathbf{V}_1$), induzida pelo fluxo mútuo mantido pela corrente magnetizante $\mathbf{I}_m$;
c) força eletromotriz secundária $\mathbf{E}_2 = (1\backslash a_i)\ \mathbf{E}_1$;
d) tensão $\mathbf{V}_2$ nos terminais do amperômetro;
e) corrente $\mathbf{I}_2$ absorvida (indicada) pelo) amperômetro.

Esse diagrama proporciona os seguintes esclarecimentos adicionais: num Transformador Ideal de corrente, no qual se tivesse $\mathbf{I}_0=0$, a corrente $\mathbf{I}_1$ reduzir-se-ia à sua componente de carga $\mathbf{I}_c$, caso em que $|\mathbf{I}_1| = |\mathbf{I}_c| = |\mathbf{I}_2/a_i|$ e $\theta = 0$. Porém diante da inevitável presença de $\mathbf{I}_0$, resultam $|\mathbf{I}_1| > |\mathbf{I}_c|$ e $\theta > 0$, donde os denominados erros de Relação de Transformação e de Ângulo de Fase, respectivamente. A fim de que a corrente $\mathbf{I}_2$, indicada pelo amperômetro, possa ser utilizada para se conhecer $\mathbf{I}_1$, há que se corrigir o erro de relação de transformação, recorrendo-se a um fator de correção k_i, tal que $k_i a_i = \alpha_i$. De posse de α_i, obtém-se $|\mathbf{I}_1| = |\mathbf{I}_2/\alpha_i|$.

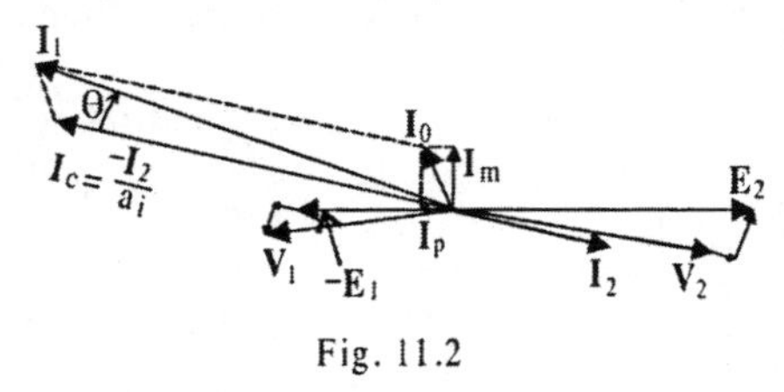

Fig. 11.2

Dependendo da precisão exigida, a ordem de grandeza dos erros de relação de transformação dos transformadores de corrente podem variar de 0,15% a 1,0%; mpara os ângulos de fase, essa variação é da ordem de 3 minutos a 1 grau.

Contrariamente ao que ocorre com os transformadores comuns, inclusive os de potencial, os transformadores de corrente não podem operar com seus secundários em circuito aberto ($I_2=0$), mas podem, sem quaisquer problemas, permanecer com eles curtocircuitados. Para certificar-se deste fato, basta atentar para o diagrama da Figura 11.2, lembrando-se que um transformador de corrente é alimentado por fonte de corrente (corrente primária imposta em seus valores I_1). Portanto, na hipótese de, inadvertidamente, seu secundário passar a operar em circuito aberto, a corrente secundária se anularia e, com ela, também a componente primária de carga $\mathbf{I}_c$. Sem esta componente, e diante da permanência da corrente $\mathbf{I}_1$ imposta pela linha, toda a corrente $\mathbf{I}_1$ passaria a atuar como corrente magnetizante, do que`resultariam elevados valores para as induções e fluxos máximos, estes com formas de onda muito deformadas. Em suma, diante de tais induções e fluxos máximos, ocorreriam excessivas perdas e altas temperaturas no ferro, inclusive perigosas sobretensões, tanto para a isolação do enrolamento secundário como para o próprio operador. Ainda que não resultassem danos definitivos na isolação, uma brusca interrupção na corrente secundária poderia deixar, como resultado, magnetismos remanentes suficientes para alterar, sobremaneira, os erros de relação de transformação e de ângulo de fase, próprios do transformador em condições normais. Em casos como este, o transformador deve ser submetido a um processo de desmagnetização de seu núcleo. Componentes contínuas na corrente primária também podem provocar indesejáveis magnetismos remanentes, independentemente de o secundário estar, ou não, em circuito aberto.

O caso contrário, de operação em curto-circuito, não implicará em correntes excessívas, visto que as correntes no secundário do transformador não poderão ultrapassar o valor $I_2=a_iI_1$ ditado pela corrente primária $\mathbf{I}_1$.

Medidas de Potência e de Energia.

As medidas de elevadas potências e respectivas energias, realizadas em altas tensões, respectivamente com vatômetros e contadores de energia, requerem o emprego conjunto de transformadores de potencial e de corrente, estes alimentando circuitos amperimétricos e aqueles, circuitos voltimétricos. Conseqüentemente, tanto as indicações dos vatômetros, como dos contadores de energia, resultam afetadas pelos dois tipos de erros: o de relação de transformação e o de ângulo de fase, este interferindo nas defasagens entre tensões e correntes nos instrumentos, relativamente às correspondentes defasagens na linha. Métodos adequados de cálculo permitem introduzir as devidas correções nas leituras dos instrumentos, a fim de se obterem valores corrigidos para as potências e para as energias cedidas pela linha.

Outras Aplicações dos Transformadores de Medida.

As tensões e correntes nos sistemas de potência devem ser mantidas sob permanente vigilância e controle. Anomalias nessas variáveis, tais como desequilíbrios, excessivas flutuações de tensão, sobrecorrentes, etc..., devem ser automática e devidamente detectadas para o necessário controle e proteção de linhas e equipamentos. Na grande maioria dos casos, essa detecção é realizada por relés que, pelas mesmas razões já expostas para os instrumentos de medida, devem ser ligados a um sistema por intermédio de transformadores que reduzam a valores convenientes as tensões e as correntes a serem mantidas sob controle. Os transformadores de medida também se prestam para essa finalidade.

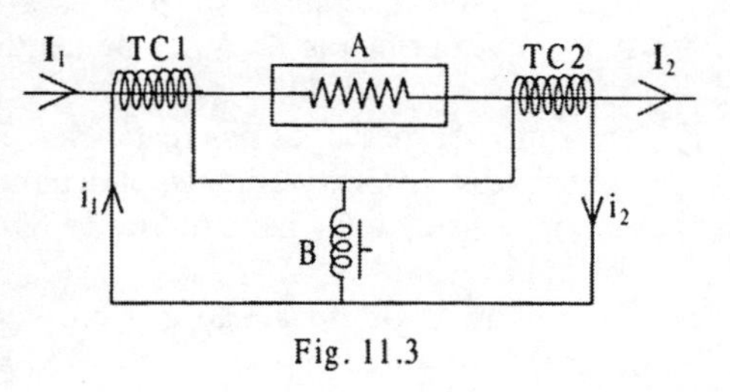

Fig. 11.3

Um exemplo elucidativo, referente à proteção de uma instalação contra falhas na isolação de um de seus componentes elétricos, vem representado na Figura 11.3. Nela encontram-se:

a) um componente elétrico A da instalação, sob proteção;
b) dois transformadores de corrente iguais, TC1 e TC2;
c) a bobina B de um relé que deverá acionar um dispositivo de proteção.

Os dois transformadores permanecem ligados de tal forma que, sob condições normais, suas correntes primárias I_1 e I_2 são iguais, o mesmo acontecendo com as concordantes tensões secundárias no circuito fechado por eles constituído, caso em que $i_1 = i_2$, inexistindo corrente na bobina B do relé. Havendo falha sensível no componente elétrico A, do que resulte $I_1 \neq I_2$ e, portanto, também $i_1 \neq_2$, surge corrente resultante não nula nessa bobina B. Assim excitado, o relé deverá acionar o dispositivo que interrompe o fornecimento de energia ao componente defeituoso.

11.3- Transformadores de Corrente Constante.

Salvo raras exceções, os circuitos elétricos de potência são do tipo de Tensão Constante. Neles, os receptores são ligados em paralelo para operarem sob a tensão característica da linha. Porém, à introdução ou retirada de alguns, corresponderão variações de corrente que tendem a provocar alterações na tensão terminal dos que permanecem em serviço. Normalmente, essas alterações são praticamente neutralizadas mediante o uso de Reguladores de Tensão.

Como uma exceção aos circuitos de tensão constante, existem os ditos de Corrente Constante, com aplicação em iluminação pública (urbana, por exemplo), cuja carga de lâmpadas ou luminárias é distribuída em longos trechos de suas linhas. Nestes casos, para garantir a uniformidade da distribuição da carga total entre todos os receptores de uma linha, nela eles são ligados em série para serem alimentados pela sua Corrente Característica, que deve ser mantida constante. Porém, a retirada[1] ou a introdução de alguns receptores (que deve ser precedida de um curto-circuito nos terminais de onde vão ser retirados, ou de um curto-circuito entre os terminais entre os quais vão ser introduzidos) tende a provocar variações na corrente. Normalmente, essas variações são praticamente neutralizadas mediante o uso de Reguladores de Corrente que, diante de aumentos ou reduções na impedância da linha, aumentam ou reduzem, proporcionalmente, a tensão a elas aplicada.

Um dispositivo que se presta para essa finalidade é o Transformador de Corrente Constante, cujo princípio de funcionamento reside nas seguinte propriedades:

1) aumentos ou reduções nas reatâncias de dispersão de um transformador em carga contribuem, respectivamente, para aumentos ou reduções em suas quedas internas e, por conseguinte, para reduções ou aumentos na sua tensão entre terminais secundários;
2) as reatâncias de dispersão dos enrolamentos primário e secundário serão tanto maiores quanto menos íntimo for seu acoplamento magnético. Em se tratando de enrolamentos concentrados em uma única bobina, suas reatâncias de dispersão aumentam com as distâncias que os separam;
3) entre as bobinas primária e secundária, alojadas na mesma coluna do núcleo de um transformador em carga, atuam forças repulsivas que aumentam com as correntes e diminuem com as distâncias que as separam.

Uma representação esquemática para um Transformador de Corrente Constante, com duas bobinas, uma primária e outra secundária, encontra-se na Figura 11.4, onde:

a) A representa o enrolamento primário (bobina fixa) do transformador;
b) B mostra o enrolamento secundário (bobina móvel);
c) C é um contrapeso que pode ser deslocado ao longo da alavanca D;

[1] Na hipótese de queima acidental de uma lâmpada, um dispositivo adequado substitui-a automaticamente por um curto-circuito, evitando a interrupção da corrente nas demais lâmpadas da linha.

d) ℓ é a distância variável entre as bobinas A e B.

Inexistindo correntes no transformador, o peso de sua bobinas B é neutralizado pelo contrapeso C, caso em que ela se mantém em equilíbrio sobre apoios, em sua posição mais baixa. Entrando em carga, os efeitos repulsivos entre as bobinas A e B provocam o levantamento de B até uma posição em que esses esforços de repulsão, diminuídos com aumentos de ℓ, igualem a força resultante do peso próprio da bobina B e da ação do contrapeso C.

Em suas linhas gerais, o funcionamento do transformador de corrente constante, alimentado sob tensão constante, pode ser explicado da seguinte maneira. Inicialmente, considere-se o transformador fornecendo corrente nominal ao circuito por ele alimentado, com sua bobina movel B em equilíbrio, afastada de A de um certo comprimento ℓ. Na eventualidade de uma variação na impedância da carga – redução por exemplo – essa ocorrência é acompanhada por concomitantes acréscimos na corrente fornecida, na força de repulsão entre as bobinas A e B, em seus afastamentos ℓ e em seus fluxos dispersos, ao mesmo tempo que os aumentos nestes fluxos dispersos implicam em reduções na tensão secundária do transformador, provocando reduções na corrente por ele fornecida à linha. Após um período de transitoriedade, o transformador retoma sua condição de funcionamento estável, com o mesmo deslocamento ℓ entre suas bobinas e a mesma corrente anteriormente existente, agora mantida por uma menor tensão secundária atuando no circuito com impedância proporcionalmente reduzida.

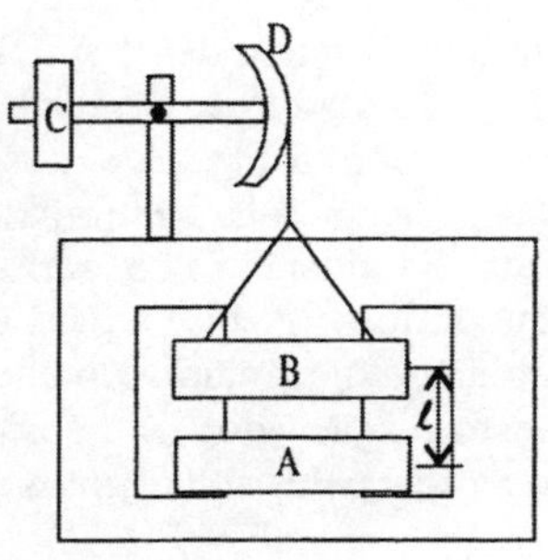

Fig. 11.4

11.4 - Transformador para Soldagem Elétrica a Arco.

Um arco elétrico caracteriza-se por propriedades bastante diferentes daquelas de uma simples resistência ôhmica; enquanto a característica Volt-Ampères desta última é uma reta 0R (Fig. 11.5), a do arco elétrico apresenta-se na forma de uma curva descendente A. Portanto, para se obter a estabilidade de um arco, sua fonte de energia deve proporcionar uma tensão ainda mais acentuadamente decrescente diante de aumentos da corrente, na medida necessária para que sua curva característica T intercepte a característica do arco em um ponto P que definirá a situação de sua operação estável. Além disso, essa fonte deverá apresentar mais as seguintes propriedades:

a) quando em vazio, manter tensão suficiente para dar início ao arco. Normalmente, essa tensão é da ordem de 60 a 70 volts;
b) possa operar em curto-circuito, sem que isso implique em correntes excessivas.

Uma fonte com essas características é obtida com um transformador convenientemente projetado para operar com má regulação de tensão, o que se consegue com altas reatâncias de dispersão. Uma solução para se obter tais reatâncias consiste em separar seus enrolamentos primário e secundário, acomodando-os em diferentes colunas de seu núcleo. Uma derivação magnética, na forma de uma terceira coluna central com entreferro (Fig. 11.6), pode ser acrescentada para intensificar a dispersão de fluxos.

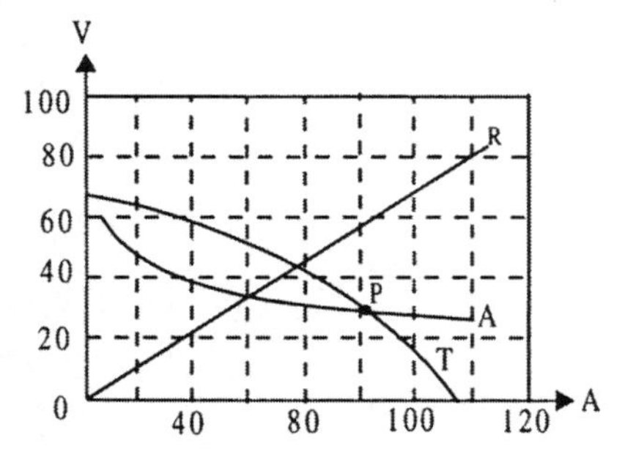

Fig.11.5

Transformadores comuns também podem servir como fonte para a soldagem a arco, desde que seja introduzido um reator (reatância ajustável) em série com seu circuito secundário (Fig. 11.7). Para tornar o conjunto mais versátil, é comum a utilização de enrolamento primário dotado de derivações, o que possibilita alterar a relação de transformação do transformador, melhor adaptando-o às diferentes condições requeridas pelas soldagens a arco.

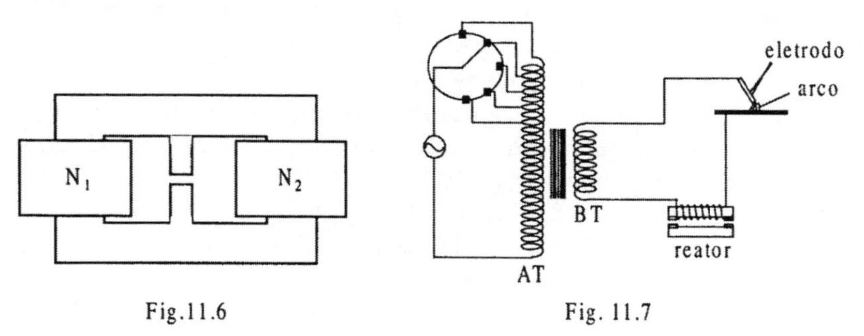

Fig.11.6 Fig. 11.7

11.5- Transformadores para Regulação de Tensão.

Ainda que os geradores dos sistemas ditos de Tensão Constante apresentassem tensões terminais eficazes rigorosamente invariáveis, as tensões disponíveis nos terminais das redes de distribuição estão sujeitas a flutuações devidas a variações nas quedas de tensão no sistema. Havendo necessidade de manter essas flutuações dentro de limites toleráveis, há que se recorrer à Regulação de Tensão, o que pode ser feito por intermédio de transformadores especialmente construídos para essa finalidade e, em alguns casos, com transformadores comuns, com relação de transformação variável (enrolamentos providos de derivações, à semelhança do indicado na Figura 11.7). Neste segundo caso, devem ser consideradas duas diferentes situações: os reajustes de tensão (as mudanças de derivação)

1) podem ser efetuados com o transformador previamente desligado;

2) devem ser realizados com o transformador em carga (sem interrupção da corrente de carga).

No primeiro caso, os reajustes de tensão não oferecem problemas dignos de nota; um transformador como o esquematizado na Figura 11.7 se prestaria para essa finalidade, particularmente quando deve fornecer diferentes potências, de modo intermitente. Entretanto, na hipótese de os reajustes terem que ser realizados em carga, a situação muda de figura; surge o problema de faiscamentos e de curtos-circuitos de partes de enrolamentos durante os lapsos de tempo requeridos para a operação de alteração do número de suas espiras ativas. Não obstante as curtas durações desses curtos-circuitos, danos podem resultar, tanto de suas altas correntes como de arcos elétricos entre os terminais (contatos) das chaves seletoras, no ato da interrupção dessas correntes. Existem vários artifícios para contornar esses problemas, evitando, ao mesmo tempo, a interrupção momentânea da corrente suprida pelo transformador e o curto-circuito de porções de seu enrolamento. Um desses artifícios está esquematizado na Figura 11.8, onde:

a) AT e BT representam, respectivamente, os enrolamentos da alta e da baixa tensão do transformador;
b) X representa um reator provido de derivação intermediária que permanece ligada a um dos terminais da rede;
c) C é uma chave para curtocircuitar esse reator;
d) as cinco chaves, numeradas de 1 a 5, permitem o acesso das correntes a cada uma das cinco derivações do enrolamento da alta tensão.

Quando em operação normal, a chave C deve permanecer sempre fechada, e a tensão desejada entre terminais secundários é obtida com o fechamento de uma das cinco chaves restantes. A título de exemplo: sendo essa chave a de número 2, o acesso da corrente ao enrolamento primário far-se-á através das duas metades do reator C e dessa chave 2. Note-se que, ao circular pelo reator, a corrente o faz em sentidos opostos em cada uma de suas metades, de modo que as reatâncias por ele impostas reduzem-se às suas reatâncias de dispersão.

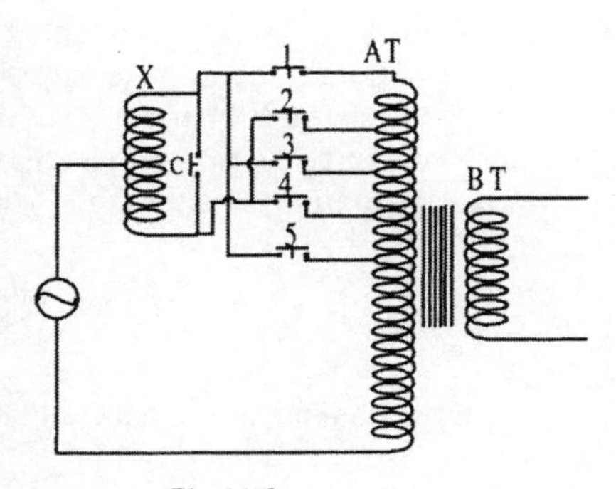

Fig.11.8

Em se desejando, por exemplo, aumentar a tensão secundária, a chave 3 deve ser fechada e a de número 2 aberta.. Caso a abertura de 2 seja feita com 3 ainda aberta, essa chave 2 será a sede de um arco elétrico que poderá danificá-la; fechando-se primeiro 3, para depois abrir 2, durante o lapso de tempo em que as duas permanecerem fechadas, a seção do enrolamento, a elas comum, permanecerá em curto-circuito, o que também poderá causar danos. Esses obstáculos são contornados com o auxílio da chave C, procedendo-se da seguinte maneira:

1) com chave 2 ainda fechada e 3 aberta, abrir C. A corrente continua tendo acesso ao primário pela chave 2, porém limitada pela reatância completa da metade do enrolamento do reator;
2) fechar chave 3, com 2 ainda fechada e C aberta. A seção comum às chaves 2 e 3 fica em circuito fechado, porém através da reatância total do reator C que, assim, evita o curto-circuito dessa seção;
3) abrir chave 2 com C ainda aberta e 3 já fechada. A corrente chega ao primário pela chave 3, porém através da reatância completa da metade do enrolamento do reator C;
4) fechar chave C. O conjunto retoma a condição inicial de operação normal, porém com uma seção a menos no enrolamento primário e o desejado aumento na tensão secundária.

Essas operações, devidamente coordenadas, podem ser realizadas automaticamente por intermédio de relés, o que coloca o transformador a operar como um Regulador Automático de Tensão.

Outros Tipos de Transformadores. Reguladores de Tensão.

Diversas outras variantes na construção de transformadores podem ser adotadas na regulação de tensão. Algumas delas serão apenas citadas nesta seção, e seus pormenores poderão ser encontrados em outros textos dedicados à matéria. A título de exemplos, podem ser citados:

a) transformadores com enrolamentos terciários fixos, utilizados como primários de transformadores auxiliares, cujos secundários permanecem em série com os circuitos de carga (Boosters);
b) transformadores com enrolamentos terciários móveis, curtocircuitados, para variações contínuas de tensão.

11.6- Reguladores de Indução.

São empregados quando se necessita de:

a) uma fonte de tensão alternada, de tensão eficaz ajustável em diferentes valores desejados;
b) uma fonte de tensão alternada, de tensão eficaz regulada (em valor constante).

Em suas linhas gerais, os reguladores de indução não passam de transformadores com a aparência das máquinas elétricas rotativas; possuem um estator e um "rotor", separados por um entreferro. Para cada tensão desejada, o rotor é mantido numa determinada posição angular em relação ao estator. Variando-se essa posição, pode-se controlar a tensão de saida do regulador, o que será feito de maneira praticamente contínua.

Os reguladores de indução podem ser monofásicos ou polifásicos (mais freqüentemente, trifásicos).

Regulador Monofásico de Indução.

Este tipo de regulador vem representado na Figura 11.9. Ele consiste de:

a) um enrolamento monofásico acomodado no rotor. Razões de ordem prática ditam a preferência em adotá-lo como Primário, com seus terminais P_1 e P_2 ligados à rede de alimentação;
b) um segundo enrolamento monofásico, também no rotor, denominado Amortecedor, mantido em curto-circuito e em quadratura com o enrolamento Primário;
c) um enrolamento monofásico no estator, a ser utilizado como Secundário.

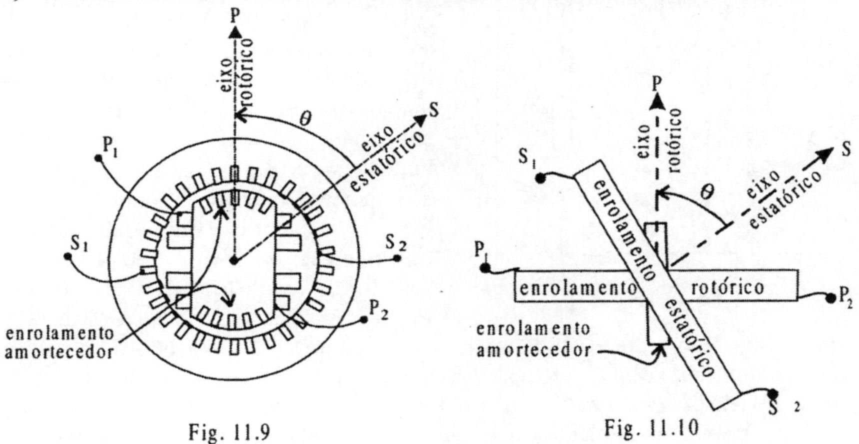

Fig. 11.9 Fig. 11.10

O princípio de funcionamento do regulador monofásico está esquematizado na Figura 11.10. Ao se alimentar seu enrolamento primário (rotor) com uma tensão senoidal de valor eficaz V_1, uma força eletromotriz E_2, também senoidal, é induzida no enrolamento secundário (estator), com valor eficaz praticamente proporcional ao co-seno do deslocamento angular θ entre os respectivos eixos[1]. Ignoradas as quedas internas, a tensão V_T de saída do regulador é obtida pela composição da tensão aplicada V_1 com a força eletromotriz $E_2 = E_{2max}\cos\theta$, induzida no secundário. Essa composição é esclarecida na Figura 11.11 (ligação como autotransformador: terminal primário P_2 ligado ao terminal secundário S_1) que também se presta para

[1] usualmente, os enrolamentos rotóricos são distribuídos ao redor de rotor cilíndrico (entreferro uniforme).

interpretar o funcionamento do regulador. Normalmente, o valor máximo da tensão eficaz E_2 é bem menor do que a tensão aplicada V_1. Salvo pelas quedas internas, V_1 e E_2 mantêm-se em fase e a tensão V_T, entre o terminal P_1 e o de saída S_2, resulta da soma algébrica de V_1 com $E_2 = E_{2max}\cos\theta$, soma esta que pode variar, de modo contínuo, entre um máximo (V_1+E_{2max}) e um mínimo (V_1-E_{2max}).

Nesse regulador, a variação entre esses valores máximo e mínimo não exige rotação (variação de θ) superior a 180^0 geométricos, razão porque o acesso de corrente ao rotor dispensa o emprego de contatos deslizantes (anéis coletores e escovas), podendo ser realizado por meio de simples cabos flexíveis.

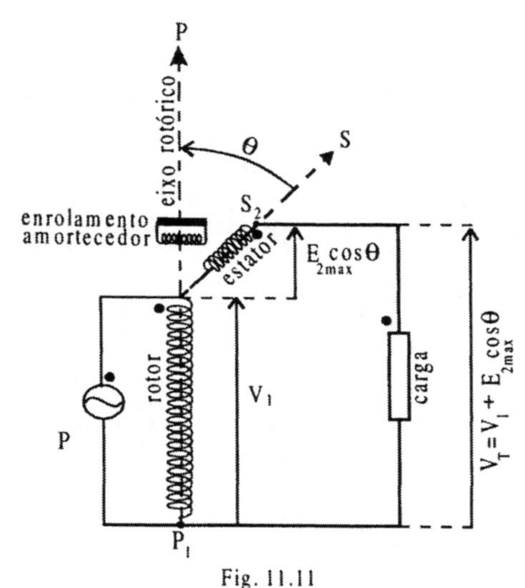

Fig. 11.11

Resta esclarecer a função do enrolamento amortecedor.

Para θ=0 (coincidência dos eixos S e P), o comportamento do regulador não difere daquele de um autotransformador elevador de tensão comum, exceto pela existência do entreferro; o acoplamento entre primário e secundário é máximo e o enrolamento amortecedor permanece inativo, porquanto seu eixo mantém-se em quadratura com o fluxo resultante. Para θ crescente a partir de zero, o acoplamento magnético entre o primário e o secundário passa a enfraquecer, reduzindo-se os efeitos recíprocos de suas forças magnetomotrizes em carga. A redução desses efeitos implica, em parte, em atribuir à corrente secundária de carga a natureza das correntes usualmente ditas "magnetizantes", ao que corresponderiam aumentos em sua impedância e em suas quedas de tensão. Não obstante a componente de tensão V_1, imposta pela fonte, permaneça constante, os aumentos das quedas no secundário passariam a assumir valores que reduziriam excessivamente a tensão V_T de saída. Porém, e em contrapartida, diante de θ crescente a partir de 0^0, um acoplamento magnético, também crescente, se estabelece entre o enrolamento secundário e o amortecedor. Este, como o próprio nome indica, torna-se a sede de correntes induzidas cujos efeitos magnetizantes se contrapõem aos da corrente secundária de carga, reduzindo substancialmente a indutância do enrolamento secundário, que tende a se limitar à sua componente de dispersão. Como resultado, reduzem-se as quedas reativas nesse secundário, possibilitando maiores tensões nos terminais da carga (maiores potências na carga) diante da mesma tensão aplicada V_1.

Regulador Trifásico de Indução.

Em sua construção, um regulador trifásico de indução pode ser confundido com um motor trifásico, também de indução, do tipo de Rotor Bobinado. Como ocorre nestes motores, os enrolamentos do regulador são distribuídos ao redor do entreferro e, a exemplo dos reguladores monofásicos, usualmente o rotórico é adotado como primário que permanece ligado em estrela. O enrolamento secundário, com menores tensões induzidas por fase, é instalado no estator, tendo suas fases (a), (b) e (c) ligadas às fases correspondentes (A), (B) e (C) do primário, como indicado na Figura 11.12. As fases resultantes, assim constituídas, equivalem a autotransformadores cujos enrolamentos Comuns situam-se no rotor, e os Série no estator.

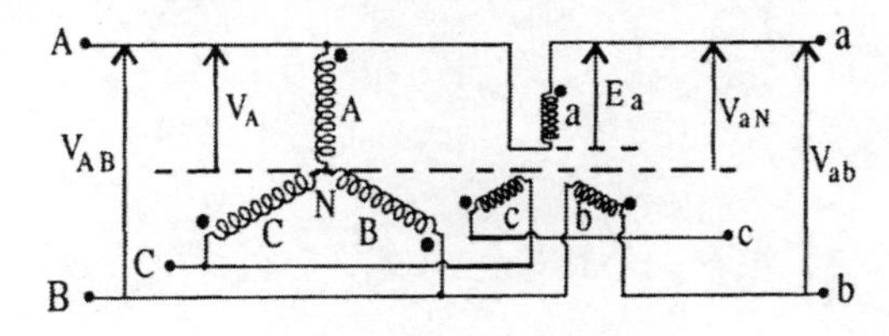

Fig. 11.12

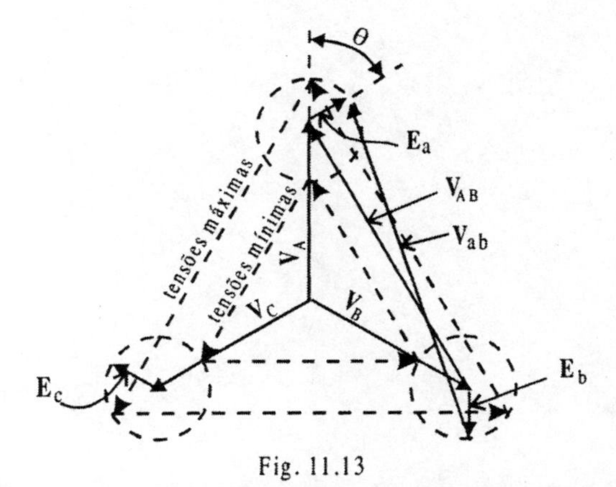

Fig. 11.13

Em cada uma de suas diferentes possíveis posições angulares θ, o rotor é mantido bloqueado. Seu enrolamento, alimentado por fonte trifásica de tensões senoidais $\mathbf{V}_{AB}$, $\mathbf{V}_{BC}$ e $\mathbf{V}_{CA}$ ($\mathbf{V}_A$, $\mathbf{V}_B$ e $\mathbf{V}_C$ <u>por fase</u>), produz um campo girante que, revolvendo também em relação ao enrolamento estatórico, induz nas fases deste enrolamento as correspondentes forças eletromotrizes $\mathbf{E}_a$, $\mathbf{E}_b$ e $\mathbf{E}_c$. Ignoradas as quedas internas, as tensões <u>por fase</u> na saída do regulador resultam das composições $\mathbf{V}_A+\mathbf{E}_a$, $\mathbf{V}_B+\mathbf{E}_b$ e $\mathbf{V}_C+\mathbf{E}_c$, conforme indica a Figura 11.13. Dessa mesma figura deduz-se que, entre os <u>terminais</u> secundários, as tensões serão $\mathbf{V}_{ab} = (\mathbf{V}_A+\mathbf{E}_a)-(\mathbf{V}_B+\mathbf{E}_b)$, $\mathbf{V}_{bc} = (\mathbf{V}_B+\mathbf{E}_b)-(\mathbf{V}_C+\mathbf{E}_c)$ e $\mathbf{V}_{ca}= (\mathbf{V}_C+ \mathbf{E}_c)-(\mathbf{V}_A+\mathbf{E}_a)$.

A exemplo dos reguladores monofásicos, a variação da tensão de saída é obtida variando-se a posição angular θ do rotor em relação ao estator. Mas, diferentemente do que ocorre num regulador monofásico, onde as tensões primária e secundária mantêm-se em fase e as tensões eficazes de saída resultam de somas algébricas de V_1 constante com E_2 variável (v. Fig. 11.11), no regulador trifásico as tensões variáveis de saída decorrem de somas fasoriais de tensões eficazes constantes com defasagens variáveis, conforme indica a Figura 11.13. Essa mesma figura mostra como, diante de θ continuamente variável, as extremidades dos fasores $\mathbf{E}_a$, $\mathbf{E}_b$ e $\mathbf{E}_c$ descrevem circunferências com centros nas extremidades dos correspondentes fasores $\mathbf{V}_A$, $\mathbf{V}_B$ e $\mathbf{V}_C$ das tensões por fase do rotor, definindo os valores máximo e mínimo das tensões $\mathbf{V}_{ab}$, $\mathbf{V}_{bc}$ e $\mathbf{V}_{ca}$ de saída (triângulos equiláteros tracejados).

APÊNDICE I
PARÂMETROS EXRESSOS EM VALORES POR UNIDADE.

Nas seções 2.10 e 2.11 recorreu-se a valores por unidade para simplificar as equações que definem o funcionamento de transformadores, permitindo, com isso, simplificar também seus circuitos equivalentes. Essa simplificação resulta da redução do número das parcelas das equações 2.16 e 2.18 quando suas grandezas passam a ser expressas em valores por unidade. Essa redução decorre do fato de todas as reatâncias de magnetização e mútuas assumirem um valor comum, conforme expresso na sucessão de igualdades 2.19. Resta justificar essas igualdades, para o que será considerado o caso de um transformador de três enrolamentos, tal como ilustrado na Figura 2.19.

Para essa finalidade, deve-se ter presentes os conceitos de Valores-Base já definidos na seção 2.8, aos quais há que se acrescentar a definição de valor-base de uma indutância (reatância) mútua qualquer X_{pq}. Para essa reatância, o valor base $\mathscr{X}_{pq}$ deve ser tal que $\mathscr{X}_{pq}\mathscr{I}_q = \mathscr{V}_p$. Mais explicitamente: o valor base $\mathscr{X}_{pq}$ para a reatância mútua X_{pq} entre dois enrolamentos, p e q, deve ser tal que, multiplicado pela corrente nominal $\mathscr{I}_q$ do enrolamento q, induza no enrolamento p a sua tensão nominal $\mathscr{V}_P$.

Isto posto, pode-se passar a um dos objetivos deste Apêndice, que resumir-se-á em se demonstrar, tão-somente, que $X_{1m}=X_{2m}$, $X_{1m}=X_{12}$ e $X_{12}=X_{23}$, visto que procedimentos idênticos justificarão as demais igualdades.

a) demonstração da igualdade $X_{1m}=X_{2m}$ entre Reatâncias de Magnetização.

Recorrendo-se à definição de valores por unidade, pode-se escrever:

$$X_{1m} = \frac{X_{1m}}{\mathscr{X}_{1m}} = \frac{N_1^2}{\mathscr{R}}\frac{1}{\mathscr{X}_{1m}} = \frac{N_1^2}{\mathscr{R}}\frac{\mathscr{I}_1}{\mathscr{V}_1}$$

$$X_{2m} = \frac{X_{2m}}{\mathscr{X}_{2m}} = \frac{N_2^2}{\mathscr{R}}\frac{1}{\mathscr{X}_{2m}} = \frac{N_2^2}{\mathscr{R}}\frac{\mathscr{I}_2}{\mathscr{V}_2}$$

donde $\dfrac{X_{1m}}{X_{2m}} = \dfrac{N_1^2}{N_2^2}\dfrac{\mathscr{V}_2}{\mathscr{V}_1}\dfrac{\mathscr{I}_1}{\mathscr{I}_2} = \dfrac{N_1^2}{N_2^2}\dfrac{N_2}{N_1}\dfrac{N_2}{N_1} = 1$

e, portanto, $X_{1m} = X_{2m}$;

b) demonstração da igualdade X_{1m}=X_{12} entre Reatâncias de Magnetização e Mútua.

Procedendo-se como anteriormente,

$$X_{1m} = \frac{X_{1m}}{\mathscr{X}_{1m}} = \frac{N_1^2}{\mathscr{R}}\frac{1}{\mathscr{X}_{1m}} = \frac{N_1^2}{\mathscr{R}}\frac{\mathscr{I}_1}{\mathscr{V}_1}$$

$$X_{12} = \frac{X_{12}}{\mathscr{X}_{12}} = \frac{N_1 N_2}{\mathscr{R}}\frac{1}{\mathscr{X}_{12}} = \frac{N_1 N_2}{\mathscr{R}}\frac{\mathscr{I}_2}{\mathscr{V}_1}$$

donde $\displaystyle \frac{X_{1m}}{X_{12}} = \frac{N_1^2 \mathscr{I}_1}{\mathscr{R}\mathscr{V}_1}\frac{\mathscr{R}\mathscr{V}_1}{N_1 N_2 \mathscr{I}_2} = \frac{N_1 \mathscr{I}_1}{N_2 \mathscr{I}_2} = \frac{N_1 N_2}{N_2 N_1} = 1$

e, portanto, X_{1m}= X_{12};

c) demonstração da igualdade X_{12}=X_{23} entre Reatâncias Mútuas.

Recorrendo ao mesmo procedimento,

$$X_{12} = \frac{X_{12}}{\mathscr{X}_{12}} = \frac{N_1 N_2}{\mathscr{R}}\frac{1}{\mathscr{X}_{12}} = \frac{N_1 N_2}{\mathscr{R}}\frac{\mathscr{I}_2}{\mathscr{V}_1}$$

$$X_{23} = \frac{X_{23}}{\mathscr{X}_{23}} = \frac{N_2 N_3}{\mathscr{R}}\frac{1}{\mathscr{X}_{23}} = \frac{N_2 N_3}{\mathscr{R}}\frac{\mathscr{I}_3}{\mathscr{V}_2}$$

donde $\displaystyle \frac{X_{12}}{X_{23}} = \frac{N_1 N_2 \mathscr{I}_2}{\mathscr{R}\mathscr{V}_1}\frac{\mathscr{R}\mathscr{V}_2}{N_2 N_3 \mathscr{I}_3} = \frac{N_1 \mathscr{V}_2 \mathscr{I}_2}{N_3 \mathscr{V}_1 \mathscr{I}_3} = \frac{N_1 N_2 N_3}{N_3 N_1 N_2} = 1$

ao que corresponde X_{12}=X_{23}.

Outro objetivo deste Apêndice refere-se a um esclarecimento sobre o valor por unidade de uma Impedância Equivalente

$$Z'_{pq} = Z_p + Z'_q = Z_p + a_{pq}^2 Z_q \quad \text{I.1}$$

própria a dois enrolamentos, p e q de um transformador com três (ou mais) enrolamentos, sendo $a_{pq} = N_p/N_q = \mathscr{V}_p / \mathscr{V}_q = \mathscr{I}_q / \mathscr{I}_p$ a correspondente relação de transformação.

Tendo Z'_{pq} sido obtida em um ensaio de curto-circuito com alimentação pelo enrolamento p, a Impedância-Base para obter seu valor por unidade Z'_{pq} deve ser $\mathscr{Z}_p = \mathscr{V}_p / \mathscr{I}_p$. Dividindo cada uma das parcelas de I.1 por $\mathscr{Z}_p$, obtém-se, em valores por unidade:

$$Z'_{pq} = Z_p + Z'_q = Z_p + a^2_{pq} Z_q \quad \text{I.2}$$

Os mesmos valores por unidade também são obtidos quando, em I.1, ainda se divida Z'_{pq}, bem como sua parcela Z_p, pela impedância-base $\mathcal{Z}_p$ do enrolamento de referência p, mas, em vez de dividir a impedância $Z'_q = a^2_{pq} Z_q$ também por Z_p, assumir $a^2_{pq} = 1$ e dividir apenas a própria impedância Z_q pela Impedância-Base $\mathcal{Z}_q$, característica do enrolamento q. Em suma, o que se pretende demonstrar é que

$$Z'_q = \frac{a^2_{pq} Z_q}{\mathcal{Z}_p} = \frac{Z_q}{\mathcal{Z}_q} = Z_q$$

Para demonstrar essa igualdade, basta escrever

$$Z'_q = a^2_{pq} \frac{Z_q}{\mathcal{Z}_p} = \frac{\mathcal{V}_p}{\mathcal{V}_q} \frac{\mathcal{I}_q}{\mathcal{I}_p} Z_q \frac{\mathcal{I}_p}{\mathcal{V}_p} = Z_q \frac{\mathcal{I}_q}{\mathcal{V}_q} = \frac{Z_q}{\mathcal{Z}_q} = Z_q \quad \text{I.3}$$

ficando, portanto, demonstrado que o valor por unidade Z'_q de uma impedância Z'_q (<u>referida a um outro enrolamento</u>) coincide com o valor por unidade Z_q da impedância Z_q <u>(referida ao próprio enrolamento q)</u>. Assim sendo, a expressão I.2 pode ser reescrita, simplesmente, sob a forma

$$Z_{pq} = Z_p + Z_q \quad \text{I.4}$$

APÊNDICE II
DISTRIBUIÇÃO DE CORRENTES EM ENROLAMENTOS TRIFÁSICOS LIGADOS EM TRIÂNGULO.

II.1-Convenções.

Adotada a convenção "fonte" , os terminais secundários a_2, b_2 e c_2 , respectivamente das fases a, b, c serão assumidos "positivos", isto é, de onde <u>divergem</u> as correntes "positivas" do secundário de transformadores. Esses terminais serão identificados também com o símbolo usual (pequeno círculo negro) de polaridade convencionada positiva.

II.2- Idealização de um Δ trifásico, a Partir de Três Circuitos Monofásicos.

A Figura II.1 mostra os enrolamentos secundários de três transformadores monofásicos, α, β e χ, alimentados independentemente por fontes monofásicas, cujas tensões encontram-se defasadas entre si de 120º elétricos, à semelhança de uma fonte trifásica simétrica.

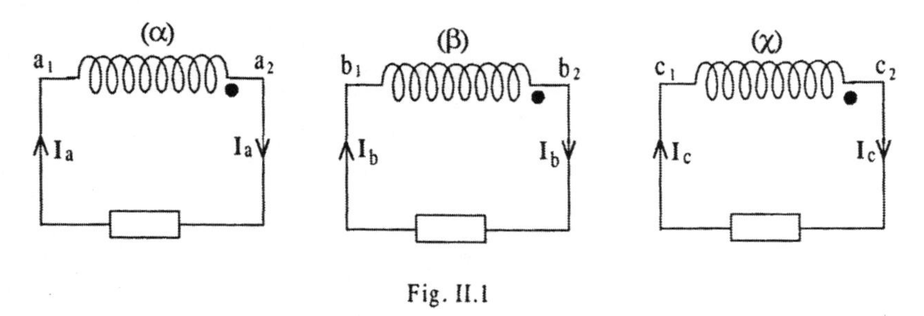

Fig. II.1

Na Figura II.2, esses mesmos enrolamentos estão diferentemente dispostos para uma futura composição, visando à formação de um sistema trifásico. Na Figura II.3, os pares de terminais a_2b_1, b_2c_1 e c_2a_1 da Figura II.2 surgem interligados para a obtenção dos três terminais a, b, c, de uma ligação em triângulo, onde os seis condutores anteriormente existentes foram substituídos por apenas três, cada um destes conduzindo a corrente resultante daquelas que fluem em cada um dos três pares de condutores da Figura II.2.

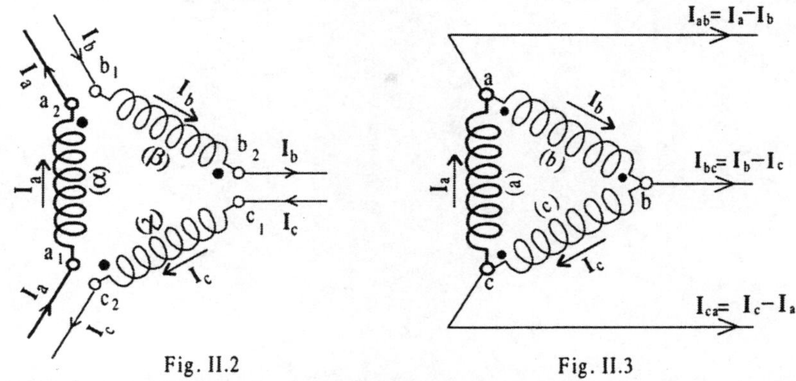

Fig. II.2 Fig. II.3

Restam, portanto, apenas os três terminais a, b, c da ligação em Δ, que coincidem com os terminais positivos das fases de mesmo nome (a, b, c).

Ficam, assim, definidas as seguintes correntes:

a) $\mathbf{I}_a$, $\mathbf{I}_b$ e $\mathbf{I}_c$ como correntes nas fases secundárias dos transformadores, conforme mostram as figuras II.1, II.2 e II.3, e

b) $\mathbf{I}_{ab} = \mathbf{I}_a - \mathbf{I}_b$, $\mathbf{I}_{bc} = \mathbf{I}_b - \mathbf{I}_c$ e $\mathbf{I}_{ca} = \mathbf{I}_c - \mathbf{I}_a$ como correntes nas linhas conectadas, respectivamente, aos terminais a, b, c, de acordo com as Figuras II.2 e II.3.

OBSERVAÇÃO- A notação, ora sugerida, pode diferir daquelas adotadas em livros dedicados à teoria de Circuitos Elétricos e de Sistemas de Potência porque, nesta obra, as atenções estão voltadas, prioritariamente, ao Transformador em si, e não ao sistema onde ele opera. A escolha desta notação reside no fato em que, normalmente os problemas envolvendo transformadores alimentados por linhas de tensões eficazes constantes e equilibradas são resolvidos recorrendo-se a circuitos equivalentes representativos de, tão-somente, uma de suas fases, com parâmetros e variáveis de apenas essa fase. Uma vez de posse dos valores dessas variáveis, fácil será convertê-los em valores "de linha".

Outra razão da preferência por esta notação está em sua coerência com a notação usualmente adotada para as tensões em ligações em Y, onde as tensões entre seus terminais, $\mathbf{V}_{ab}$, $\mathbf{V}_{bc}$ e $\mathbf{V}_{ca}$, são expressas, respectivamente, pelas diferenças entre as tensões de fase, $\mathbf{V}_a - \mathbf{V}_b$, $\mathbf{V}_b - \mathbf{V}_c$ e $\mathbf{V}_c - \mathbf{V}_a$, pondo em evidência a dualidade inerente às ligações em Δ e em Y.

Essa dualidade também pode ser constatada nas expressões da potência aparente trifásica. Esta potência, quando expressa em termos de variáveis de uma fase (fase a, por exemplo) exprime-se por $\mathcal{S} = 3\ \mathcal{V}_a\ \mathcal{I}_a$ para os dois tipos de ligação; quando em termos de variáveis de linha (linhas conectadas aos terminais a e b, por exemplo) exprime-se por $\mathcal{S} = \sqrt{3}\ \mathcal{V}_{ab}\ \mathcal{I}_a$ para a ligação em Y e $\mathcal{S} = \sqrt{3}\ \mathcal{V}_a\ \mathcal{I}_{ab}$ para a ligação em Δ.

BIBLIOGRAFIA

1) Franklin, A.C. and Franklin D.P., *The J & P Transformer Book*, Butterworths & Co. (Publishers) Ltd., Eleventh Edition, 1990.
2) M. I. T., *Magnetic Circuits and Transformers*, John Wiley & Sons Inc., New York, 1958.
3) Fitzgerald, A. E. and C. Kingsley, Jr., *Electric Machinery*, McGraw-Hill Book Co., New York, 1952.
4) Say, M. G., *The Performance and Design of Alternating Current Machines*, Sir Isaac Pitman & Sons Ltd., London, 1958.
5) Lawrence, R. R. e Richards, H. E., *Principles of Alternating-Current Machinery*, McGraw-Hill Book Co., New York, 1955.
6) Langsdorf, A. S., *Theory of Alternating Current Machines*, McGraw-Hill Book Co., New York, 1955.
7) Konstenko, M. and Pietrovsky, L., *Electrical Machines*, Foreign Languages House, Moscow, 1950.
8) Konstenko, M. e Pietrovsky, L., *Máquinas Elétricas*, Edições Lopes da Silva, Porto, 1979.
9) Fouillé, A., *Électrotecnique a L'Usage des Ingénieurs*, Dunod, Paris, 1966.
10) Skilling, H. H., *Electrical Engineering Circuits*, John Wiley & Sons Inc., New York, 1965.
11) Kuhlmann, J. H., *Design of Electric Apparatus*, John Wiley & Sons Inc., New York, 1949.
12) Jordão, R. G., *Máquinas Síncronas*, Livros Técnicos e Científicos Editora S.A., Rio de Janeiro, 1980
13) Whitehead, S., *Dielectric Breakdown of Solids*, Clarence Press, Oxford, 1951
14) Laws, F.A., *Electrical Measurements*, McGraw-Hill Book Company, Inc., New York, 1938